Agile Werte leben

Diplom-Kaufmann **Robert Wiechmann** unterstützt mit Herzblut Organisationen bei ihrer agilen Transition. Neben dem Aufbau und der Beratung von Scrum- und Kanban-Teams in der Softwareentwicklung lässt er auch alle weiteren Unternehmensbereiche nicht aus dem Auge. Er hat Freude daran, Teams jeglicher Fasson zu einer Einheit zusammenzuschweißen und sich dabei ständig weiterzuentwickeln. Die Basis seiner Arbeit baut auf Respekt, Vertrauen sowie Wertschätzung auf. Wichtig ist ihm das Zusammenspiel von Zielorientierung, Klarheit, Einfachheit, Selbstverantwortung, Kreativität und Spaß. Sein Mut, offen auch unbequeme Dinge anzusprechen, lässt die Arbeit mit ihm praxisorientiert und auf Augenhöhe sein. Seine Arbeit als Agiler Coach ist von Kreativität geprägt und scheut auch nicht die Beschreitung neuer Wege.

Laura Paradiek ist Kommunikationsfachfrau, Schauspielerin und ausgebildete Business-Trainerin. Nach ihrem Studium der Gesellschafts- und Wirtschaftskommunikation in Berlin führte sie ihr Weg in viele kleine und große Unternehmen. Ob in der Kommunikationsplanung, Veranstaltungsorganisation oder dem Management von Webprojekten – agile Projektmanagementmethoden sind ihr A und O. Neben Scrum und Kanban setzt sie auf Methoden aus dem Improvisationstheater und der Visualisierung. Seit sie 12 Jahre alt ist, steht sie auf der Bühne, u.a. mit der Theater Jugend Hamburg, dem Maxim Gorki Theater in Berlin oder der Hamburger Improvisationstheatergruppe SchillerKiller.

Robert Wiechmann · Laura Paradiek

Agile Werte leben

Mit Improvisationstheater zu mehr Selbstorganisation und Zusammenarbeit

dpunkt.verlag

Robert Wiechmann
info@agile-coach.de

Laura Paradiek
info@improve-coaching.de

Lektorat: Melanie Feldmann
Copy-Editing: Friederike Daenecke, Zülpich
Satz: Birgit Bäuerlein
Illustrationen: Alexander Hoffmann, *www.haarige-helden.de*
Herstellung: Stefanie Weidner
Umschlaggestaltung: Helmut Kraus, *www.exclam.de*
Druck und Bindung: mediaprint solutions GmbH, 33100 Paderborn

Bibliografische Information der Deutschen Nationalbibliothek
Die Deutsche Nationalbibliothek verzeichnet diese Publikation in der Deutschen Nationalbibliografie; detaillierte bibliografische Daten sind im Internet über *http://dnb.d-nb.de* abrufbar.

ISBN:
Print 978-3-86490-708-1
PDF 978-3-96088-920-5
ePub 978-3-96088-921-2
mobi 978-3-96088-922-9

1. Auflage 2020

Wieblinger Weg 17
69123 Heidelberg

Hinweis:
Dieses Buch wurde auf PEFC-zertifiziertem Papier aus nachhaltiger Waldwirtschaft gedruckt. Der Umwelt zuliebe verzichten wir zusätzlich auf die Einschweißfolie.

Schreiben Sie uns:
Falls Sie Anregungen, Wünsche und Kommentare haben, lassen Sie es uns wissen: *hallo@dpunkt.de.*

5 4 3 2 1 0

Für zwei ganz besondere Menschen,
die uns immer wieder inspirieren und glücklich machen.

Kjell und Jeppe

Stimmen zum Buch

»Laura und Robert haben eine Fusion von scheinbar verschiedenen Welten geschafft: agile Werte und Improtheater. Der Mensch versteht eben leichter, wenn er Dinge am eigenen Leib erfährt. Durch die Improübungen werden die agilen Werte im Wortsinn ›verkörpert‹. Außerdem ist der Mensch ein Homo ludens – ein spielender Mensch –, der über Spiel und Experiment entdeckt und lernt. Erweitert auf Team und Organisation, kann er dann etwas wirklich Wunderbares mitgestalten: gutes, neues Arbeiten mit Werten und Sinn.«

Christiane Brink, Systemischer Coach
(www.christianebrink.de)

»Für viele Unternehmen ist das ›agile Mindset‹ leider nur ein Buzzword. Robert und Laura machen in diesem Buch den Begriff nahbar und griffig. Sie bieten dem Leser eine große Spielwiese. Die vielen unterschiedlichen Übungen helfen im Unternehmen Erfahrungsräume zu schaffen, um agile Werte erlebbar zu machen. Mithilfe der vorgestellten Übungen kann sich der Leser persönlich weiterentwickeln und in seinen Teams agile Werte zum Leben erwecken.«

Andre Häusling, Geschäftsführer
(www.hrpioneers.de)

»Ohne agiles Mindset wird agiles Arbeiten zur Farce. Ohne Interaktion wird man es kaum begreifen. Die Kombination mit Elementen aus dem Improtheater schafft einen ganz eigenen Zugang zu einem Thema, in dem es viele Missverständnisse aufzulösen gibt.«

Ralf Kruse, Agile Coach
(www.enablechange.de)

»Agil ist schick, agil ist in. Es gibt wahrscheinlich kein Unternehmen, das sich heutzutage noch nicht über ›Agilität‹ schlau gemacht hat. Im Zentrum der Agilität stehen dabei meistens Methoden und Praktiken. Dieses Buch greift ein viel tiefergehendes Thema auf: agile Werte. Obwohl Werte im wahrsten Sinne des Wortes schwer begreifbar sind, wagen Laura und Robert diesen Schritt. Sie machen dies

auf eine äußerst kreative Weise, indem sie Techniken und Übungen aus dem Improvisationstheater dafür verwenden. Das Buch liest sich sehr flüssig und dank der konkreten Übungen schaffen die zwei es auch, das Thema ›agile Werte‹ praktisch zugänglich zu machen.«

Dr. Klaus Leopold, Flight Level Coach und Autor (www.leanability.com)

»Agilität ist eine Frage der Haltung. Während zu viele Bücher ihren Schwerpunkt auf die Methoden und Praktiken legen, setzt dieses Buch genau da an, bei den Werten und Prinzipien. Und das nicht trocken oder belehrend, sondern mit vielen Geschichten, Praxisbeispielen und Übungen aus dem Improvisationstheater. Ein wertvolles Kompendium für agile Coaches und Scrum Master. Insbesondere in Organisationen, die sich auf den Weg einer agilen Transformation machen, helfen die Übungen, Werte, Prinzipien und Haltung zu reflektieren und zu verändern.«

Dr. Marcus Raitner, Agile Coach, Hofnarr, Blogger und Autor (www.fuehrung-erfahren.de)

»Laura Paradiek und Robert Wiechmann gelingt es, das Potenzial improvisierten Theaters auszuloten und auf die Arbeitswelt zu übertragen. Ein wertgeleitetes Miteinander, Spontaneität und Vertrauen wird zur Formel für Agilität im Unternehmen.«

Dan Richter, Schauspieler, Improtrainer und Autor (www.danrichter.de)

»Dieses Buch füllt die Lücke zwischen agilen Methoden und den Menschen in einer komplexen Arbeitswelt 4.0. Es nutzt die reichhaltige Welt des Improtheaters als Lern- und Trainingsfeld für ein agiles Mindset und Softskills. Die anschauliche und systematische Darstellung von Übungen, Informationen und Tipps macht Lust auf die eigene Heldenreise in die Wertewelt der Agilität.«

Roland Trescher, Trainer, Keynote Speaker, Improspieler (www.roland-trescher.de)

»Dieses Buch ist eine Wucht! Es liefert so viele Impulse und Anregungen für die Arbeit mit agilen Teams, erklärt anschaulich, warum Improtheater-Übungen im Arbeitsalltag gar nicht so verrückt sind, wie es klingt, und hilft dem Leser mit ganz konkreten Anleitungen sich in diesem Feld auszuprobieren. Das perfekte Buch für alle Teamentwickler, Teamdenker und Agilisten, denen die Grundlagen agilen Arbeitens wichtiger sind als starre Frameworks und die agile Werte gerne aktiv leben wollen und dieses Wissen weitergeben möchten.«

Petra Wille, Product Discovery Coach (www.petra-wille.de)

Vorwort von Dr. Nico Becherer

Das erste Mal, als ich mit dem Thema Improvisationstheater in Berührung gekommen bin, muss irgendwann um das Jahr 1995 herum gewesen sein. Theater war seit meiner Kindheit immer meine große Leidenschaft und ich verbrachte unzählige Tage, Abende und Wochenenden meiner Schulzeit in kleinen, dunklen Kellerräumen, um an Rollen und Monologen zu feilen, Dialoge zu proben, Premieren zu planen oder Bühnenbilder mit meinem Ensemble zu entwerfen.

Improvisation nahm dabei zu Beginn nur einen kleinen Teil ein. Sicherlich näherte man sich Charakteren oder Szenen mittels kleiner improvisierter Etüden, aber eine von Anfang bis Ende improvisierte Aufführung? Undenkbar. Wie sollte es möglich sein, ohne gewissenhaften Inspizienten oder stets präsenten Souffleur auf der Bühne zu stehen und spannende Geschichten mit interessanten Figuren aus dem Stegreif zu entwickeln?

Erst einige Jahre später nahm ich auf einem kleinen Theaterfestival an einem Workshop zum Thema Improvisationstheater teil und war sofort von der Idee gefangen. Statt monatelanger Proben und Planung standen plötzlich der Spieler und das Team im Mittelpunkt. Minutiöses Auswendiglernen von Skripten wich der Erforschung spontaner Eingaben und der Erkenntnis, dass das gemeinsame Schwimmen – und manchmal auch Untergehen – im Geschehen auf der Bühne oft erfüllender als jede Planung sein kann.

Für mich war das ein ganz besonderer Augenblick, der vieles, was ich zu diesem Zeitpunkt über Theater zu wissen meinte, auf den Kopf gestellt hat. Einen ganz ähnlichen Moment hatte ich auf meiner ersten Schulung zum Thema Agilität in der Softwareentwicklung.

Denkt man einmal genauer darüber nach, erstaunt es, wie sehr sich althergebrachte Entwicklungsprozesse und die Planung und Vorbereitung einer Theaterinszenierung ähneln.

Hier wie dort werden Pläne erstellt und ebenso oft wieder verworfen, Meilensteine definiert, Tests und Endabnahmen durchgeführt und irgendwann – hoffentlich zum avisierten Zeitpunkt – ein fertiges Produkt an den Kunden übergeben. Anschließend beginnt das bange Warten auf die Kritik. Wurden die Erwartungen des Rezipienten erfüllt? Wird das Publikum die harte Arbeit, die Nachtschichten und das kreative Herzblut, das in das Projekt geflossen ist, letztendlich wertschätzen können?

Ob dieser Gemeinsamkeiten ist es kaum verwunderlich, dass in beiden Bereichen – der Softwareentwicklung wie dem klassischen Theater – sehr ähnliche Entwicklungen entstanden sind, die dafür sorgen, dass diesen eingefahrenen Prozessen ein neuer und frischer Wind entgegenweht.

Sind Improvisationstheater und agile Entwicklung also vielleicht zwei Werkzeuge aus der gleichen Werkstatt? Ich glaube, vieles spricht dafür. Ein Blick auf das agile Manifest zeigt, wie nahe sich die agilen Werte den Paradigmen und Überzeugungen des Improvisationstheaters sind. Kaum zu verleugnen ist die semantische Nähe der Forderung, Individuen und Interaktionen über Prozesse und Werkzeuge zu stellen, zum Kernsatz des Improvisationstheaters: Der Fluss ist wichtiger als jede Regel. Als Engineering Manager in einem internationalen Softwareunternehmen freut es mich besonders, dass Laura und Robert den Schritt dazu unternommen haben, dieses Buch zu schreiben.

Ich bin überzeugt davon, dass Entwicklungsteams aus den vielfältigsten Bereichen von den hier vorgestellten Übungen und Ideen profitieren können. Obwohl ich viele der darin vorgestellten Übungen seit Jahren selbst regelmäßig in Theater-Coachings und auch mit Entwicklungsteams verwende, überrascht es mich immer wieder von Neuem, wie viel Potenzial in ihnen steckt.

Dem Protagonisten dieses Buches auf seiner Reise zu folgen, hat mir wieder einmal vor Augen geführt, in wie vielen Aspekten sich eine tragfeste Brücke zwischen der Arbeit mit Schauspielensembles und Entwicklern schlagen lässt.

Ich hoffe, Sie haben beim Lesen ebenso viel Vergnügen wie ich. In diesem Sinne: Worauf warten Sie noch?

5, 4, 3, 2, 1! Los!

Dr. Nico Becherer
Engineering Manager bei Adobe,
Theaterregisseur und Impro-Coach

Dankeschön

Es ist einfach schön, wenn ein Projekt so einen guten Weg nimmt. Vor zwei Jahren standen wir mit einer ersten groben Idee vor Menschen, denen wir agile Werte in Kombination mit Improvisationstheater in einem Workshop näherbrachten. Jetzt, nach vielen Zeilen, Gesprächen, Recherchen, viel Beistand, Ermutigung und Interesse, halten Sie und wir das Buch in der Hand. Wir sind vielen tollen Menschen zu Dank verpflichtet, die unsere Ideen und dieses Buch möglich gemacht haben.

An allererster Stelle möchten wir unserem Freund und Illustrator Alexander Hoffmann und seiner lieben Familie danken. Alexander ist nicht nur ein langjähriger Freund und toller Mensch, sondern vor allem auch ein großartiger Illustrator. Die Ideen unserer Heldenreise und der Wertehelden hat er so punktgenau und heldenhaft umgesetzt, dass wir sehr glücklich über das Ergebnis sind. Alexanders sprudelnde Ideen verleihen diesem Buch eine ganz besondere Note.

Ganz besonders danken wir außerdem unserem Vorwortschreiber Dr. Nico Becherer, der uns beim Schreiben stets als wichtiger Ansprechpartner zur Seite stand. Als Trainer der Improgruppe *Schiller Killer* inspiriert und begleitet er uns nun schon seit einigen Jahren mit seinen hilfreichen Ratschlägen und Ideen.

Für seinen wertvollen Aufsatz und konstruktive Spaziergänge danken wir ebenso David Cummins. Wie wir brennt er für agile Prinzipien und Werte im Arbeitsalltag und bestärkte uns erneut mit seinen Erfahrungen zu dem Thema.

Als Nächstes möchten wir uns bei einer Reihe von Menschen bedanken, die uns mit ihrem Feedback und Beiträgen unterstützt haben. Ein herzlicher Dank gilt unseren Experten und Wertelieferanten, die sich auf das Experiment Agilität und Improtheater eingelassen haben. Wir danken Bernhard Daenzer, Uwe Lübbermann, Manfred Meyer, Ines Papert, Sven Röpstorff, Frank Sauer, Alexander Schulz, Jörg Schumann, Christiane Tantau, Torsten Voller, Catharina Vogt und Björn Waide für ihre wertvollen Beiträge, Meinungen und Ideen.

Für dieses Buch haben wir einige der Übungen per Video festgehalten. Wir bedanken uns daher vielmals für das spontane und sofortige »Ja!« von Mareike Becker, Pia Brockmann, Frederik Dietz, Paul Evers, Karl Fuchte sowie Susanne Reppin. Ein besonderer Dank gilt Jan Höser, der den Drehtag perfekt gemacht hat, indem er uns nicht nur hinter der Kamera unterstützte, sondern uns auch die Räumlichkeiten von oose im Hamburger Schanzenviertel sowie seinen freien Sonntag zur Verfügung stellte.

Und wir erhielten noch weitere Wertbeiträge. Wir danken vielmals den Reviewern für ihr Feedback und die hilfreichen Anregungen. Ein großes Dankeschön an Sven Röpstorff, Julia Hisserich, Annika Cohrs, Paul Evers und Dr. Gotthard Börger.

Wir möchten uns des Weiteren ganz herzlich für die reibungslose und großartige Zusammenarbeit mit dem dpunkt.verlag bedanken. Wir freuen uns sehr darüber, dass sich der Verlag auf unsere Ideen eingelassen und uns mit großem Interesse unterstützt hat. Hervorheben möchten wir die partnerschaftliche Zusammenarbeit mit unserer Lektorin Melanie Feldmann, die uns viel Freude bereitet hat.

Ein großer und spezieller Dank gilt zudem unserer Familie. Besonders Elke Paradiek danken wir, dass sie uns viele Stunden zum Schreiben ermöglicht hat.

Ein Projekt wie dieses macht deutlich, wie viele tolle Menschen wir kennen und täglich kennenlernen. Dieses Buch wäre nicht entstanden, wenn uns nicht so viele interessante und inspirierende Menschen auf unserem Weg begleitet hätten. Die direkte Arbeit mit Menschen, das Miteinander mit den Teams gibt uns jederzeit so viel Inspiration und Gesprächsstoff, dass wir sehr dankbar für diese Eindrücke sind, die uns selbst bei unserer eigenen Reflexion unterstützen.

Dankeschön!

Laura Paradiek und *Robert Wiechmann*

Inhaltsverzeichnis

Anhang

1 Die alte Welt

»Der Sinn des Lebens besteht nicht darin, ein erfolgreicher Mensch zu sein, sondern ein wertvoller.«

Albert Einstein, theoretischer Physiker

1.1 Einleitung

»Werte sind wie Brenngläser, die unsere Lebenskraft bündeln und ihr eine Richtung geben.«

Alfried Längle, Psychotherapeut

Es gibt eine Reihe guter Bücher zum Thema Agilität. Dieses Buch erweitert Ihren Erfahrungsschatz um neue Perspektiven und praktische Techniken für wertstiftende Teams und Unternehmen. Entweder Sie möchten in die Welt der agilen Werte eintauchen oder Techniken aus dem Improvisationstheater auf den beruflichen Alltag übertragen. Bestenfalls möchten Sie beides, denn mithilfe von Improvisationstheater können Sie die agilen Werte in Ihrem Unternehmen mit Leben füllen und praktisch erfahrbar machen.

Dieses Buch richtet sich nicht nur an die IT- oder Softwarebranche, sondern an alle, die mit Agilität in Berührung kommen oder agile Methoden bereits einsetzen und frühzeitig ein agiles Mindset etablieren möchten. Egal ob Scrum Master, Agile Coach, Führungskraft oder Mitarbeiter, die Erweiterung des Wissensschatzes um Techniken aus dem Improvisationstheater wird dabei helfen, sich schnell auf Herausforderungen einzustellen und schwierige Situationen zu meistern. Ganz anders als das klassische Theater entsteht Improvisationstheater auf der Bühne im Moment. Ohne Text, Drehbuch oder festgelegte Rollen improvisieren die Schauspieler nach den Vorgaben des Publikums. Genau wie im agilen Arbeitsalltag gibt die Situation den Takt an, den es spielerisch und professionell zu meistern gilt. Mit Techniken und Übungen bereiten sich die Schauspieler im Improvisationstheater auf ihren ungewissen Arbeitsalltag vor – mit diesem Buch zeigen wir Ihnen, wie Sie diese auch in Ihrem Unternehmen einsetzen können.

Keine Angst: Beim Improvisationstheater müssen Sie weder besonders witzig noch eine Rampensau sein. Dieses Buch bietet den Lesern Warm-up-Methoden, Assoziations- und Auflockerungsübungen und Improvisationstechniken, die leicht in unterschiedlichste Kontexte integriert werden können. Die Spiele eignen sich für alle, die agile Werte praktisch erfahren, Neues ausprobieren und Spaß haben wollen.

Seit vielen Jahren setzen wir in unseren Workshops und Trainings Übungen und Methoden aus dem Improvisationstheater ein. Was wir beim gemeinsamen Improvisieren lernen, können wir zunehmend auf den Unternehmensalltag übertragen, z.B. Teamstärke, Zusammenarbeit, Flexibilität, Kreativität, Kundenorientierung und Leistungsfreude. Gemeinsame Prinzipien spielen beim Improvisationstheater eine entscheidende Rolle für den Erfolg auf der Bühne, denn Krisensituationen sind hier unvermeidbar. Bei verschiedenen Events und Konferenzen haben wir uns dem Thema immer weiter angenähert und die Verbindung zwischen agilen Werten und Prinzipien des Improvisationstheaters geknüpft. Agilität ist für viele Mitarbeiter erst einmal nicht richtig zu fassen. Ein springender Punkt war für uns die nachhaltige Wirkung der Übungen. Noch lange nach unseren Veranstaltungen erhielten wir von unseren Teilnehmern Feedback wie »Ach, das war klasse! Daran mussten wir noch lange denken!« oder »Ich habe die Übung bei mir im Team ausprobiert und das war ein Aha-Moment für alle!«. Durch die spielerische Auseinandersetzung mithilfe des Improvisationstheaters erwecken wir die agilen Werte für unsere Teilnehmer zum Leben, machen sie greifbar und unmittelbar erlebbar. Diese Erkenntnis wollen wir in diesem Buch mit Ihnen teilen.

Werte leiten unser Handeln. Sie geben vor, was wir insbesondere auch in kritischen Situationen für wichtig erachten. Um Konflikte zu vermeiden, brauchen wir gleiche Wertvorstellungen. Sie geben uns Orientierung und Sicherheit. Werte zu etablieren und sie dann nicht zu beachten, zerstört Vertrauen und ist damit ein Hemmnis für eine fruchtbare Zusammenarbeit. Für Unternehmen ist es daher ein Fitnesskriterium, Werte im Unternehmen zu leben und danach zu handeln. Wir haben für dieses Buch viele Interviews mit Experten aus unterschiedlichen Fachbereichen und Lebensbereichen geführt. Diverse Blickwinkel waren uns wichtig bei einem Thema, bei dem viel zwischen den Zeilen passiert. Die Wertelieferanten zeigen auf, welche Herausforderungen und positiven Auswirkungen Wertearbeit mitbringen kann.

Erst die bewusste Auseinandersetzung mit Werten stärkt die Motivation der Mitarbeiter und steigert ihre Zufriedenheit und damit auch ihre Leistung. In diesem Buch konzentrieren wir uns auf acht agile Werte: Sie erfahren, wie Sie eine agile Denkweise durch *Mut*, *Offenheit*, *Selbstverpflichtung* (Commitment), *Vertrauen*, *Fokus*, *Respekt*, *Kommunikation* und *Feedback* beleben oder zum Leben erwecken können.

Wir haben viel Herzblut in dieses Buch gesteckt. Hoffentlich halten Sie es häufig in den Händen und bringen die vorgestellten Techniken und Übungen wertstiftend in Ihren Arbeitskontext ein. Teilen Sie gerne Ihr Feedback und Ihre Erfahrungen mit uns. Sprechen Sie uns bei Möglichkeit direkt an, nutzen Sie die Website zum Buch *www.agile-werte-leben.de* oder die E-Mail-Adresse *info@agile-werte-leben.de*.

1.1.1 Warum ein Buch über agile Werte?

Haben Werte wie Respekt, Offenheit oder Vertrauen für Unternehmen und Führungsetagen heute überhaupt noch einen Wert? Mit steigender Geschwindigkeit sind Unternehmen gezwungen, sich auf den Markt und Wettbewerb einzustellen. Der anhaltende Druck führt oft dazu, dass die Werte ins Abseits geraten. Es gibt stets viel zu tun und wenig Zeit, die Mitarbeiterzahl sinkt durch die voranschreitende Digitalisierung, gleichzeitig steigt die Leistungserwartung an diejenigen, die übrig bleiben. Der notwendige Wandel und die damit einhergehenden Lernzyklen müssen in immer kürzer werdenden Zeitabständen erfolgen. Durch die starke Verdichtung zählt vor allem der schnelle oder nächste Erfolg. Doch wir als Autoren sind der festen Überzeugung: Legt ein Unternehmen keine solide Basis für eine Wertekultur und hinterfragt es nicht alte Denkmuster, ist es in kritischen Phasen und zunehmend unsicheren Zeiten unzureichend aufgestellt.

Unser wesentlicher Grund für die Auseinandersetzung mit agilen Werten ist, dass jeder sie als wichtig erachtet, sie im Arbeitsalltag jedoch kaum eine Rolle spielen. Ausgehend von der Softwareentwicklungsbranche haben viele Unternehmen in den vergangenen Jahren auf Flexibilität und Geschwindigkeit gesetzt. Scrum war ein wichtiger Wegbegleiter, um zu mehr Agilität zu gelangen. Leider war die Agilität oft mehr Schein als Sein. Denn unsere Arbeit in unterschiedlichen Firmen und Branchen zeigt, dass ihre Implementierung zwei Seiten hatte:

- Führungskräfte oder Führungsetagen wollten von der Geschwindigkeit profitieren, die Agilität verspricht. Nur deshalb waren viele Unternehmen bereit, diesen Schritt zu gehen und dem vermeintlichen Trend zu folgen.
- Die operative Ebene, also die Mitarbeiter in Abteilungen oder Teams, wollten mehr Mitbestimmung, Freiheit und Spaß bei der Arbeit. Nach unserer Erfahrung waren sie die vordergründigen Treiber des agilen Gedankens in den vergangenen Jahren.

Während also die Führungsebene schneller werden wollte, um auf die heutigen Marktbedingungen zu reagieren, wollten die Mitarbeiter von den Werten und Prinzipien des *Agilen Manifests* profitieren und mithilfe von beispielsweise Scrum eine selbstbestimmte Zusammenarbeit erreichen. Dieses Dilemma führt dazu, dass Unternehmen nicht den Nutzen aus agilen Methoden ziehen konnten. Halbherzige Implementierungen oder Transitionen führen dazu, dass es eine große Kluft zwischen *denen da oben* und *denen da unten* gibt.

Wir möchten mit dem gezielten Blick auf die Werte zu einem besseren Werteverständnis anregen. Denn intakte Werte und somit funktionierende Teams sind aus unserer Überzeugung ein wesentlicher Garant für den Unternehmenserfolg.

1.1.2 Warum ein Buch über Improvisationstheater?

Improvisationstheater-Schauspieler (nachfolgend als *Improspieler* und *Improtheater* bezeichnet) lieben das Unbekannte, sie reagieren flexibel auf die Wünsche und Ideen ihrer Kunden (des Publikums) und sie heißen Veränderungen jederzeit willkommen. Ansagen von oben gibt es nicht, das Schauspielteam entscheidet immer zusammen und trägt gemeinsam Verantwortung. Teamarbeit, klare Kommunikation, Offenheit, Experimentierfreude und ein ausgeprägter Spieltrieb sind ausschlaggebend für den Erfolg auf der Bühne. Kommt Ihnen das bekannt vor? Richtig, Improspieler und Mitarbeiter agiler Unternehmen haben viel gemeinsam. Doch wie machen Improspieler das? Was auf der Bühne wie angeborenes Talent wirkt, ist tatsächlich vor allem kontinuierliches Trainieren, Ausprobieren und Reflektieren in den Proben. Wir wollen keine Schauspieler aus Ihnen machen. Aber was Sie von Improspielern lernen können, ist ein sehr praktischer Umgang mit den Grundsätzen des Improtheaters. Anstatt immer nur über Werte zu reden, leben Improspieler nach ihnen, um unbekannte Situationen virtuos zu meistern. Gezielte Spiele und Übungen helfen in den Proben, die gemeinsamen Grundsätze zu verinnerlichen und nach ihnen zu handeln.

Wir möchten Sie dazu ermuntern, sich ebenfalls praktisch mit den agilen Werten auseinanderzusetzen. Füllen Sie die agilen Werte mit Leben, wenden Sie sie an, diskutieren Sie sie mit anderen und finden Sie heraus, was sie für Sie und Ihr Team, Ihre Partner oder Kunden bedeuten – mit Methoden und Übungen aus dem Improtheater.

1.1.3 Wie ist dieses Buch aufgebaut?

Sie begeben sich auf Abenteuerreise in die Welt der Werte und des Improtheaters. Im Laufe dieser Reise werden Sie die agilen Werte aus verschiedenen Blickwinkeln kennenlernen, sie durch praktische Beispiele leben lernen und Ihr Unternehmen und Ihre Mitarbeiter mit Übungen aus dem Improtheater auf neue Pfade führen. Für jeden unserer acht agilen Werte finden Sie im Herzstück des Buches (siehe Kapitel 3, »Das Abenteuer beginnt«) eine Reihe von Improübungen passend zum jeweiligen Wert für Ihre Teams, Mitarbeiter, Kollegen oder Kunden.

Unser Bestreben war es, die Inhalte so interessant, relevant und auch nachhaltig wie möglich zu gestalten. Dies realisieren wir über die folgenden inhaltlichen Ergänzungen:

- **Peters Heldenreise**
  Wir werden exemplarisch von Peter berichten, der auf seiner persönlichen Reise auf Wertehelden trifft und seine Erfahrungen mit den agilen Werten macht.

- **Expertenmeinung**
  Wir haben verschiedene Experten aus unterschiedlichen Bereichen hinzugezogen und ihre Blickwinkel auf dieses vielschichtige Thema einfließen lassen.

- **Praxistipps**
  Wo auch immer wir konnten, haben wir hilfreiche Tipps eingefügt, die für Ihre Praxis sinnstiftend sein können.

- **Ausprobieren**
  Neben den angegebenen Übungen und Tipps haben wir auch konkret verwendbare Fragen, Techniken und Ideen für Ihren Arbeitsalltag herausgestellt.

- **Praxisgeschichten**
  Neben den Meinungen der Experten haben wir unsere eigenen Erfahrungen oder passende Anekdoten einfließen lassen.

- **Übungen**
  Hauptbestandteil dieses Buches sind die Übungen aus dem Improtheater, die Sie in vielfältiger Art und Weise in Ihre Arbeit integrieren können.
- **Übungsmatrix**
  Eine Übersicht aller vorgestellten Übungen dient der schnellen und gezielten Auswahl im Arbeitsalltag. Hier finden Sie auf einen Blick Übungen als Warm-up, für Improtheater-Einsteiger oder für Remote-Teams.
- **Videos**
  Als Ergänzung zu den Übungsbeschreibungen stellen wir Ihnen einige der Übungen als Videos zur Verfügung. Hier spüren Sie nicht nur die Energie der Übung, sondern erhalten darüber hinaus eine praktische Anleitungshilfe. Sie finden die URL und den entsprechenden QR-Code in der jeweiligen Übung.
- **Literaturempfehlungen**
  Wir haben viel Literatur zu diesem Buchprojekt gewälzt. Sollten Sie über dieses Buch hinaus Interesse haben, weitere Improtechniken kennenzulernen oder sich mit dem Thema Werte tiefergehend zu beschäftigen, finden Sie dort hilfreiche Empfehlungen.
- **Illustrationen**
  Die Illustrationen sollen Sie nicht nur im Buch begleiten und Ihnen Freude bereiten. Sie dienen vor allem dazu, dass Sie vielleicht in der einen oder anderen Arbeitssituation an die Wertehelden denken und diese Ihnen sinnbildlich den Rücken stärken.
- **Website**
  Weitere Informationen zum Buch, alle Videos und viele Übungen finden Sie auf *www.agile-werte-leben.de*.

1.1.4 Unser Protagonist Peter

Beim Lesen begleitet Sie unser Held Peter. Er soll in diesem Buch exemplarisch für Sie, unseren Leser bzw. unsere Leserin, stehen. Peter weiß zu diesem Zeitpunkt noch nichts von seinem Glück und seinen neuen Superkräften. Er arbeitet seit elf Jahren in ein und demselben Unternehmen. Während dieser Zeit hat er schon Vieles mitgemacht und erlebt. Mit seinen 38 Jahren begleitete Peter viele erfolgreiche Projekte. Genauso viele Projekte, wenn nicht mehr, sah er aber auch scheitern. Der zunehmende Druck auf das Projektziel und die steigende Konkurrenz hat das Unternehmen dazu bewogen, sich im Bereich agiler Methoden umzusehen. Seit circa einem Jahr arbeitet Peter nun unter anderen Bedingungen in der Rolle des Scrum Masters [URL: Scrumguide 2017].

An die neue Rolle als Scrum Master mit vielen neuen Herausforderungen musste sich Peter erst einmal gewöhnen. Als Projektmanager hatte er vorher die Schlüsselposition inne und koordinierte federführend das Geschehen. Jetzt, wo es ein autonomes, selbstorganisiertes und funktionsübergreifendes Team gibt, steht er oftmals im Zwiespalt zu seiner Position als Projektmanager.

Weil der Einsatz von Scrum anfänglich dazu geführt hat, dass gesteckte Ziele erreicht wurden, genießt Peter einige Vorschusslorbeeren bei seinem Chef. Jetzt, nach einiger Zeit, haben alle Beteiligten jedoch das Gefühl, dass es nicht mehr so rundläuft. Die Qualität stimmt nicht, die Ziele werden nicht mehr eingehalten, die Motivation sinkt. Dies führt zu einer Spirale aus Missmut und stärkerer Kontrolle innerhalb und außerhalb des Teams. Aus diesem Grund hat sich Peter entschlossen, etwas zu verändern. Im Buch begleiten wir Peter auf seiner ganz persönlichen Reise mit einigen unvorhersehbaren Ereignissen und echten Superhelden.

1.2 Der Wert von Werten

> *»Es ist besser, hohe Grundsätze zu haben, die man befolgt, als noch höhere, die man außer Acht lässt.«*
>
> *Albert Schweitzer, Arzt*

In unserer täglichen Auseinandersetzung mit Führungskräften und Teams wird eines deutlich: Das Wissen um Werte ist elementar. In vielen Fällen scheint es jedoch, dass dem wirtschaftlichen Wert mehr beigemessen wird als den Werten. Unternehmerisches Handeln von Führungskräften hat oftmals einen klaren Fokus auf den Erfolg. Damit geht der Blick auf die Grundlage ihrer Entscheidungen verloren: nämlich auf die Werte, auf denen die Entscheidungen des Einzelnen und der gesamten Organisation beruhen.

1.2.1 Werte und Menschen

»Im Grunde sind es doch die Verbindungen mit Menschen, die dem Leben seinen Wert geben.«

Wilhelm von Humboldt, Gelehrter

Über Werte wird viel diskutiert und publiziert. Viele versuchen sich an Beschreibungen und einer klaren Einordnung. Die Begriffe *Wert*, *Wertorientierung* oder *Werthaltung* werden in der Literatur sehr unterschiedlich gefasst und durchaus auch jeweils in eine andere Ordnung zueinander gesetzt. Generell ist festzuhalten, dass keine einheitliche Strukturierung zu Werten zu erkennen ist. Sie variiert in Abhängigkeit von den ins Auge gefassten Werten (z.B. generelle Werte versus Arbeitswerte), der Zielsetzung, den Befragten, dem landeskulturellen Kontext und den verwendeten Messmethoden [Weibler 2008]. Jedes Unternehmen und auch jeder Mensch besitzt seinen eigenen Wertekompass. Deshalb ist es wichtig, dass Mitarbeiter und auch Kunden sich an gemeinsam definierten Werten orientieren können. Die Definition der *Werte Akademie* lautet [URL: Wert 2019]:

»Werte (Wertvorstellungen) sind allgemein erstrebenswerte, moralisch oder ethisch als gut befundene spezifische Wesensmerkmale einer Person innerhalb einer Wertegemeinschaft. Aus den präferierten Werten und Normen resultieren Denkmuster, Glaubenssätze, Handlungsmuster und Charaktereigenschaften. In Folge entstehen Ergebnisse (Resultate, Erlebnisse, Erfolge), welche die gewünschten werthaltigen Eigenschaften besitzen oder vereinen sollen.«

Werte geben Orientierung und sind wesentlich für das Wahrnehmen, Denken und Handeln. In einem Artikel schreibt der Philosoph Andreas Urs Sommer passend:

»In Werten zu denken, bedeutet, Vergleiche anzustellen, Bedeutsamkeit je nach Situation abzuschätzen: Eine gefüllte Wasserflasche ist in der Wüste von enormem Wert, an einer sprudelnden Quelle hingegen höchst entbehrlich.« [URL: Sommer 2016]

Wertvorstellungen bestimmen, worauf wir achten, wie wir etwas gewichten, interpretieren, entscheiden, miteinander leben oder mit Konflikten umgehen.

Werte und Prinzipien werden im allgemeinen Sprachgebrauch allerdings häufig durcheinandergebracht:

- Werte sind Verhaltenstreiber, die benennen, was erstrebenswert ist. Durch Werte gelangen Menschen vom Denken zum Fühlen ins Handeln – und damit zu den Prinzipien. Aus Werten lassen sich Rechte und soziale Normen ableiten. Und Werte führen darüber hinaus zu motivationalem Verhalten.

- Prinzipien sind anerkannte Grundsätze, die konkreter und greifbarer sind, da sie klar benennen, was allgemein Gültigkeit hat, und Handlungsanweisungen geben.
- Das Recht legt fest, was erlaubt und was strafbar ist, beispielsweise das rechtmäßige Verhalten im Umgang mit Menschen (Grundrechte).
- Die Norm beschreibt, was in einer Situation übergreifend gilt oder getan werden soll. Im Kontext von Gruppen oder Teams spiegeln Normen die Traditionen wider, Verhaltensstandards oder ungeschriebene Regeln.
- Ein Motiv drückt aus, was für eine Person in einer Situation wichtig ist, was sie tut oder was sie fühlt und aus welchem Grund sie sich so fühlt.

In Tabelle 1–1 verdeutlichen wir anhand von zwei Beispielen eine terminologische und inhaltliche Abgrenzung des Wertbegriffs.

Wert allgemeine Leitvorstellung, was erstrebenswert ist	**Prinzip** allgemeiner Grundsatz	**Recht** allgemeiner Anspruch	**Norm** anerkannte und konkrete Regel	**Motiv** Beweggrund etwas zu tun
Respekt	Handle so, dass du respektvoll gegenüber jedem Menschen bist, egal welchen Status er hat oder welche Meinung er vertritt.	Recht auf Gleichheit	Respektiere fremde Ziele, Meinungen oder Interessen.	Ich respektiere jeden Vorschlag, auch wenn er mir nicht gefällt.
Kommunikation	Handle so, dass eine offene und konstruktive Kommunikation stattfindet.	Recht auf Mitbestimmung	Ziehe das persönliche Gespräch vor.	Ich spreche Themen offen an, wenn ich das Gefühl habe, dass etwas Unausgesprochenes im Raum steht.

Tab. 1–1 *Terminologische und inhaltliche Abgrenzung des Wertbegriffs*

Die in diesem Buch genannten agilen Werte Kommunikation, Feedback oder Fokus sind per Definition keine Werte im eigentlichen Sinne. Frank H. Sauer, der sich seit vielen Jahren mit Werten auseinandersetzt, sagte uns im Interview:

> *»Alles, was als Wert wichtig erscheint, muss berücksichtigt werden. Einige agile Werte sind selbst keine Werte, repräsentieren jedoch bestimmte Wertvorstellungen oder meist ganze Wertesysteme. Beispiele sind Menschlichkeit, Wertschätzung oder Erfolg. Diese Wertesysteme bestehen aus relativ konkreten Werten. Ein konkreter Begriff, der keinen Wert und kein Wertesystem darstellt, wird meist mit einer Emotion, einem Talent, einer Kompetenz oder einem Motiv verwechselt.«*

Unser Held auf Reisen: Peters Manifest

Seitdem Peter von den fünf Scrum-Werten Mut, Offenheit, Fokus, Selbstverpflichtung sowie Respekt (siehe Abschnitt 2.1, »Agile Werte und Prinzipien«) gehört hat und als Scrum Master sein Team begleitet, legt er besonderen Wert auf die Einhaltung des Agilen Manifests. Die vier Leitsätze darin und die dazugehörigen zwölf Prinzipien spielen in seinem neuen Unternehmensalltag eine ganz besondere Rolle [URL: Manifesto 2001]. Peter hat sich intensiv mit dem Agilen Manifest auseinandergesetzt und versucht es nun in seinem Arbeitsalltag zum Leben zu erwecken.

Bei der Verankerung der Scrum-Werte Respekt, Mut, Fokus, Offenheit und Selbstverpflichtung (Commitment) stößt Peter jedoch täglich an seine Grenzen. Schon die Zusammenarbeit mit dem Team ist herausfordernd, da immer wieder alte Muster zum Vorschein kommen. Auch bei ihm selbst. Er versucht die Werte vorzuleben, verfällt dann jedoch schnell in ein Vorgeben, anstatt Selbstorganisation innerhalb des Teams zu fördern. Gleichzeitig ist Peter gerade damit beschäftigt, den Druck der Marketingabteilung von seinem Team fernzuhalten. Da er aber niemanden verärgern möchte, gelingt das nicht wirklich. Das Scrum-Team hat nicht den Mut, offen über Fehler zu sprechen. Einzelne aus dem Team versuchen durch Überstunden diese Fehler zu kompensieren. Anderen im Team ist es egal, dass diese Fehler überhaupt auftreten und ihre Teamkollegen Mehrarbeit haben. Auch die Führungskräfte, die ihre Mitarbeiter an das Scrum-Team abgeben mussten und jetzt zu lateraler Führung, also zum Führen ohne direkte Weisungsbefugnis, gezwungen sind, können nicht so recht loslassen und greifen immer noch direkt auf einzelne Teammitglieder zu. Peter wird zunehmend deutlich, dass nicht nur er und das Team, das er als Scrum Master begleitet, sondern die Organisation insgesamt ein neues Werteverständnis benötigt.

Werte sind deshalb so relevant, weil sie es dem Einzelnen ermöglichen, auf Bewährtes zurückzugreifen, zum Beispiel beim Treffen von Entscheidungen oder beim Sich-Einlassen auf eine bestimmte Situation. Sie unterstützen dabei, sich an widerspruchsfreien Zusammenhängen zu orientieren und damit konsistent zu handeln. Werte geben uns Orientierung und Sicherheit.

Aus systemischer Sicht sind Werte ein wesentlicher Faktor zur Bestimmung der Grundausrichtung einer Organisation. Neben der Mission, dem Unternehmenszweck eines Unternehmens, machen sie die Antworten auf die Fragen »Was ist uns wichtig, worauf legen wir besonderen Wert?« deutlich. Organisationen neigen dazu, das Verhalten ihrer Mitarbeiter über dienliche Werte steuern zu wollen. Werte werden vorgegeben, an Organisationszielen ausgerichtet, und Mitarbeiter werden für konformes Verhalten belohnt. Werte zu leben funktioniert jedoch nur durch die Bereitschaft und Kompetenz der Mitarbeiter, ihre Fähigkeiten für ihr Unternehmen einzusetzen. Wenn das Management oder Führungskräfte diese Werte nicht vorleben und Mitarbeiter sich nicht mit diesen identifizieren, bleiben es leere Begriffe. Daher ist für uns grundlegend, eine Vertrauensbasis zwischen allen im Unternehmen zu schaffen, die zu selbstständigem Handeln befähigt.

Sven Röpstorff, langjähriger Agile Coach, sagte im Interview mit uns dazu:

> *»Es muss allen Mitarbeitern in der Organisation, vom Hausmeister bis zum Vorstandsvorsitzenden, klar sein, welche Werte gelten sollen. Und diese müssen auf allen Ebenen gelebt und vorgelebt werden. Sie dürfen nicht nur auf bunten Postern an der Wand hängen. Wenn der Vorstand Agilität als eine andere Art des Projektmanagements versteht und weiter agiert wie immer, wird sich nichts ändern.«*

1.2.2 Wertewandel in Organisationen

> *»Wandlung ist notwendig wie die Erneuerung der Blätter im Frühling.«*
>
> *Vincent van Gogh, Maler*

»Welches Denken bzw. welche ›Köpfe‹ braucht erfolgreiche und zukunftsorientierte Führung in Zeiten der digitalen Veränderung?« lautet die Frage an 600 Führungskräfte der deutschen Wirtschaft in einer aktuellen Umfrage der Wertekommission. Die zusammenfassende Antwort auf diese Frage lautete [URL: Wertekommission 2018]:

> *»Offenheit für Neues, Veränderungsbereitschaft und Authentizität werden als erfolgsrelevante Werte beschrieben. Zukunftsorientierte Führung bedeutet aber auch die Orientierung an einem soliden Wertekompass. Fairness, Vertrauen und Umsicht sind hier ebenso wichtig, wie mit gutem Beispiel voranzugehen. Gerade 2018, einem Jahr, in welchem das politische Geschehen in vielen Teilen der Welt zunehmend von Autokraten bestimmt wird, setzen die befragten Führungskräfte in Deutschland hier ein erfreuliches Gegengewicht und erteilen Eigennutz bzw. selbstsüchtiger Führung eine Absage, wenn es darum geht, den digitalen Wandel erfolgreich zu meistern.«*

Eine ermutigende Aussage. Denn die deutsche Führungskultur gilt noch immer eher als konservativ, mit einer Tendenz dazu, Risiken und Unsicherheiten zu vermeiden. Deutsche Unternehmen haben ein hohes Sicherheitsbedürfnis bei gleichzeitigem Blick auf schnelle Erfolge und kurzfristige Ergebnisse, so lautet das Resümee einer Studie, an der 6.000 Führungskräfte im Jahre 2016 teilnahmen [URL: Experteer 2016]. Jungen Führungskräften dagegen sind heutzutage ganz andere Werte wichtig, wie beispielsweise Nachhaltigkeit und Fairness.

Frank H. Sauer, Sauer Coaching

Frank H. Sauer ist Unternehmer, Coach und Mentor sowie der Herausgeber von »Das große Buch der Werte 2019 – Enzyklopädie der Wertvorstellungen« und Autor des Portals www.wertesysteme.de.

Um in Unternehmen ein neues Werteverständnis zu erlangen, um damit eine agile Unternehmenskultur zu etablieren, besteht die Kunst darin, tradierte Werte nicht zu bekämpfen, sondern behutsam durch kluge innovative und freigeistige Werte zu ersetzen. Für mich muss es ein ausgewogener Mix aus den folgenden Punkten sein:

- disruptives Denken (nonkonformistische Haltung)
- pragmatisches Agieren (Regeln sind Diener und nicht Herrscher.)
- traditionelles Sichern (Errungenschaften und Storys bewahren)
- kreatives Verkaufen (Erwartungsmanagement)
- ehrliches Vermarkten (schnell und nachhaltig zugleich)
- Würde (ein eigener Kodex, der Würde beschreibt und als Rituale ankert)

In unserer täglichen Praxis erleben wir, dass eine offene Fehlerkultur, Experimentierfreude und Ausprobieren sich mehr und mehr den Weg in die Unternehmen bahnen. Dennoch bemerken wir gleichzeitig, wie schwerfällig und langwierig dieser Prozess ist. Sehr oft wird versucht, das vorhandene Korsett zu nutzen, das aber neuen Denkansätzen keinen Platz lässt. »*Konzerne, bzw. Menschen in großen Organisationen, kommen durch ihre komplexen Strukturen nicht schnell ins Handeln. Leider beauftragen sie zu wenig Menschen mit einer neutralen Außensicht, die das Nicht-Handeln der Akteure spiegeln*«, berichtete Manfred Meyer, Agiler Coach beim Onlinehändler OTTO, im Interview mit uns.

Unser Held auf Reise: Aufsteigender Tatendrang

Peter sitzt zu Hause in seinem alten, aber sehr komfortablen Sessel seines Großvaters und studiert noch einmal die einschlägige Lektüre rund um das Thema Agilität. Dabei wird ihm für sein Unternehmen und seinen Kontext einiges klarer. Wie viele etablierte Unternehmen versucht auch Peters Organisation im Kerngeschäft Stabilität zu erzeugen und gleichzeitig flexibel auf veränderte Marktbedingungen zu reagieren. Diese sogenannte organisationale Ambidextrie, also die Fähigkeit, zugleich effizient und flexibel zu sein und dabei Bestehendes und Neues zu nutzen, führte in Peters Unternehmen zum Einsatz von Agilität, um wettbewerbsfähig zu bleiben.

→

Peter lässt diese neue Erkenntnis erst einmal sacken und schweift kurz mit den Gedanken ab, indem er sich die Frage stellt, wer eigentlich Wörter wie Ambidextrie erfindet. Er muss kurz über sich, den Gedanken und das Wort Ambidextrie lachen. Er ruft sich wieder zur Ordnung und versucht sich vorzustellen, was diese Herausforderung für seinen Arbeitsalltag bedeutet. Ihm wird bewusst, dass agiles Arbeiten nicht nur in der Auseinandersetzung mit komplexen Problemen sinnvoll ist, sondern ein entscheidender Erfolgsfaktor für die gesamte Organisation. Er versteht, dass es unabdingbar ist, dass alle im Unternehmen die gleiche Sprache sprechen, um von Agilität profitieren zu können. »Aber wie kann das funktionieren?«, geht es ihm leise über die Lippen. Momentan hat er ja noch nicht einmal das Team so richtig im Griff.

Bevor der Anflug von Verzweiflung überhandnehmen kann, stößt Peter auf einen Artikel zum Lean Management. Der Lean-Ansatz, der ursprünglich durch Toyota geprägt wurde, ist schon seit vielen Jahrzehnten erfolgreich im Einsatz. Er bildet sozusagen den Unterbau für alles, was heutzutage als agil bezeichnet wird. Peter war das neu. Ihm wird klar, dass auch andere Bereiche im Unternehmen von Agilität profitieren können: Ausrichtung am Kunden, Transparenz, Eigenverantwortung, ständige Verbesserung, Führen als Service am Mitarbeiter. Wenn es ihm gelänge, die anderen Mitarbeiter mit ins Boot zu holen und ihnen diese Vorteile aufzuzeigen, dann sollte doch der Funke überspringen und sich das agile Mindset im Unternehmen ausbreiten.

Peter entscheidet sich für die Durchführung eines kleinen Experiments. Morgen wird er durch die vielen Abteilungen und unterschiedlichen Flure seiner Firma gehen und Interessierte zu einer agilen Roadshow einladen. Er selbst möchte seine neuen Erkenntnisse mit seinen Kollegen teilen und verständlich machen, wie die IT tickt und wie die einzelnen Abteilungen von Agilität profitieren können. Peter ist zufrieden mit diesem Plan und verspürt innerlich ein aufsteigendes Kribbeln und ist voller Tatendrang.

Zusammen mit dem Begriff *Wandel* wird auch häufig das Akronym VUKA verwendet, das für *Volatilität*, *Unsicherheit*, *Komplexität* und *Ambiguität* steht. Es soll deutlich machen, dass Unternehmen heutzutage in einer Welt agieren, die durch überraschend schnelle Veränderungen (Volatilität), schwer planbare Prozesse (Unsicherheit), die durch die Globalisierung und Digitalisierung immer komplexer werden (Komplexität), sowie durch einen breiteren Lösungskorridor für bestehende Herausforderungen geprägt ist (Ambivalenz).

Für diese Herausforderungen gibt es auch eine abgewandelte Umkehrung des Akronyms: *Vision*, *Understanding* (Verstehen), *Clarity* (Klarheit), *Agility* (Agilität). Diese sagt aus, dass es Mut benötigt, die notwendigen Veränderungen im Unternehmen zu initiieren, sowie die Überzeugung, dass ein anderes Führungsverständnis und verändertes Arbeitsklima die Zukunft einer Organisation sichern wird.

- **Vision**
  Wichtig für Unternehmen wird es sein, das große Ganze im Blick zu behalten und mit Zielen und Leitbildern Sicherheit auszustrahlen. Organisationen, die zum richtigen Zeitpunkt ehrlich und offen kommunizieren und ihre Mitarbeiter einbeziehen, sind in der Lage, schnell mit Veränderungen umzugehen, wenn sie auf die Vision des Unternehmens blicken.
- **Understanding (Verstehen)**
  Menschen benötigen Sicherheit, um ihre Aufgaben gut zu erledigen. Daher ist es notwendig, den Kontext zu kennen, um sich mit einer neuen Haltung den Herausforderungen zu stellen. Komplexe Sachverhalte müssen in kleine Stücke zerlegt werden, um sich iterativ dem Ziel und damit der Vision zu nähern. Verschiedene Blickwinkel aus der engen Zusammenarbeit fachübergreifender Teams helfen dabei, das Verständnis zu erlangen. Führung kann dieses gemeinsame Verständnis unterstützen.
- **Clarity (Klarheit)**
  Um konzentriert an einer Sache arbeiten zu können, benötigt man neben notwendigen Informationen auch klare Entscheidungen. Agilität bedeutet nicht Aktionismus. Klar zu formulieren, wohin die Reise geht, führt zu notwendigen Anpassungen, mit denen Chaos und Unklarheit umschifft werden können.
- **Agility (Agilität)**
  Kurze Zielhorizonte und die Arbeit in autarken fachübergreifenden Teams sind ein Schlüsselelement, um Geschwindigkeit zu erlangen und adaptiv und schnell auf Veränderungen zu reagieren. Agilität ermöglicht das Experimentieren und die kollaborative Zusammenarbeit auf Augenhöhe, um wertvolle Arbeit für den Kunden zu leisten.

Gerade in der heutigen Zeit, in der alles einem ständigen Wandel unterliegt, benötigen Mitarbeiter neben der Orientierung an Werten auch das Rüstzeug dafür, mit dieser Schnelllebigkeit umzugehen. Wenn Unternehmen es schaffen, den Mitarbeitern mit klar definierten Werten Orientierung zu geben, dann können Entscheidungen schnell und flexibel getroffen werden und kann entsprechend gehandelt werden.

Denn eins ist klar: Eine Unternehmenskultur lässt sich nicht durch das Abhalten von einigen Workshops ändern. Als Faustregel geben wir an, dass eine neue Strategie ungefähr drei Monate, eine neue Organisationsstruktur ca. ein Jahr und eine neue Unternehmenskultur ca. fünf und mehr Jahre benötigt. Diese tiefgreifende Veränderung kann jedoch nicht durch die Scrum-Teams in Abteilung X oder durch den Einsatz von Kanban in Abteilung Y erfolgen, sondern muss ganzheitlich vom Management vorgelebt werden. Führung richtet sich heutzutage daran aus, wie erfolgreich ich andere mache. Als Manager benötige ich jetzt eine

Haltung, die, durch Werte geleitet, dem Mitarbeiter auf Augenhöhe begegnet. Manager schaffen einen Rahmen, in dem die Mitarbeiter selbstorganisiert Entscheidungen treffen können und in dem gelebtes Vertrauen, ständige Erreichbarkeit oder wertschätzendes Feedback nicht nur als Floskeln in den Unternehmensbroschüren stehen.

Die Kultur zu verändern verlangt eine umfassende Veränderung des Denkens und Handelns sowie die Einbeziehung aller bestehenden Unternehmensebenen. In diesem Buch stellen wir Ihnen mit dem Improtheater ein Werkzeug vor, um die Veränderung des Mindsets und damit einen schnellen Wandel zu erreichen.

Stellen Sie sich oder Ihren Kollegen einmal bei nächster Gelegenheit die Frage: »Was hätten wir gestern anders machen können, um heute schneller reagieren zu können, klügere Entscheidungen zu treffen oder mit dem Projekt weiter vorangekommen zu sein?«

2 Ruf zum Abenteuer

»Die ganze Welt ist eine Bühne,
und alle Frau'n und Männer bloße Spieler.
Sie treten auf und gehen wieder ab,
sein Leben lang spielt mancher eine Rolle,
durch sieben Akte hin.«

William Shakespeare, Dramatiker

Essay: Ein Instrument macht noch keine Musik

David Cummins, Geschäftsführer Ministry Group

Mal angenommen, Sie möchten zu Hause mehr Musik haben. Sie gehen also los und kaufen einige Instrumente. Würden Sie anschließend sagen, dass Sie eine musikalische Familie haben, weil Sie jetzt ein Cello, ein Klavier, eine Gitarre und eine Bassdrum besitzen und vorhaben, noch ein Akkordeon zu kaufen? Natürlich nicht. Ich habe aber den Eindruck, dass die Instrumente viel zu häufig als Musik verkauft werden.

Angenommen, Sie wünschen sich eine musikalische Familie. Und Sie kennen eine andere Familie in Ihrer Stadt, die sehr musikalisch ist. Bitten Sie diese Familie um Rat, welche Instrumente Sie kaufen sollen? Oder finden Sie selbst heraus, welche Musik Ihre Familie gerne spielen würde und wählen die Instrumente entsprechend aus? Wenn Sie Ihre Instrumente dann haben, können Sie natürlich von anderen lernen, wie man sie spielt. Sie können darüber lesen, Unterricht bei Musiklehrern nehmen und mit anderen sprechen, die schon länger als Sie das Instrument spielen. Aber wenn Sie schließlich mit Ihrer Familie zusammen spielen, ist das, was dabei herauskommt, völlig individuell, hoffentlich schön und sehr wahrscheinlich unerwartet.

Ich habe von Teams und Unternehmen gehört, die agil wurden – also eine agile Denkweise angenommen haben –, indem sie bestimmte Methoden und Tools implementiert haben. Dies ist aus meiner Sicht jedoch sehr selten der Fall und üblicherweise nur bei Softwareunternehmen zu beobachten, deren Produkte es zulassen, mit Standardverfahren zu beginnen. Ich persönlich hinterfrage nach wie vor, inwieweit eine agile Einstellung auf diese Weise etabliert werden kann.

Die weite Verbreitung von agilen Methoden in den letzten eineinhalb Jahrzehnten führt dazu, dass viele sie für den Schlüssel zu Agilität halten. Es gibt in der agilen Community eine Redewendung, die diesem Irrglauben entgegenwirkt: »Man tut nicht agil, man ist agil.« Um es in anderen Worten zu sagen: Agilität ist eine Denkweise. Und eine Denkweise wird von Prinzipien und Werten geprägt.

Das 2001 veröffentlichte *Agile Manifesto* enthielt keine Anleitung für Methoden, sondern begann mit Glaubenssätzen (Dingen, die die Autoren im Vergleich zu anderen Dingen mehr wertschätzen) und wurde durch eine Liste von agilen Prinzipien ergänzt.

Vielleicht hatten wir bei Ministry Glück, als wir damit anfingen, mit unseren digitalen Projekten agil zu werden. Glück, weil keine der Methoden, die sich aus der agilen Bewegung entwickelt hatten, zu der Art von Projekten passte, die wir auf dem Tisch hatten. Als wir anfingen, uns mit agilen Praktiken zu beschäftigen, waren wir eine kleine Digitalagentur, die meistens mehrere Projekte gleichzeitig entwickelte. Eine Person war üblicherweise über einen Zeitraum von mehreren Wochen oder Tagen in mehreren Projekten involviert und hatte mit unterschiedlichen Teams zu tun. Scrum einzusetzen funktionierte hier nicht.

→

Um eine agile Denkweise zu entwickeln, mussten wir uns die Prinzipien genau anschauen und überlegen, was sie für uns bedeuten und wie wir Prozesse entwickeln können, die es uns ermöglichen, agil zu arbeiten. Die Prinzipien, die wir für uns aus dem Manifest abgeleitet haben, sind: Einbeziehung, Verpflichtung, Vertrauen, Mut zur Veränderung, iterative Prozesse, kontinuierliche Verbesserung und autonome Entscheidungen.

Warum, Was, Wie

Bevor Sie damit beginnen, eine agile Denkweise zu etablieren, ist es wichtig, dass Sie Ihre Beweggründe kennen (das *Warum*). Sie möchten nicht agil werden, weil alle anderen es sind oder weil man es eben macht. Wahrscheinlich möchten Sie agil werden, weil Sie glauben, dass Agilität Ihrem Unternehmen dabei hilft, besser, innovativer und effektiver in dem zu werden, was das Unternehmen tut.

Für mich persönlich bedeuten unabhängigere Teams, die gute Entscheidungen treffen, effektiver arbeiten und dabei zufriedener sind, bessere Produkte sowie mehr und zufriedenere Kunden.

Egal, um was für Produkte es sich handelt: *Was* Sie tun, sollte Wert schaffen – für Ihre Kunden, aber auch für Sie selbst und vielleicht auch für die Gemeinschaft und die Welt. Geld verdienen (der Standardzweck eines Unternehmens) ist auch eine Form von Wertschöpfung. Sie ist jedoch für die Kunden wenig interessant und für die Teammitglieder nicht besonders motivierend. In einer agilen Denkweise ist die Wertschöpfung für Kunden und Mitarbeiter des Unternehmens ein fester Bestandteil der Werte und Prinzipien.

Das *Wie* befasst sich dann nicht damit, was beim Agilwerden offensichtlich erscheint (die Implementierung von Methoden), sondern es geht um die Werte selbst. Die Werte zu leben, sie zu verinnerlichen, ist der Weg, um agil zu sein. Die Frage »Wie machen wir es?« kann dann mit den Worten »mit Vertrauen«, »mit Engagement« oder »mutig« beantwortet werden.

Nur mit einem tieferen Verständnis für das Warum, Was und Wie kann das Team beginnen, auf wirklich agile Weise zu handeln. Das bedeutet auch, nach neuen und besseren Möglichkeiten zu suchen, damit zu experimentieren und sie zu testen, um Werte für den Kunden zu schaffen.

Vertrauen, Einbeziehung und Verpflichtung zu fördern, ist wirksamer, als (beispielsweise) auf einem täglichen Stand-up-Meeting zu bestehen. Wenn verstanden wird, dass wir von allen Teammitgliedern Input brauchen und auf allen Ebenen des Unternehmens zusammenarbeiten müssen, kann dies zu täglichen Stand-ups führen oder zu etwas noch Besserem, das dem aktuellen Bedarf entspricht.

Der wichtigste Wert: Vertrauen

Agilität als eine Möglichkeit zu betrachten, mit der mehr Wert geschaffen werden kann, führt dazu, dass ein Teil der Kontrolle aufgegeben wird, da diese Kontrolle das Erzielen der besten Ergebnisse einschränkt. Die Kontrolle abzugeben bedeutet nicht, die Kontrolle zu verlieren. Kontrollverlust bedeutet, keine Kontrolle mehr zu haben, was zu Chaos führt. Kontrolle abzugeben bedeutet, dass die Kontrolle weiterhin existiert, jedoch nicht mehr an einem einzigen Punkt.

Hierfür müssen wir auf allen Ebenen Vertrauen haben. Die Vorgesetzten müssen den Teammitgliedern vertrauen, und die Teammitglieder müssen den Vorgesetzten, sich gegenseitig und sich selbst vertrauen. Damit dies funktioniert, braucht das Team die notwendigen Informationen, Mittel und die Berechtigung, um gute Entscheidungen treffen zu können.

Da Vertrauen der zentrale Wert ist, um agil zu werden, und keiner der anderen Werte sich ohne Vertrauen entwickeln kann, führt Vertrauen wie ein roter Faden durch alle anderen Werte. Vertrauen tritt nicht im luftleeren Raum auf und etabliert sich nicht über Nacht, nur weil wir sagen, dass es so sein sollte. Ohne Mut, Offenheit, Einbeziehung, Fokus, Respekt, Kommunikation und Feedback kann Vertrauen nicht gefördert werden und nicht wachsen. Und ohne Vertrauen kann keiner der anderen Werte keimen und gedeihen.

Die Werte und Prinzipien in der echten Welt etablieren

Leider ist es nur selten möglich, Prinzipien und Werte einfach dadurch zu etablieren, dass man sie ausspricht. Das Verkünden des Vorhabens ist der erste Schritt, auf den aber sofort die Untersuchung der Systeme und Strukturen folgen müssen. Es gibt offenkundige Strukturen, die geändert werden müssen, um Werte leben zu können.

Bei Ministry war es zum Beispiel fast unmöglich, Verpflichtung zu leben, da viele verschiedene Projektteams Forderungen an Einzelpersonen stellten. Unsere strukturelle Veränderung war die Schaffung interdisziplinärer Teams, die jeweils die gleichen Projekte und Verpflichtungen hatten.

Gleichzeitig ermöglichten unsere sogenannten X-Teams die Einbeziehung der Teammitglieder in die gesamten Projekte, während Aufgaben zuvor wie mit einem Förderband an verschiedene Disziplinen übergeben worden waren. Jetzt machten Preisschätzungen und Projekt-Features den Anfang, weiter ging es mit Design und Entwicklung, und alle Disziplinen waren über das Projekt informiert und hatten Einfluss auf die Ergebnisse.

Die Einbeziehung des Kunden und iterative Prozesse haben dazu geführt, dass wir das Blackbox-Gefühl ablegen konnten, das viele Kunden in der Vergangenheit erlebt hatten. Gemeinsam mit dem Kunden wird bis zum Launch und häufig darüber hinaus jede Phase eines Projekts konzipiert, entwickelt und mit der Realität der Bedürfnisse und Wünsche abgeglichen. Dies steht im Gegensatz zu früheren Vorgehensweisen, bei denen der Kunde Designs sehen durfte und dann erst nach der Entwicklung mit dem Endprodukt konfrontiert wurde, in der Hoffnung, dass es den ursprünglich formulierten Bedürfnissen und Wünschen entspricht.

→

Am wichtigsten war jedoch, dass den X-Teams vollständiges Vertrauen gegenüber ihren Projekten und Kunden geschenkt wurde. Und mit diesem Vertrauen hatten sie die Möglichkeit, eigene Entscheidungen für Projekte zu treffen. Dies hat in hohem Maße die Notwendigkeit verringert, die Teammitglieder und Projekte zu »managen«, und hat in vielen Fällen zu besseren Produkten, zufriedenen Kunden und effektiveren Teams geführt.

Es gibt jedoch in jedem Unternehmen auch verborgene Ansichten, die sich nur in Verhaltensweisen zeigen, welche sich nicht an den befürworteten Werten orientieren. Unsere X-Teams haben zwar die Förderung von Verpflichtung und Vertrauen innerhalb der Teams ermöglicht, dies hat jedoch nicht in jedem Fall zu einer kontinuierlichen Verbesserung geführt. Insbesondere dadurch, dass sich die Teams voneinander isoliert fühlten, gab es wenig Austausch zwischen den Teams zu Verbesserungsmöglichkeiten von Prozessen. Im Laufe der Zeit konnte ein noch schlimmeres Phänomen beobachtet werden: Konkurrenzdenken und sogar Misstrauen zwischen den Teams.

Innerhalb der Teams führten Missverständnisse über die Prinzipien manchmal zu unerwünschten Verhaltensweisen. Aus Einbeziehung hat sich eine Überzeugung herausgebildet, dass niemand die Führung übernehmen darf. Harmonie im Team wurde zum wichtigsten unausgesprochenen Wert und Konflikte wurden vermieden. Da dies zu weniger Feedback führte, litt darunter die kontinuierliche Verbesserung.

Um diese Probleme in den Griff zu kriegen, bieten wir in den Teams mehr Anleitung und Coaching an und ermutigen zu Führung und Kommunikation. Ein Unternehmen wird niemals einen perfekten Zustand erreichen und muss kontinuierlich daran arbeiten, jene verborgenen Systeme und Überzeugungen aufzuspüren, die Teams daran hindern, sich selbst zu verbessern. Da die Ursachen im Verborgenen liegen, können sie nur durch die Diskrepanzen entdeckt werden, bei denen Verhaltensweisen nicht mit den Werten übereinstimmen oder bei denen Widerstand gegen Veränderung auftritt. Statt diese Symptome zu bekämpfen, müssen wir sie nutzen, um die verborgenen Systeme und Überzeugungen aufzudecken. Und wir müssen die Teammitglieder in den Prozess einbeziehen, weil Sehen viele Perspektiven benötigt und Einbeziehung mit Verpflichtung, Respekt und Vertrauen wächst.

Und die Dinge ändern sich. Heute haben wir keine X-Teams mehr, wie wir sie vor fünf Jahren eingeführt haben. Die Digitalagentur, die das Herzstück unserer Unternehmensgruppe war, wurde in zwei Bereiche unterteilt: in eine Werbeagentur und in ein Softwareunternehmen. Die interdisziplinäre Zusammenarbeit ist geblieben, doch sie hat neue Formen angenommen. Eine Werbeagentur hat andere Prozesse als ein Softwareunternehmen. Die Übernahme größerer, komplexerer Projekte in der Softwareentwicklung macht Methoden wie Scrum anwendbarer, und trotzdem müssen die oben beschriebenen Probleme weiterhin gelöst werden. Wo wurden unsere Prinzipien und Werte missverstanden? Welche Überzeugungen führen zu unerwünschten Verhaltensweisen? Wie können wir unsere Werte einsetzen, um die agile Denkweise wirklich zu verstehen und mit dem, was wir tun, noch effektiver, besser und zufriedener zu werden?

Um Verhalten zu verändern, ist das Erleben unabdingbar. Jede Person hat ihr eigenes Wertesystem im Kopf. Diese Wertvorstellungen prägen den alltäglichen Umgang mit Herausforderungen. Wie schon erwähnt, erfordert das agile Arbeiten eine Veränderung des Verhaltens. Haltung, bzw. das *Mindset*, spielt eine wesentliche Rolle, wenn es um die Bereitschaft zur Veränderung geht. Vielleicht haben Sie auch schon einmal daran gedacht, regelmäßiger Sport zu treiben und nicht an sechs von sieben Tagen in der Woche abends eine Netflix-Serie zu schauen. Allein diese Veränderung benötigt sehr viel Anstrengung, vielleicht sogar diverse Anläufe, um zur Realität zu werden. Nehmen wir einmal an, Sie möchten sich wirklich mehr bewegen, aktiver und sportlicher werden. Sie kaufen sich ein neues Sport-Outfit, ziehen Ihre neuen Laufschuhe an, legen Ihre neue Fitness-Armbanduhr an und nehmen sich für den ersten Lauf einen Halbmarathon vor, um Ihrem Ziel so schnell wie möglich näher zu kommen. Die Wahrscheinlichkeit, dass Sie weit kommen, ist gering. Die Wahrscheinlichkeit, dass Sie genervt und überlastet aufgeben, ist hoch.

Viele Unternehmen versuchen Agilität in einem ähnlichen Szenario einzuführen. Sie fördern Schulungen der Mitarbeiter im großen Stil und gehen dann gleich direkt in den Wettkampf mit dem Gedanken, dass jeder Agilität verstanden und verinnerlicht hat. Jeder, bis auf die Manager, die sowieso tagtäglich in einem Wettkampf stehen und keine Zeit zum Trainieren haben. Tatsächlich erleben wir dies viel zu häufig in der Praxis. Die Manager verlangen von ihren Teams Höchstleistung, verstehen aber teilweise die Spielregeln nicht (mehr).

Verhalten zu ändern bedeutet, in kleinen Schritten etwas auszuprobieren und die gemachten Erfahrungen zu reflektieren, um dem Gewohnten Schritt für Schritt zu entkommen. Daniel Mezick beschreibt in seinem Buch *The Culture Game*, dass Spielen einen wesentlichen Einfluss auf eine positive Psychologie hat. Diese Positivität führt dazu, dass eine Organisation besser und schneller lernt und somit spielerisch zu einer lernenden Organisation wird [Meziek 2012].

Ein Kind, das gerade laufen lernt, läuft durchschnittlich 2.300 Schritte pro Stunde. Dabei fällt es im Schnitt 17-mal pro Stunde hin. Jedes Hinfallen ist ein Schritt in die richtige Richtung. Kleinkinder wissen nichts von Fehlern. Sie folgen ihrem angeborenen Lerntrieb. Dieser innere Antrieb wird uns über die Jahre ausgetrieben mit dem Wissen, dass es Fehler gibt. In der Bildung werden Fehler durch schlechte Noten bestraft. Kein Wunder, dass es in vielen Unternehmen keine Fehlerkultur gibt und sie spielerisches Ausprobieren und Scheitern – und damit auch das Lernen – aus dem Arbeitsalltag gestrichen haben, obwohl es uns in den Genen liegt. Sätze wie »Was soll denn der Kinderkram?« und »Dafür haben wir keine Zeit!« hemmen zusätzlich unseren natürlichen Spieltrieb und Instinkt, aus Fehlern zu lernen. Das Gewohnte bleibt und für Experimente wird sich keine Zeit genommen.

Spielkultur + Fehlerkultur = Lernkultur

Ein Kind geht im Wald mit seinen Eltern spazieren. Nachdem es einige Minuten neben den Eltern hergelaufen ist, verspürt es den Drang, den Wald zu entdecken. Das Kind läuft einige Schritte in den Wald, klettert über Steine, Sträucher und umgefallene Bäume. Es streicht mit den Händen über die Rinde der Bäume, lässt kleine Insekten über die Hand wandern, drückt mit der Hand ins nasse Moos. Das Kind fängt an, sich in seiner eigenen Gedankenwelt zu verlieren und den Wald spielerisch für sich zu entdecken. Auf einmal sieht das Kind einen Baum auf einer kleinen Lichtung. Der Baum zieht das Kind magisch an. Die Äste hängen tief und sind leicht zu erklimmen. Mit der Idee, von da oben einen guten Ausblick zu erhaschen, klettert das Kind einige Meter hinauf. Ungefähr in der Mitte angekommen, ruft das Kind nach seinen Eltern, die unweit in Sichtweite Pilze sammeln, und winkt ihnen fröhlich über das Geschaffte zu. Als die Eltern das Kind erblicken, sind sie besorgt und rufen, dass es vom Baum klettern soll. Im selben Moment knackt es laut und der Ast, auf den sich das Kind gesetzt hatte, bricht. Beim Kind angekommen, sind beide Eltern froh, dass nicht wirklich etwas passiert ist, und ermahnen das Kind, dass so etwas nicht geht, dass es gefährlich sei: Was hätte nicht alles passieren können!

Die Eltern sind nur fixiert auf das, was schlimmstenfalls in dieser Situation geschehen kann. Das Kind kann jedoch sein Können im Wald schon gut einschätzen und tastet sich langsam an die Gefahrensituation heran. Es sammelt im Spiel neue Erfahrungen, um zukünftig schwierige Situationen noch besser zu meistern. Dabei können natürlich Fehler und auch kleine Unfälle passieren. Das Kind hat etwas gelernt.

Die Übungen in diesem Buch sind deshalb so hilfreich, da sie unter anderem einen (geschützten) Raum für spielerisches Experimentieren ermöglichen (siehe Abschnitt 2.2.1, »Was ist Improvisationstheater?«). Dieser geschützte Spielraum entsteht auch durch klare Spielregeln, die ein Herantasten, Ausprobieren, Hinfallen, Adaptieren und Lernen ermöglichen. Improtheater erlaubt die spielerische Auseinandersetzung mit den gestellten Herausforderungen und fördert damit kreative Ideen und Erkenntnisse. Gerade im Zuge einer großen Veränderung, wie beispielsweise einer agilen Transition (unternehmensweit Agilität zu etablieren), sind Zeit für Erfahrung und ein spielerisches Erleben von großem Nutzen. Ernsthaftigkeit und Ängste werden durch Übungen aus dem Improtheater gegen Spaß und Experimentieren eingetauscht.

2.1 Agile Werte und Prinzipien

»The Kaizen Philosophy assumes that our way of life – be it our working life, our social life, or our home life – deserves to be constantly improved.«

Masaaki Imai, Unternehmensberater

Die agile Landschaft wurde in den vergangenen Jahren vor allem von Scrum und dem *Manifest für Agile Softwareentwicklung* geprägt [URL: Manifesto 2001]. Mittlerweile hat sich das Manifest mit seinen vier Werten (die wir eher als Leitsätze betrachten) und seinen zwölf Prinzipien als Grundlage für die Auseinandersetzung mit Agilität etabliert (vgl. Tabelle 2–1). Ein wesentlicher Ursprung des Manifests war die Unzufriedenheit der Unterzeichner mit ihrer damaligen Situation als Softwareentwickler: Sie fühlten sich unter anderem dazu getrieben, unrealistische Schätzungen für noch unplausiblere Planungen abzugeben, und spürten kein Verständnis der Führungskräfte dafür, dass Softwareentwicklung ein komplexes Vorhaben und kreatives Handwerk ist. Dies ist auch heute noch häufig der Fall, selbst wenn die Entwicklungsabteilung schon mit Scrum arbeitet.

Das Manifest hat gezeigt, dass es in einer komplexen Domäne wie der Softwareentwicklung funktioniert. Mit dem Vermögen zur Abstraktion (z.B. lässt sich *Software* sehr gut durch *Lösung* oder *Produkte* ersetzen) gelingt unserer Erfahrung nach das Verständnis und die Anwendung auch in anderen Unternehmensbereichen mühelos.

Wir als Autoren würden die vier Leitsätze sogar auf den ersten Leitsatz reduzieren: »Individuen und Interaktionen über alles!« Für uns ist das Miteinander das essenzielle Element des Arbeitens. Mitarbeiter sind das Herz einer Organisation. In unseren Trainings fragen wir nach den Momenten während der Arbeit, die den Teilnehmern besonders in guter Erinnerung geblieben sind. Es sind die Momente, in denen Menschen miteinander interagieren. Dieses Feedback erhalten wir unabhängig von der Branche oder der Abteilung, in der die Teilnehmer arbeiten. Wenn wir den Mensch in den Fokus stellen und ein Mindset bzw. eine Haltung entwickeln, die eine werteorientierte Kollaboration auf Augenhöhe ermöglicht, ist unserer Meinung nach der wesentliche Grundstein für den Erfolg gelegt.

Wir erschließen bessere Wege, Software zu entwickeln, indem wir es selbst tun und anderen dabei helfen. Durch diese Tätigkeit haben wir diese Werte zu schätzen gelernt:			
Leitsätze			
Individuen und Interaktionen sind wichtiger als Prozesse und Werkzeuge.	Funktionierende Software ist wichtiger als umfassende Dokumentation.	Zusammenarbeit mit dem Kunden ist wichtiger als Vertragsverhandlungen.	Reagieren auf Veränderung ist wichtiger als das Befolgen eines Plans.
Prinzipien			
Errichte Projekte rund um motivierte Individuen. Gib ihnen das Umfeld und die Unterstützung, die sie benötigen, und vertraue darauf, dass sie die Aufgabe erledigen.	Liefere funktionierende Software regelmäßig innerhalb weniger Wochen oder Monate und bevorzuge dabei die kürzere Zeitspanne.	Unsere höchste Priorität ist es, den Kunden durch frühe und kontinuierliche Auslieferung wertvoller Software zufriedenzustellen.	Heiße Anforderungsänderungen selbst spät in der Entwicklung willkommen. Agile Prozesse nutzen Veränderungen zum Wettbewerbsvorteil des Kunden.
Die effizienteste und effektivste Methode, Informationen an und innerhalb eines Entwicklungsteams zu übermitteln, ist durch ein Gespräch von Angesicht zu Angesicht.	Funktionierende Software ist das wichtigste Fortschrittsmaß.	Fachexperten und Entwickler müssen während des Projekts täglich zusammenarbeiten.	In regelmäßigen Abständen reflektiert das Team, wie es effektiver werden kann, und passt sein Verhalten entsprechend an.
Agile Prozesse fördern nachhaltige Entwicklung. Die Auftraggeber, Entwickler und Benutzer sollten ein gleichmäßiges Tempo auf unbegrenzte Zeit halten können.	Ständiges Augenmerk auf technische Exzellenz und gutes Design fördern Agilität.		
Die besten Architekturen, Anforderungen und Entwürfe entstehen durch selbstorganisierte Teams.	Einfachheit – die Kunst, die Menge nicht getaner Arbeit zu maximieren – ist essenziell.		

Tab. 2–1 *Das Agile Manifest*

Im Kontext von Führung und für Führende fasst Marcus Raitner, bekannter Blogger, Autor und Agile Transformation Agent der BMW Group IT, in seinem *Manifest für menschliche Führung* treffend zusammen [Raitner 2019]:

> »*Wir glauben, dass der Mensch im Mittelpunkt steht und nicht bloß Mittel und Arbeitskraft ist. Wir glauben an die Kreativität, Leistungsbereitschaft und Motivation der Menschen. Wir sind keine philanthropischen Idealisten, sondern betrachten menschliche Führung als entscheidenden Erfolgsfaktor in unserer hochvernetzten hochkomplexen Welt. Wir sehen die Aufgabe von Führung darin, dem Leben zu dienen und nach Rahmenbedingungen zu streben, in denen sich Menschen in ihrer Unterschiedlichkeit bestmöglich einbringen, entfalten und gemeinsam erfolgreich arbeiten können. Dabei sind uns die folgenden Werte wichtig:*
>
> *Entfaltung menschlichen Potenzials*
> *mehr als Einsatz menschlicher Ressourcen*
>
> *Diversität und Dissens*
> *mehr als Konformität und Konsens*
>
> *Sinn und Vertrauen*
> *mehr als Anweisung und Kontrolle*
>
> *Beiträge zu Netzwerken*
> *mehr als Positionen in Hierarchien*
>
> *Anführer hervorbringen*
> *mehr als Anhänger anführen*
>
> *Mutig das Neue erkunden*
> *mehr als effizient das Bekannte ausschöpfen*
>
> *Das heißt, dass auch die Werte unten wichtig sind, wir aber die hervorgehobenen Werte oben höher einschätzen.*«

Im Rahmen dieses Buches haben wir eine Reihe von Menschen befragt, welche agilen Werte ihnen persönlich am wichtigsten sind oder ihnen im Alltag am häufigsten begegnen. Das Ergebnis war breit gefächert. Eindeutig war, dass alle Teilnehmer der Umfrage sich einig waren, dass den agilen Werten zu wenig Aufmerksamkeit geschenkt wird.

Unser Held auf Reisen: Feel-Good-Manager

Peter ist empört. Er kommt gerade aus einem Meeting mit der Marketingabteilung. Der Termin war eigentlich dazu gedacht, die angespannte Situation zwischen dem Scrum-Team und der Marketingabteilung aufzulösen. Peter hatte dazu einige Personen an den Tisch geholt, die zur Klärung beitragen konnten. Wen er nicht eingeladen hatte, war die Abteilungsleiterin Cathleen. Cathleen hat den Ruf, sehr kontrollierend zu sein und alles entscheiden zu wollen. Keiner ihrer Mitarbeiter war also verwundert, als sie bei dem Termin auftauchte.

Zu Beginn des Meetings bekam Peter von Cathleen ein überzogenes »Ah, da ist ja unser Feel-Good-Manager.« zu hören. Peter erwiderte diese Stichelei mit einem angestrengten Grinsen und ließ sich nichts weiter anmerken. Innerlich brodelte es jedoch in ihm, da sie ihm dadurch immer wieder zu verstehen gibt: »Bei dir geht's ja nur noch um die weichen Themen, seitdem du Scrum Master bist.« Erstens stimmt das nur teilweise, und zweitens fühlte sich Peter durch die Art, wie Cathleen es sagte, nicht wertgeschätzt. Zudem antwortete Cathleen auf die Frage, warum sie dabei sei, mit der kurzen Bemerkung: »Ich möchte mir einen direkten Überblick über die Situation verschaffen.« Die teilnehmenden Mitarbeiter aus dem Marketing lächelten freundlich und Peter kreuzte den Blick von Thekla, der Product Ownerin, die ihm durch ein Zucken der Augenbraue zu verstehen gab, dass sie das Gleiche dachte wie Peter.

Im Anschluss hatte Peter Mühe, das Meeting zu moderieren, da er immer wieder durch Cathleen unterbrochen wurde, die ihrer Sicht als Abteilungsleiterin besonderen Wert beimaß. Ihre Mitarbeiter kamen überhaupt nicht zu Wort und Peter glaubte wahrzunehmen, dass sie immer weiter unter den Tisch rutschten, fast so, als wollten sie sich verstecken. Peter erkannte mit zunehmender Redezeit von Cathleen, wie wenig sie zu einer Klärung der Situation beitrug. Seine Interventionen umschiffte Cathleen, ohne ihn als Moderator zu respektieren. Das Meeting verlief ergebnislos und hinterließ bei Peter einen faden Beigeschmack. Für ihn wieder ein Zeichen, dass er an seiner Strategie etwas ändern muss.

In der deutschen Fassung des *Scrumguide*, der Scrum definiert [URL: Scrumguide 2017], steht geschrieben:

> »*Wenn die Werte Selbstverpflichtung, Mut, Fokus, Offenheit und Respekt durch das Scrum-Team verkörpert und gelebt werden, werden die Scrum-Säulen Transparenz, Überprüfung und Anpassung lebendig und bauen bei allen Beteiligten Vertrauen zueinander auf.*«

Und weiter heißt es:

> »*Der erfolgreiche Einsatz von Scrum beruht darauf, dass alle Beteiligten kompetenter bei der Erfüllung dieser fünf Werte werden.*«

Wir haben uns in diesem Buch für uns wesentliche und bekannte agile Werte entschieden und die fünf Scrum-Werte *Respekt*, *Mut*, *Fokus*, *Offenheit* und *Selbstverpflichtung* (Commitment), um die Werte *Vertrauen*, *Kommunikation* und *Feedback* ergänzt. Für uns verkörpern diese Werte nicht nur alles, was für die Zusammenarbeit in einer agilen Organisation oder innerhalb eines agilen Teams notwendig ist, sondern sie stehen zudem im Einklang mit den Prinzipien aus dem Improtheater (siehe Abschnitt 2.2.3, »Welche Prinzipien gibt es im Improvisationstheater?« und Abschnitt 2.3, »Das Beste aus zwei Welten«).

Wie oben aus dem Scrumguide zitiert, entsteht Vertrauen, wenn die fünf Scrum-Werte ineinandergreifen. Zu einer wirklich vertrauensvollen Arbeit auf Augenhöhe gehören für uns zudem, wie in Abbildung 2–1 hervorgehoben, die Werte Kommunikation und Feedback. In vielen Gesprächen bei unseren Einsätzen vor Ort hören wir, dass den Mitarbeitern nichts zugetraut wird. Es herrscht regelrecht ein Misstrauen, das in vielen Fällen jedoch kaum oder gar nicht kommuniziert wird.

Abb. 2–1 *Die agilen Werte greifen ineinander*

Was es bedeutet, diese agilen Werte zu leben und mit Inhalt zu füllen, möchten wir Ihnen anhand der in Tabelle 2–2 aufgeführten Beispiele verdeutlichen (angelehnt an [Cobb 2015]). Sie können diese Aufstellung beispielsweise dazu nutzen, um innerlich Ihre eigene Situation abzugleichen: Auf einer Skala von 1 bis 10, wobei 1 niedrig und 10 hoch ist – wie werden diese Werte in meinem Team, meiner Abteilung bzw. meiner Organisation gelebt?

Wert	Beispiel Handlungen und Verhalten
Mut	■ Wir teilen jede Information und halten mit ihr nicht hinter dem Berg oder geben anderen die Schuld, auch bei negativen Ergebnissen. ■ Wir sagen lieber »Nein«, als falsche Versprechungen zu machen. ■ Wir ziehen die Möglichkeit des Scheiterns in Betracht und erkennen an, dass wir aus dem Scheitern für spätere Aufgaben lernen. ■ Wir sagen offen, wenn wir Hilfe benötigen, und bitten darum.
Offenheit	■ Wir versuchen, die Wahrheit zu verstehen und zu akzeptieren. ■ Wir bemühen uns um ein sicheres Umfeld, in dem alle offen die Wahrheit sagen. ■ Wir sind ehrlich in unserer Kommunikation und in unserem Verhalten. ■ Wir zeigen Transparenz in unserem Entscheidungsprozess. ■ Wir liefern genaue Informationen in einer gut sichtbaren und zeitnahen Weise. ■ Wir machen implizite oder explizite Zusagen und Versprechen in gutem Glauben.
Selbst-verpflichtung	■ Wir übernehmen Verantwortung für die Verpflichtungen, die wir eingehen. ■ Wir treffen Entscheidungen und handeln im Interesse des Unternehmens, der öffentlichen Sicherheit und unserer Umwelt. ■ Wir übernehmen die Verantwortung für Fehler und nehmen umgehend Korrekturen vor und kommunizieren diese an relevante Personen. ■ Wir legen alle tatsächlichen oder potenziellen Interessenkonflikte den entsprechenden Parteien proaktiv und vollständig offen.
Vertrauen	■ Wir vertrauen darauf, dass alle nach bestem Wissen und Gewissen handeln. ■ Wir üben nicht die Macht unseres Fachwissens oder unserer Position aus, um die Entscheidungen oder Handlungen anderer unangemessen zu beeinflussen, um auf ihre Kosten persönlich davon zu profitieren. ■ Wir schmücken uns nicht mit fremden Federn für die Leistungen anderer.
Fokus	■ Wir fokussieren uns auf das vereinbarte Ziel und lassen uns nicht davon abbringen. ■ Wir kommunizieren frühzeitig, wenn wir nicht in der Lage sind, das Ziel zu erreichen. ■ Wir erkennen an, dass wir unsere Aussagen mit bestem Wissen und Gewissen tätigen, dass es jedoch zu Veränderungen kommen kann. ■ Wir nähern uns in kleinen Schritten dem Ziel, um Fehler frühzeitig zu erkennen und den Kunden schnellstmöglich zufriedenzustellen. ■ Wir treffen Zielvereinbarungen immer vor dem Hintergrund, qualitativ hochwertige Arbeit an den Kunden auszuliefern.
Respekt	■ Wir respektieren die Rechte und Überzeugungen anderer. ■ Wir wenden uns direkt an diejenigen Personen, mit denen wir einen Konflikt oder eine Meinungsverschiedenheit haben. ■ Wir verhalten uns professionell, auch wenn es nicht erwidert wird. ■ Wir diskriminieren andere nicht aufgrund von Geschlecht, Rasse, Alter, Religion, Behinderung, Nationalität oder sexueller Orientierung.
Kommunikation	■ Wir kommunizieren offen und frühzeitig miteinander. ■ Wir bemühen uns, lösungsorientiert und wertschätzend miteinander zu kommunizieren. ■ Wir schützen vertrauliche Informationen, die uns anvertraut wurden.

→

Wert	Beispiel Handlungen und Verhalten
Feedback	■ Wir geben uns regelmäßig Feedback, um Missverständnisse zu vermeiden. ■ Wir sehen Feedback als Möglichkeit, zu wachsen und besser zu werden. ■ Wir erkennen an, dass negatives Feedback eine Chance ist, um über eigenes oder fremdes Verhalten zu reflektieren. ■ Wir erkennen die Regeln zum Feedback-Geben und Feedback-Nehmen an und bemühen uns, darauf Wert zu legen, diese einzuhalten.

Tab. 2–2 *Exemplarische Beispiele für das Leben der acht agilen Werte*

Probieren Sie es selbst aus und fragen Sie in Ihrem Unternehmen, welche Wertvorstellungen die Mitarbeiter haben und wie diese in der Realität zum Tragen kommen.

In Kapitel 3, »Das Abenteuer beginnt« gehen wir auf die Werte detailliert ein und stellen unterstützende Übungen aus dem Improtheater vor. Neben den in diesem Buch behandelten acht agilen Werten gibt es für uns weitere Werte, die wir gerade im Zusammenhang mit Agilität für sinnvoll erachten und Ihnen als Inspiration vorstellen möchten. Auf welche Werte Teams oder Organisationen sich letztendlich einigen, hängt vom jeweiligen Umfeld und von der Einschätzung der Beteiligten ab. Die folgende Liste (siehe Tabelle 2–3) ist ein Auszug von Werten, die im Kontext von Agilität und unserer Arbeit bei verschiedenen Kunden besonders häufig im Fokus stehen.

Wert	Definition	Beispielprinzip
Achtsamkeit	Achtsamkeit (Mindfulness) bedeutet, zielgerichtete, nicht wertende Aufmerksamkeit auf Gedanken, Gefühle, Körper und Umgebung zu richten.	Wir sind aufmerksam im Hier und Jetzt und achten auf uns und unsere Mitmenschen, ohne über eigene oder die Gefühle anderer zu urteilen.
Agilität	Die Fähigkeit von Organisationen und Personen, flexibel auf unvorhergesehene Ereignisse und neue Anforderungen (proaktiv) reagieren zu können	Wir streben nach Einfachheit, um agil auf Veränderungen und neue Anforderungen reagieren zu können.
Authentizität	Die Bereitschaft, sich kritisch mit sich auseinanderzusetzen und zu reflektieren – darüber, ob die eigene Haltung und das Verhalten konsistent sind	Wir reflektieren ständig unser Handeln im Hinblick auf das Wohl aller und behandeln andere so, wie wir es selber erwarten würden.
Begeisterung	Starkes Interesse an einem Thema oder einer Sache im Zusammenspiel mit großer Freude.	Wir haben immer unser Ziel im Blick und tun alles, damit wir als Team erfolgreich sind.

→

Wert	Definition	Beispielprinzip
Freiheit	Sich ungehindert einbringen und ohne Zwang zwischen verschiedenen Möglichkeiten wählen zu können	Unsere Autonomie nutzen wir, um das beste Ergebnis für unsere Kunden zu erzielen.
Hilfs-bereitschaft	Unterstützende kooperative Hilfe in schwierigen Situationen	Wir helfen einander und fragen nach, wenn wir Unterstützung brauchen.
Integrität	Aufrichtig zu sein gegenüber sich selbst und anderen unter konsistenter Beachtung von Prinzipien, Regeln und Normen; Leben nach Werten, Prinzipien und Selbstverpflichtungen	Wir committen uns auf die von uns verfassten Regeln und Prinzipien und handeln danach.
Kollaboration	Dauerhafte, direkte Zusammenarbeit zwischen Menschen oder Gruppen	Wir arbeiten täglich eng zusammen, kommunizieren direkt und fokussieren uns gemeinsam auf die vereinbarten Ziele.
Kreativität	Eigenschaft eines Menschen, schöpferisch oder gestalterisch tätig zu sein, um etwas Neues zu schaffen	Wir setzen unsere Kreativität dafür ein, Lösungen für unsere tagtäglichen Herausforderungen zu finden und um etwas Neues für unsere Kunden zu schaffen.
Nachhaltigkeit	Erhaltung einer offenen Zukunft, welche einen Einklang von ökonomischen, ökologischen und sozialen Parametern im Hinblick auf Entwicklungschancen künftiger Generationen berücksichtigt; Ausgewogenheit zwischen kurzfristigen Quartalsgewinnen und langfristiger Profitabilität	Wir committen uns darauf, im Arbeitsalltag auf den nachhaltigen Einsatz benötigter Ressourcen zu achten. Auch für die Erreichung unseres Projektziels gehen wir ressourcenschonend vor.
Neugier	Reiz, Neues zu erfahren und Unbekanntes zu entdecken, mit der Bereitschaft, sich auf etwas Neues einzulassen	Den erhaltenen Freiraum nutzen wir, um zu lernen und Neues auszuprobieren – sei es in Bezug auf unser Ziel als Team oder zur persönlichen Weiterentwicklung.
Sicherheit	Zustand, der als gefahrenfrei gilt und wahrgenommen wird; Art und Weise, wie mit Fehlern umgegangen wird	Unabhängig davon, was wir entdecken, verstehen und glauben wir aufrichtig, dass in der gegebenen Situation, mit dem verfügbaren Wissen und Ressourcen und unseren individuellen Fähigkeiten, jeder sein Bestes getan hat. [URL: Kerth 2001]
Spaß	Positive Handlung oder Äußerung, die eine Emotion hervorruft, die als lustig empfunden wird	Lachen ist für uns ein wertvoller Wegbegleiter und hilft uns dabei, den stressigen Alltag zu meistern. Wir machen uns dabei nicht über andere innerhalb oder außerhalb des Teams lustig.

→

Wert	Definition	Beispielprinzip
Transparenz	Offenes, nachvollziehbares Handeln von Menschen mit dem Ziel, Informationen frei zugänglich zu machen	Die Transparenz, frühzeitig Fehler zu erkennen, nutzen wir, um uns und unseren Prozess laufend und direkt zu verbessern.
Verantwortung	Bereitschaft oder Selbstverpflichtung, für etwas einzutreten und die Konsequenzen daraus zu tragen. Eigene Interessen werden hinter das Interesse einer Organisation oder Gruppe gestellt.	Wir committen uns dem Team und stehen hinter den Entscheidungen und daraus resultierenden Konsequenzen, die wir einzeln oder gemeinschaftlich treffen.
Wertschätzung	Innere, allgemein positive Bewertung eines anderen Menschen. Wertschätzung ist verbunden mit Respekt, Wohlwollen und Anerkennung und drückt sich in Zugewandtheit, Interesse, Aufmerksamkeit und Freundlichkeit aus.	Unser Umgang untereinander ist stets wertschätzend und wohlwollend, auch wenn wir einmal anderer Meinung sind.
Zuverlässigkeit	Vertrauen darauf, dass jemand zu seinem Wort steht und dass Erwartungen Einzelner oder einer Gruppe erfüllt werden	Wir unterstützen uns gegenseitig, wenn Hilfe benötigt wird, setzen uns füreinander ein und verstehen Pünktlichkeit als respektvolles Miteinander.

Tab. 2–3 *Ergänzende agile Werte und Prinzipien für die Wertearbeit*

Werte-Scharade

Bevor das Team Werte für sich festlegt, möchten wir Ihnen ein Spiel ans Herz legen. Lassen Sie die Teammitglieder zur Vorbereitung Werte auf Zettel schreiben und zusammengefaltet in einen Sack werfen. Jedes Teammitglied steuert ca. 1 bis 5 Werte bei, sodass Sie am Ende ca. 20 bis 30 Werte im Sack haben. Bilden Sie zwei Teams mit jeweils ungefähr der gleichen Anzahl an Mitspielern. Eröffnen Sie als Moderator einen geschützten Raum, indem Sie darauf verweisen, dass alles, was hier und jetzt passiert, nicht nach draußen getragen wird. Laden Sie dazu ein, sich auf das Experiment und die folgende Übung einzulassen.

Starten Sie das Spiel

Setzen Sie den Timer auf eine festgesetzte Zeit, beispielsweise 1 Minute. Ein beliebiger Spieler aus Team 1 zieht nun verdeckt eine Karte aus dem Sack und beschreibt den darauf stehenden Wert wie bei Tabu mit eigenen Worten seinem Team. Hat Team 1 den Wert erraten, erhält es die Karte als Siegpunkt und der Teilnehmer darf schnell die nächste Karte aus dem Sack ziehen. Er darf so lange weitermachen, bis die Zeit abgelaufen ist. Falls Werte doppelt vorkommen, werden sie einfach zur Seite gelegt. Nun ist Team 2 an der Reihe und fährt auf die gleiche Weise fort.

→

Die Teams wechseln sich so lange mit dem Darstellen und Erraten der Werte auf den Karten ab, bis der Sack leer ist. Die gesammelten Karten jedes Teams werden als Punkte gezählt und aufgeschrieben.

Alle Karten werden nun zurück in den Sack geworfen. Mit demselben Ablauf wird das Spiel nun in drei Runden gespielt – mit folgender Unterscheidung beim Darstellen der Werte:

- **1. Runde**
  Die Werte werden wie oben beschrieben mit eigenen Worten beschrieben.
- **2. Runde**
  Die Werte (die gleichen Karten wie in Runde 1) werden pantomimisch dargestellt.
- **3. Runde**
  Die Werte werden allein mit Geräuschen dargestellt.

Dadurch, dass die vorhandenen Wertekarten von Runde zu Runde vertrauter werden, wird das Erraten der Werte trotz zunehmendem Schwierigkeitsgrad der Darstellung möglich. Das Team mit den meisten Punkten aus den drei Runden gewinnt.

Regen Sie im Anschluss des Spiels eine Diskussion zu den Werten auf den Karten an. Welche Werte sind für das Team besonders wichtig? Wie definiert das Team die Werte gemeinsam? Halten Sie die Definition gerne schriftlich fest. Welche Darstellungen der Werte aus dem Spiel (mit Worten, pantomimisch oder mit Geräuschen) sind bei den Teammitgliedern besonders hängen geblieben? Wie lassen sich diese bei der Interpretation der Werte für das Team nutzen? Wie können diese dabei helfen, die Werte im Team zu leben?

Sie können die Diskussion noch vertiefen und den gegenseitigen Austausch zum Thema fördern. Legen Sie dafür eine Timebox von beispielsweise 60 Minuten fest. Sorgen Sie dafür, dass die Spielregeln gut sichtbar sind oder ausgedruckt vorliegen.

- **Schritt 1 (5 Minuten)**
  Es finden sich zwei Spieler als Spielpartner zusammen. Jeder Spieler entscheidet sich zuerst für fünf Werte, die ihm am wichtigsten erscheinen. Die anderen Karten werden aus der Übung genommen.
- **Schritt 2 (5 Minuten)**
  Beide Spielpartner erhalten erneut einige Minuten Zeit, die fünf Wertekarten nach Priorität von links nach rechts nach persönlicher Wichtigkeit vor sich zu sortieren.
- **Schritt 3 (ca. 20 bis 30 Minuten)**
  Einer der beiden Teilnehmer beginnt nun, sein persönliches Werteprofil vorzustellen und mit dem Spielpartner zu ergründen. Dabei legt er den Schwerpunkt darauf, warum diese fünf Werte für ihn eine besondere Rolle spielen.

→

Der Partner hilft dabei, durch Feedback und Fragen das Verständnis zu schärfen:
- Warum ist dir der Wert besonders wichtig?
- Warum ist der Wert am unwichtigsten?
- Wie hängen die beiden Werte zusammen?
- In welchen Situationen kann es hier zu inneren Konflikten kommen?
- Welche Werte sind eng miteinander verknüpft?
- Was bedeutet das für dich oder die Zusammenarbeit?
- Gibt es Widersprüche in der Auswahl der Werte zueinander?
- Gibt es eine Geschichte dazu?

Im Anschluss werden die Rollen getauscht und der andere Übungspartner stellt seine Werte vor.

- **Schritt 4 (ca. 15 bis 20 Minuten)**
  Bringen Sie am Ende alle Teilnehmer in einer offenen Runde zusammen. Jeder stellt vor, was er am jeweils anderen Werteprofil des Spielpartners besonders interessant fand.
  - Welche Gemeinsamkeiten gibt es?
  - Wo gibt es große Abweichungen?

Weitere Anregungen zur Wertearbeit und Spiele finden Sie unter *www.wertehelden.de.*

Jedes Unternehmen und jedes Team sollte für sich selbst herausfinden, welche Werte relevant und wertstiftend sind. Dafür lohnt es sich beispielsweise, innerhalb eines Teams in einer frühen Projektphase ein *Team-Charter* zu erstellen. Dieses Dokument hilft, die Richtung des Teams klarzustellen und Rahmenbedingungen festzulegen. In vielen Retrospektiven, die wir begleiten, kommen die Teams auf Lösungen, die sie in einzelnen Wörtern festhalten, beispielsweise »Kommunikation«.

Dahinter verbirgt sich dann die Erkenntnis, dass mehr kommuniziert werden muss. Die Frage ist nur, was bedeutet »mehr«? Und was bedeutet »kommunizieren«? Wird beispielsweise im Rahmen eines Kick-offs zum Start eines neuen Projekts im Team-Charter festgehalten, welche Werte und Prinzipien für das Team wichtig sind, kann mit diesen wegweisenden Grundsätzen argumentiert werden. In Studien zu *komplex adaptiven Systemen* (KAS oder Komplexitätstheorie), zu denen eben auch Teams oder Unternehmen zählen, wird deutlich, dass gerade zu Beginn jedes Teammitglied mit seinen eigenen Wertvorstellungen startet [URL: Cordini 2007]. Um diesen Prozess zu begleiten und zu unterstützen, veranschaulichen die unten aufgeführten Fragen, wie Werte und Prinzipien innerhalb eines Kick-offs hergeleitet und bestimmt werden können:

- Welches Selbstverständnis haben wir?
- Was ist uns als Team wirklich wichtig?
- Was würden Dritte über uns sagen?
- Was würden andere Teams über uns sagen?
- Wie arbeiten wir hier gemeinsam zusammen?
- Wie gehen wir mit unseren Stakeholdern um?
- Wie gehen wir mit unseren Kunden um?
- Wie gehen wir mit Problemen um?
- Was wird nie jemand Drittes über uns sagen?

Auf Grundlage der Fragen kann ein Team einfache Prinzipien ableiten. Folgende Beispiele haben wir in der Praxis gesehen:

- **Mut**
  Sprich offen aus, was du zu sagen hast, und überwinde aufkommende Selbstzweifel, die dich zurückhalten.
- **Verantwortung**
  Der Kunde ist Teil des Teams. Du entscheidest über den Erfolg.
- **Spaß**
  Vergiss nicht: »Spaß muss sein.« Nimm dir die Zeit dafür.
- **Interesse**
  Zeig Interesse, wenn jemand Hilfe benötigt, und sei stolz, dein Wissen zu teilen.
- **Innovation**
  Experimentiere mit neuen Ideen, um das Ziel zu erreichen. Sag, wenn du gescheitert bist oder Hilfe benötigst.
- **Leidenschaft**
  Zeig deine Leidenschaft und inspiriere andere damit.

Gehen Sie nicht verkopft in die Entwicklung Ihres Team-Charters. Damit Werte und Prinzipien im Team wirklich gelebt werden, müssen sie Spaß machen und bestenfalls mit Emotionen der Teammitglieder verknüpft sein. Zudem sind sie niemals in Stein gemeißelt und können jederzeit verändert und angepasst werden. Nehmen Sie die Formulierung also nicht zu ernst und erwecken Sie Ihren Spieltrieb zum Leben. Visualisierungsmethoden und Übungen aus dem Improtheater sind dafür eine perfekte Möglichkeit. Lassen Sie das Team zum Beispiel zu den Fragen auf einer großen Metaplanwand gemeinsam zeichnen, anstatt zu diskutieren. Oder improvisieren Sie zu jeder Frage eine kurze Szene aus dem Arbeitsalltag. Sie können dabei eine Szene zum Ist-Zustand und eine Szene zum Wunschzustand gegenüberstellen, also z.B. eine Improvisation zu »Wie gehen wir aktuell mit Problemen um?« und eine Improvisation zu »Wie würden wir gerne mit Problemen umgehen?«. Gern darf dabei maßlos übertrieben werden.

Folgende Übungen können Sie des Weiteren für die Entwicklung des Charters und die Beantwortung der Fragen einsetzen:

- **Open Hands**
  Alle Teammitglieder öffnen zu jeder Frage die Hände und lassen die Antworten hineinfallen, die jedem assoziativ und spontan in den Sinn kommen. Wichtig: Es gibt kein Richtig und Falsch dabei (siehe Übung 3.2.7, »Open Hands«).
- **Fotosession**
  Erstellen Sie zu jeder Frage ein Standbild (siehe Übung 3.3.2, »Fotosession«).
- **Gromolo**
  Spielen Sie die improvisierten Szenen in der Fantasiesprache *Gromolo*. Dadurch wird das Spiel noch visueller und weniger verkopft (siehe Übung 3.7.2, »Gromolo«).
- **Stärkenzirkel**
  Jedes Teammitglied macht zu jeder Szene eine Pose gemäß des Stärkenzirkels (siehe Übung 3.8.6, »Stärkenzirkel«).

Wichtig ist, dass die Liste nicht zu lang wird. Sie sollte aktivierend und positiv formuliert sein. Finden Sie in einem nächsten Schritt mit dem Team heraus, welchen der Werte Sie am wenigsten leben. Um die Werte zu beleben, können Sie die in Kapitel 3, »Das Abenteuer beginnt« vorgestellten Übungen zu Hilfe nehmen. Für die Visualisierung der Werte und Prinzipien schlagen wir Ihnen das lebende Dokument eines Team-Canvas vor (vgl. Abbildung 2–2). »Lebend« bedeutet hier, dass das Dokument nach dem ersten Erstellen laufend angepasst werden kann und sollte, da sich im Zeitverlauf immer klarer herausstellt, wie beispielsweise Werte gelebt werden.

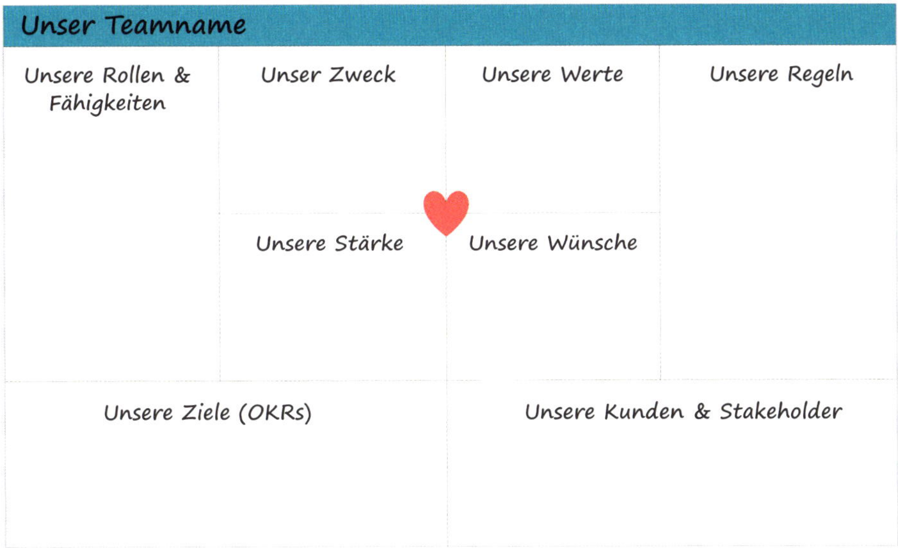

Abb. 2–2 *Team-Canvas*

Diana Larsen, Agile Fluency™ Project

Diana Larsen ist bekannte Speakerin und Co-Autorin von »Agile Retrospectives: Making Good Teams Great«. Sie hat gemeinsam mit James Shore das »Agile Fluency™ Model« entwickelt.

Die agilen Werte des Agilen Manifests sind als Ausgangspunkt für Diskussionen sehr wichtig und wirkungsvoll. Sie helfen Unternehmen und Teammitgliedern, Klarheit darüber zu gewinnen, was erwartet wird, und fördern fließendes Üben. Scrum- und Extreme-Programming-Frameworks führten ebenfalls eine Reihe von Werten ein. Je nachdem, wie das Team mit der agilen Transition beginnt, sind diese Werte zusätzliche Diskussionspunkte.

Diskussionen können Dialoge über jeden Wert und darüber, wie er in der Team-, Geschäfts- und Unternehmenskultur ausgedrückt wird (oder auch nicht), beinhalten. Warum sollte im Falle des Agilen Manifests der Fokus weg von den Prozessen verschoben werden?

Und noch wichtiger sind die Prinzipien des Agilen Manifests, weil sie tatsächlich beobachtbare Bedingungen beschreiben. Können wir diese Verhaltensweisen an unserem Arbeitsplatz beobachten? Was steht im Weg? Wie können wir unsere Verhaltensmuster am Arbeitsplatz so verändern, dass wir zum Beispiel »sich ändernde Anforderungen auch spät in der Entwicklung begrüßen«? Nutzen unsere agile Prozesse Veränderungen für den »Wettbewerbsvorteil der Kunden« oder sehen wir »Geschäftsleute und Entwickler, die während des gesamten Projekts täglich zusammenarbeiten«?

Wenn es um die Einführung von Agilität geht, dann wird auch immer davon gesprochen, dass man nicht »agil tut«, sondern »agil ist«. Für uns ist dies einer der wesentlichen Hintergründe des agilen Manifests, der jedoch ganz häufig vernachlässigt wird. Aber was ist denn nun ein agiles Mindset?

2.1.1 Was ist ein agiles Mindset?

> *»Progress is impossible without change; and those who cannot change their minds cannot change anything.«*
>
> *George Bernard Shaw, Dramatiker*

Agilität ist als Begriff häufig unscharf und sehr individuell geprägt. Dies kommt sicherlich daher, dass Agilität kein neues Thema ist, sondern bereits seit Jahrzehnten in unterschiedlichen Ausprägungen eine Rolle spielt. Studien zum Thema Agilität haben ermittelt, dass es die größte Überschneidung der Befragten bei den Themen *Geschwindigkeit*, *Anpassungsfähigkeit*, *Kundenzentriertheit* und *agile Haltung* gibt [URL: Agilität 2017]. Diese Haltung, ergo das agile Mindset, erfordert eine Veränderung des Verhaltens.

Unser Mindset wird durch viele Erinnerungen und Erfahrungen geprägt, die sich im Unterbewusstsein verankern. Diese können wie Bremsklötze wirken, wenn es um Veränderung geht. Wenn ein Kind beispielsweise schlechte Erfahrungen in der Schule machte, wenn es darum ging, vor der Klasse zu singen oder Rechenaufgaben zu beantworten, dann kann das später dazu führen, dass sich diese Person im Berufsalltag nicht traut, vor Menschen zu sprechen. Aus diesem Grund ist die Orientierung an Werten und Prinzipien und das Vorleben dieser Werte so essenziell über alle Ebenen im Unternehmen hinweg.

Oft hören wir bei unseren Einsätzen in Unternehmen Aussagen wie »Scrum funktioniert bei uns nicht«, und das Rahmenwerk wird dann zum Sündenbock degradiert. Dass jedoch zum Beispiel Kommunikation und Kollaboration nicht ausreichend stattfinden, darüber wird nicht gemeinschaftlich reflektiert.

In einem komplexen System wie einem Unternehmen ist es nicht so einfach, zum Handeln zu gelangen, wenn wir beispielsweise herausgefunden haben, dass wir »besser kommunizieren« müssen. Es erfordert einen Blick tief in das Innere eines Unternehmens und damit in die Unternehmenskultur.

Edgar Schein, Mitbegründer der Organisationspsychologie und der Organisationsentwicklung, hat hierzu 1985 die wohl bekannteste Beschreibung von Organisationskultur geliefert. Schein unterscheidet zwischen der *sichtbaren Sachebene* und der *unsichtbaren Beziehungsebene*. Wir nehmen bewusst Aussagen zu Zahlen, Daten und Fakten war, beispielsweise zur Vision eines Unternehmens oder auch Verhaltensweisen der Führungskräfte und Mitarbeiter.

Diana Larsen, Agile Fluency™ Project

Ich verwende im Allgemeinen nicht den Begriff *agiles Mindset*, daher kann ich nur die Bedeutung für Personen erraten, die dies tun. Vielleicht ist damit ein allgemeiner Ausblick auf das Berufsleben gemeint, der agile Ideen fördert. Der schnellste Weg, eine Denkweise zu verstehen, besteht darin, Verhaltensweisen, Handlungen und Entscheidungen zu beobachten. Entspricht der aktuelle Prozess oder die aktuelle Arbeitspraxis dem Agilen, das wir übernehmen möchten? Bewegt es uns mehr in Richtung der gewünschten Ergebnisse? Wenn dies nicht der Fall ist, können wir einen Ansatz zur Änderung der Denkweise wählen, indem wir neue Prozesse und Praktiken lernen. Eine Möglichkeit, eine veränderte Denkweise zu erreichen, besteht darin, agile Praktiken als Experimente zum Erleben und Bewerten einzuführen, anstatt erzwungene, dauerhafte Änderungen im Arbeitsprozess zu deklarieren. Wenn es ungewohnt und möglicherweise unangenehm ist, ein Daily Stand-up oder Pair Programming durchzuführen, ist es wahrscheinlich, dass wir rebellieren. Wenn wir es als Alternative zum Erkunden anbieten, ist es möglicherweise schmackhafter, es auf die neue agilere Art zu versuchen. Wie wir aus der Theorie der kognitiven Dissonanz wissen: Was wir tun, spiegelt normalerweise unser Denken wider – unser Mindset.

Eine Ebene tiefer liegen teilweise sichtbar, teilweise unbewusst die Einstellungen, die das Verhalten von Mitarbeitern steuern. Schein beschreibt, dass dort die kollektiven Werte und Normen angesiedelt sind, wie beispielsweise Hilfsbereitschaft.

Auf der dritten und tiefsten Ebene liegen die Wurzeln, die von den Organisationsangehörigen nicht bewusst wahrgenommen bzw. hinterfragt werden [Schein 2016]. Würden Sie die Mitarbeiter fragen, welche Grundannahmen ihrer Unternehmenskultur zugrunde liegen, würden diese die Frage nicht beantworten können, da sie als selbstverständlich fest verankert sind. Demnach sind (Unternehmens-) Kulturen auch schwer kopierbar bzw. schwer veränderbar. Wenn Sie Agilität lebendig werden lassen wollen, ist das Tun relevant. Es wird deutlich, dass nur durch Handeln und stetige Arbeit mit den Menschen einer Organisation Veränderung gelingen kann.

Simon Powers hat vor einigen Jahren den Kern von *Doing Agile* versus *Being Agile* anhand der Agile Onion (vgl. Abbildung 2–3) visualisiert [Powers 2016]. Was wir eingangs im Buch erwähnten, wird hier schön verdeutlicht: Scrum einzusetzen (»Do Agile«) hat eben nicht Agilität als Ergebnis. Entscheidend ist das dahinterliegende Mindset, das auf den ersten Blick nicht sichtbar, aber der Treiber von echter Agilität im Kontext einer lernenden Organisation ist (»Be Agile«).

Andersherum: Wenn das Mindset stimmt, dann können wir die Vorteile von Scrum wirklich ausnutzen. Folgendes Zitat von Albert Einstein ist an dieser Stelle sehr passend: »Probleme kann man niemals mit derselben Denkweise lösen, durch die sie entstanden sind.« Agilität benötigt eine andere Denkweise. Ich kann sie nicht in das bestehende Korsett einer Firma zwängen und dann erwarten, dass ich davon profitiere. Sie benötigt andere Glaubenssätze: ein agiles Mindset.

Wenn es um das Mindset geht, kommt man an den Studien und dem gleichnamigen Buch *Mindset – Updated Edition: Changing The Way You think To Fulfil Your Potential* von Carol Dweck nicht vorbei. Dweck ist Professorin für Psychologie an der Stanford University. In ihren wissenschaftlichen Studien fand sie heraus, dass Lob nicht gleich Lob ist. Lob und Anerkennung kommen gerade im beruflichen Umfeld viel zu kurz. Daher gehört es zum Repertoire vieler Berater und Coaches, dass Anerkennung gezeigt wird, um die Mitarbeiter zu motivieren.

Dweck fand heraus, dass Lob unterschiedliche Effekte haben kann. Nach einem Test in zwei Grundschulgruppen wurde der einen Gruppe nach dem Lösen der Aufgaben mitgeteilt, dass sie sehr klug seien. Die Teilnehmer der zweiten Gruppe wurden nur für ihre Bemühungen gelobt. Dieser kleine Unterschied führte dazu, dass sich zwei wesentliche Mindsets ableiten ließen: ein *Fixed-* und ein *Growth-Mindset* (umgangssprachlich auch *fix* und *agil* genannt).

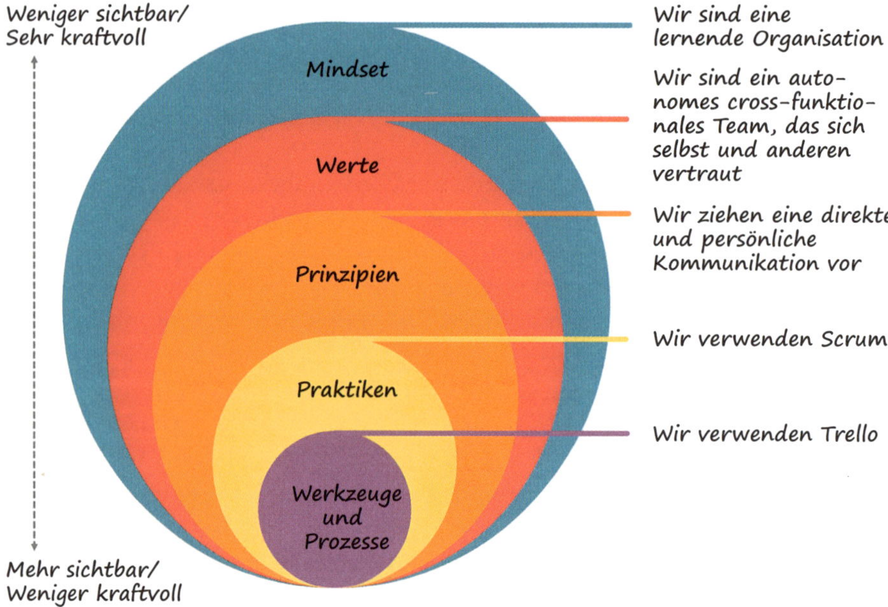

Abb. 2–3 *Die Agile Onion von Simon Powers (übersetzt und adaptiert durch die Autoren)*

Kinder, die für ihre Intelligenz gelobt wurden, sahen sich als talentiert an. Kinder aus der zweiten Gruppe, deren Anstrengungen gelobt wurden, waren der Überzeugung, dass durch Mühe und Fleiß etwas Neues erlernt werden kann. In einer Ausbaustufe des Experiments wurden die Kinder vor die Wahl gestellt, eine herausfordernde Aufgabe zu erhalten oder eine Aufgabe, der sie gewachsen waren. Schüler, deren Intelligenz gelobt wurde, tendierten zur einfacheren Aufgabe. Die Kinder aus der zweiten Gruppe ließen die Chance nicht aus, etwas zu lernen.

Es stellte sich heraus, dass die Schüler, die für ihre Intelligenz gelobt wurden, ihre Fähigkeiten geringer einschätzten. Zudem verloren sie schnell das Interesse und den Spaß an Aufgaben, die sie vor Herausforderungen stellten. Obwohl das Lob in beiden Fällen dazu da war, Selbstvertrauen und Motivation zu stärken, verfehlte es bei der ersten Gruppe das Ziel. Die Gruppe war viel zu sehr damit beschäftigt zu beweisen, dass sie klug ist. Als Abschluss der Studie sollten die Schulgruppen einen Brief an zukünftige Teilnehmer verfassen. Die zweite Gruppe schrieb motivierend und gab Tipps, währen die erste Gruppe so gut wie keine Tipps gab und viele der Gruppe sich dazu verleitet fühlten, ihre Ergebnisse in ein besseres Licht zu rücken, als es tatsächlich der Fall war [Dweck 2017].

Dweck stellt in ihren Vorträgen und Büchern vor allem die beiden Extreme von Fixed- oder Growth-Mindsets dar. Tatsächlich gibt es jedoch viele Abstufungen dieser zwei Pole. Es ist wichtig zu verstehen, dass die meisten Menschen in genau diesen Abstufungen einzuordnen sind:

> *»Niemand hat die ganze Zeit über ein Growth-Mindset. Jeder ist eine Mischung aus Fixed- und Growth-Mindsets. Sie könnten in einem Bereich ein dominantes Growth-Mindset haben, aber es kann immer noch Dinge geben, die Sie zu einem Fixed-Mindset führen.«* [Dweck 2017]

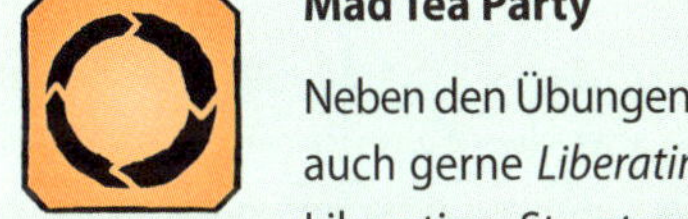

Mad Tea Party

Neben den Übungen aus dem Improtheater setzen wir in unseren Workshops auch gerne *Liberating Structures* (siehe *www.liberatingstructures.com*) ein. Liberating Structures sind ein Set an Mikrostrukturen, das es Gruppen jeder Größe ermöglicht, schnell zu wertvollen Ergebnisse zu gelangen. Die Liberating Structures gefallen uns so gut, da sie die Macht über das Geschehen komplett an die Teilnehmer übergeben.

Eine Liberating Structure, die wir häufig benutzen, nennt sich *Mad Tea*. Die Übung fokussiert auf ein schnelles Feedback-Geben, stimmt die Teilnehmer auf ein Thema ein und bringt sie ins Hier und Jetzt. Die Teilnehmer stehen dabei in zwei konzentrischen Kreisen und sind dazu eingeladen, eine Reihe offener Sätze zu beenden. Der innere Kreis steht dem äußeren Kreis direkt gegenüber. In der ersten Runde beendet einer der Teilnehmer den ersten Satz innerhalb von 30 Sekunden. Nach einem akustischen Signal werden die Rollen gewechselt. Ertönt ein erneutes Signal, geht jeder Teilnehmer einen Schritt nach rechts und findet somit einen neuen Partner für den nächsten Satz [McCandless 2014].

Wir nutzen diese Übung gerne, da sie Elemente der Improvisation nutzt und zum intuitiven Handeln führt. Um in das Thema Werte und Prinzipien einzusteigen, sind beispielsweise folgende Fragen denkbar:

1. Für die Arbeit als Team wünsche ich mir …
2. Wertstiftend für unsere Teamarbeit, ist …
3. Was ich von anderen aus dem Team erwarte, ist …
4. Was ich selber einbringen kann, ist …
5. Was ich selber noch lernen kann, ist …
6. Dysfunktionalität im Team entsteht, wenn …

→

7. Dysfunktionalität kann vermieden werden durch …
8. Was wir auf jeden Fall tun sollten, ist …
9. Etwas, was ich plane zu tun, ist …
10. Was Stakeholder/Kunden in einem halben Jahr über uns sagen, ist ...

Nach dieser intensiven, lauten und lustigen Phase der Übung können die Teilnehmer im Anschluss ergänzend aufgefordert werden, strategische Fragen zum Team zu beantworten, zum Beispiel:

1. Was ist mein tiefster Wunsch für unsere Zusammenarbeit?
2. Was für ein Umfeld benötige ich, damit wir erfolgreich sind?
3. Auf welche Werte sollten wir meiner Erfahrung nach besonders achten? (Stellen Sie gegebenenfalls eine Liste mit agilen Werten bereit.)
4. Welche Herausforderungen müssen wir lösen, damit das gelingt?
5. Womit sollten wir jetzt beginnen?

Als Manager, Scrum Master oder Agile Coach sollte ich beachten, dass immer, wenn ich persönliche Fähigkeiten als fix darstelle, sich das starre Mindset verstärkt. Fokussiere ich jedoch die notwendigen Anstrengungen, die zur Erledigung der aktuellen Arbeit und zur Erreichung des jeweiligen Ziels notwendig sind, dann stärke ich das agile Mindset. Durch Interaktionen mit den Beteiligten und durch Vorleben kann ich Haltung verändern. Entweder die eigene oder die der anderen. Wie wir festgestellt haben, ist das eine schwere und langwierige Aufgabe.

Unser Held auf Reisen: Kulturclash

Peter hat einen kleinen ersten Erfolg erzielt. Bei seiner Roadshow zur Agilität waren viele interessierte Kollegen anwesend. Es wurden Fragen gestellt und Peter erhielt dankbares Feedback für seine Vorstellung. Besonders aus dem Team, das er begleitete, gab es positive Rückmeldungen und im Anschluss einige interessante Diskussionen und Fragen. Auch Cathleen, der Abteilungsleiterin Marketing, war zu seiner Präsentation gekommen. Er hatte sie zwar nicht die ganze Zeit im Blick, war aber der Meinung, dass sie das eine oder andere Mal zustimmend nickte.

Unverhofft begegnet Peter einige Tage später Cathleen auf dem Flur. Sie grüßt ihn freundlich: »Ah, da ist ja unser Feel-Good-Manager!«, und sie ergänzt: »Ich fand deine Vorstellung sehr interessant.« Während Peter sie verwundert anschaut und noch nach einer schlagfertigen Antwort sucht, fährt Cathleen fort: »Na, sollen wir jetzt alle agil werden und dann wird alles gut?« Und weiter: »Das ist ja alles nichts Neues, was du da erzählst. Aber wie soll das deiner Meinung nach bei uns funktionieren? Wem kann man das hier im Unternehmen zutrauen? Das passt doch nicht in unser Kultur!«

→

Peter holt Luft, um etwas zu sagen, aber Cathleen hört nicht auf zu sprechen: »Das mag vielleicht bei euch in der IT funktionieren, aber im Marketing? Obwohl, es funktioniert ja momentan noch nicht mal bei euch! Keines unserer Tickets wird rechtzeitig bearbeitet und ich muss mir ständig anhören, dass der Sprint geschützt ist und meine Mitarbeiter niemanden mehr aus dem Entwicklungsteam ansprechen dürfen. Ist das jetzt agil?«

Vom Ende des Flurs ruft jemand: »Cathleen, kommst du bitte, unser Meeting hat schon begonnen!«. Cathleen lässt Peter mit offenem Mund stehen und wirft ihm vom anderen Ende des Flurs noch ein »Lass uns die Unterhaltung noch mal zu einem anderen Zeitpunkt fortsetzen, Mister Feel-Good-Manager!« an den Kopf. Peter ist baff.

2.1.2 Was zeichnet ein agiles Team aus?

»Try again. Fail again. Fail better.«

Samuel Beckett, Schriftsteller

Den Ausspruch »Don't hire skills, hire attitude« haben Sie vielleicht schon einmal gehört. Viele Unternehmen neigen dazu, fachlich stark versierte Menschen zu suchen, die Besten der Besten, um dann zu merken, dass diese menschlich nicht in die Kultur des Unternehmens oder in ein Team passen.

Die persönliche Einstellung von Menschen zu verändern, ist ein sehr schwieriges Vorhaben. Fachliches Know-how kann dagegen in kürzester Zeit erlangt werden. Klaus Leopold beschreibt es treffend so:

»Ein vermeintlich agiles Organigramm entsteht, wenn man die Mitarbeiter einfach mal in die Luft wirft, ihnen neue Labels umhängt und sie an einer anderen Stelle in der Organisation wieder landen lasst. Möglichst fein säuberlich in crossfunktionalen Teams geordnet, die natürlich gemeinsam in einem Raum sitzen – versteht sich von selbst. Wenn in Zukunft Herbert neben Hubert und Maria neben Brigitte sitzt, wird alles gut. Dann geht's!« [Leopold 2018]

Das Ist ja witzig!

Sie haben vielleicht schon gewusst, dass Teammitglieder einander inoffizielle Rollen zuschreiben. Eine dieser inoffiziellen Rollen in Teams oder Gruppen ist der Witzbold. Haben Sie auch gewusst, dass diese inoffizielle Rolle für den Erfolg und die Harmonie von Teams sehr entscheidend ist?

→

Dr. Jeffrey C. Johnson, Professor für Anthropologie an der University of Florida, hat in jahrelangen Studien herausgefunden, dass der Witzbold einen enormen Einfluss auf ein Team hat. Über Jahre hat Johnson auf Forschungsstationen in der Antarktis Daten von 15 verschiedenen Teams unterschiedlicher Nationalitäten gesammelt. Bei der Auswertung noch älterer Aufzeichnungen stachen die Humorvollen und Geschichtenerzähler besonders heraus. Personen neigen in Gruppen dazu, sich in Untergruppen aufzuteilen. Zum Beispiel finden die Star-Trek-Fans zu den Star-Trek-Fans, die Star-Wars-Fans zu den Star-Wars-Fans. Die Rolle des Clowns ist so wichtig, da sie in Teams als Bindeglied fungiert.

Ein zusätzlich wichtiges Element ist zudem, dass offizielle wie auch inoffizielle Rollen im Einklang stehen sollten. Wer zum Beispiel offiziell als Product Owner fungiert, sollte auch inoffiziell diese Anerkennung erhalten. Ansonsten sind Probleme vorprogrammiert [URL: Teamarbeit 2019].

Nach Jon R. Katzenbach und Douglas K. Smith definiert sich ein Team folgendermaßen:

> *»Ein Team ist eine kleine Gruppe von Personen, deren Fähigkeiten einander ergänzen und die sich für eine gemeinsame Sache, gemeinsame Leistungsziele und einen gemeinsamen Arbeitsansatz engagieren und gegenseitig zur Verantwortung ziehen.«* [KatzenbachSmith 2003]

Diese Definition eines Teams gilt gleichermaßen für agile Teams. Ein neues Team ist zunächst einmal lediglich eine Gruppe von Menschen. Diese Menschen entwickeln sich zu einem Team durch Kennenlernen ihrer Stärken und Schwächen, Austragen von Konflikten, Angleichen der persönlichen Wertvorstellungen und Definieren von Regeln, Normen, Werten und Prinzipien.

Agile Coaches oder Führungskräfte können die Teamentwicklung unterstützen, indem sie idealerweise verstehen, wo in diesem Entwicklungsprozess ein Team steht. Eines der bekanntesten Modelle, um die Entwicklung von Teams zu beschreiben, sind die folgenden *Teamphasen* des Organisationsberaters und Psychologen Bruce W. Tuckman [URL: Smith 2005].

Forming – Das Team tritt in Kontakt und lernt sich kennen

Die Teammitglieder suchen in dieser ersten Phase nach Orientierung. Nutzen Sie die Zeit, um Rahmenbedingungen zu schaffen und damit auch Werte und Prinzipien zu etablieren und ein gemeinsames Werteverständnis zu schaffen. Bringen Sie die Menschen zusammen, indem Sie gezielt Improübungen einsetzen, die Sie für das Team als sinnvoll erachten. Gibt es viele junge Teammitglieder, stärken Sie den Wert Mut. Ist es ein wichtiges und zeitkritisches Projekt, fokussieren Sie die Selbstverpflichtung.

Storming – Die ersten Konflikte treten auf

Das Team arbeitet nun schon eine kurze Zeit zusammen. Der Arbeitsalltag bringt seine Herausforderungen mit sich und damit auch erste Konflikte. Begleiten Sie den Prozess konstant, indem Sie darüber sprechen und dem Team spiegeln, was Sie wahrnehmen. Setzen Sie gezielt auf Nähe zu den Teammitgliedern und versuchen Sie, den Faktor *Spaß* zu fördern. Dies können Sie zum Beispiel tun, indem Sie die Konflikte mithilfe von Improtheater nachspielen und Lösungswege suchen.

Norming – Das *Wir* findet sich

Nach den ersten ruckeligen und herausfordernden Momenten versteht nun jeder, wie die Einzelnen ticken. Es bilden sich Normen heraus und es entsteht ein erster Anflug eines Wir-Gefühls. Nun können Sie daran arbeiten, dass die vereinbarten Werte und Prinzipien in Fleisch und Blut übergehen und das Team für die anstehenden Aufgaben gestärkt wird.

Das Team selber wird nun auf die definierten Werte und Prinzipien verweisen. Unterstützen Sie es dabei, wenn es das nicht tut, und passen Sie gegebenenfalls gemeinsam die bestehenden Formulierungen an. Nutzen Sie z. B. Mut-Übungen, die ein Aus-sich-Herausgehen erfordern und etwas Überwindung kosten. Wenn das in einem geschützten Raum geschafft wurde und Barrieren abgebaut sind, ist das Team gut gewappnet für die nächste Phase.

Performing – Die Kollaboration beginnt

Aus Kooperation wird Kollaboration und das Team benötigt die enge Begleitung nicht mehr. Die Teammitglieder organisieren sich mehr und mehr selbst. Werte und Prinzipien, Regeln und Normen haben sich gefestigt. Der nun hergestellte Fokus auf die Arbeit kann dazu führen, dass Dritte einen höheren Einfluss auf das Team haben. Richten Sie Ihre Aufmerksamkeit gerne nach außen und arbeiten Sie in die Organisation hinein. Egal ob es um das Vermitteln von Agilität oder spezifischer um das Erleben von Kommunikation oder Respekt geht – nutzen Sie gezielt Improtheater in Workshops oder Retrospektiven. Setzen Sie Feedback-Übungen ein, um die Kommunikation und den Zusammenhalt des Teams zu stärken.

Adjourning – Das Ende muss begleitet werden

Eine Phase, die oftmals stark vernachlässigt wird, ist die Phase des Abschieds oder Trauerns. Hier ist es essenziell, als agiler Coach oder Führungskraft wieder sichtbar zu sein und das Team eng zu begleiten. Je länger und enger das Team zusammengearbeitet hat, als desto schmerzvoller wird der Abschied empfunden. Lassen Sie Erfolge und Erlebnisse mit Improübungen Revue passieren und schließen Sie das Projekt mit einer Retrospektive oder einem Team-Event ab. Laden Sie vielleicht sogar eine professionelle Improgruppe ein, die Erinnerungen mit einem Rückblick als Improtheater inszeniert.

Wie bei allen Modellen ist eine klare Abgrenzung in der Realität nicht so einfach herzustellen. Verlässt beispielsweise ein Teammitglied das Team und kommt eine neue Person hinzu, werden die Phasen erneut durchlebt. Vielleicht nicht in der Intensität wie am Anfang, aber spürbar. Sie unterstützen das Team dabei, wenn Sie zu diesen Zeitpunkten die Übungen auffrischen und vereinbarte Werte und Prinzipien hinterfragen. Es wird dazu führen, dass bestehende Mitglieder sich auf die Anfänge besinnen und die neuen Mitglieder sich schneller integrieren.

Improtheater in Verbindung mit dem Phasenmodell nach Tuckman

Wir möchten Ihnen einige Übungen vorschlagen, die Sie in den einzelnen Teamphasen wertstiftend einsetzen können.

Übungen für die Forming-Phase

- **Applaus, Applaus**
  Stärken Sie das Selbstbewusstsein des Teams, indem Sie sich feiern (siehe Übung 3.1.1, »Applaus, Applaus!«).
- **Absurde Führung**
  Wer übernimmt die Führung im Team? Verschaffen Sie sich einen Eindruck vom Teamgefüge (siehe Übung 3.1.5, »Absurde Führung«).
- **Fotosession**
  Erstellen Sie rückblickend (beispielsweise zum Sprint) einen Zeitstrahl mithilfe von gestellten Fotos (siehe Übung 3.3.2, »Fotosession«).

Übungen für die Storming-Phase

- **Ihr habt die Wahl**
  Lassen Sie herausfordernde Situationen vom Team improvisiert nachspielen, um andere Lösungswege spielerisch zu entdecken (siehe Übung 3.7.4, »Ihr habt die Wahl«).
- **Gromolo**
  Sprechen Sie Gromolo. Verschaffen Sie damit dem Team die Möglichkeit, Dampf abzulassen (siehe Übung 3.7.2, »Gromolo«).
- **Stärkenzirkel**
  Jedes Teammitglied macht eine Pose gemäß des Stärken-Zirkels (siehe Übung 3.8.6, »Stärkenzirkel«).

Übungen für die Norming-Phase

- **Make it Big**
  Es geht nicht nur um die ganz großen Posen in dieser Übung, sondern auch darum, über den eigenen Schatten zu springen und Spaß zu haben (siehe Übung 3.1.6, »Make it Big«).
- **Au ja!**
  Üben Sie, das »Ja, und…« aus dem Improtheater frühzeitig im Team zu etablieren. Er wird sich auszahlen (siehe Übung 3.3.1, »Au ja!«).

→

- **Team-Countdown**
  Üben Sie mit dem Team, gemeinsam Ziele zu erreichen und sich darauf zu fokussieren (siehe Übung 3.5.1, »Team-Countdown«).

Übungen für die Performing-Phase

- **Ich, Du, Wir**
  Schauen Sie mit dem Team darauf, wie sich die Stimmung verändert, wenn es um die Übernahme von Verantwortung geht (siehe Übung 3.4.3, »Ich, Du, Wir«).
- **Der freie Fall**
  Bauen Sie das Vertrauen im Team aus und lassen Sie sich fallen (siehe Übung 3.4.6, »Der freie Fall«).
- **Du bist der King**
  Lassen Sie die Teammitglieder Komplimente verteilen und damit prahlen (siehe Übung 3.8.1, »Du bist der King!«).

Übungen für die Adjourning-Phase

- **Fehler-Battle**
  Lassen Sie die Teammitglieder ihre größten Fehler gemeinsam feiern (siehe Übung 3.1.7, »Fehler-Battle«).
- **Open Hands**
  Die Beteiligten lassen zu einer thematischen Frage, beispielsweise »Was haben wir für das nächste Vorhaben gelernt?«, Antworten in ihre Hände fallen (siehe Übung 3.2.7, »Open Hands«).
- **Menschine**
  Lassen Sie die Beteiligten eine große Maschine bauen. Vielleicht eine für erfolgreiche Projekte (siehe Übung 3.3.4, »Menschine«)?

Martin Hoegl und Hans G. Gemuenden betrachten mit ihrem theoretischen Konzept zur Teamarbeit die Qualität der Interaktionen von Mitgliedern in Teams beim Bearbeiten von Aufgaben. Ihr Konzept mit dem Namen *Teamwork Quality* (TWQ) gibt sechs Indikatoren an, die für ein gut funktionierendes und kollaboratives Team sprechen [HoeglGemuenden 2001]:

- **Kommunikation**
  Gibt es ausreichend informelle, direkte und häufige offene Gespräche?
- **Koordination**
  Sind die individuellen Bemühungen im Team gut strukturiert und synchronisiert?
- **Ausgewogene Balance**
  Können alle Teammitglieder ihr Know-how voll entfalten?
- **Gegenseitige Unterstützung**
  Helfen die Teammitglieder einander bei der Erfüllung ihrer Aufgabe?

- **Aufwand**
  Wenden Teammitglieder alle Anstrengungen auf die Teamaufgabe an?
- **Zusammenhalt**
  Sind die Teammitglieder motiviert, das Team zu erhalten? Gibt es Teamgeist?

Sofern ein Augenmerk auf das Zusammenspiel und das Bestehen dieser Aspekte gelegt wird, ist der Grundstein für eine solide und erfolgreiche Team-Zusammenarbeit gelegt. Als Scrum Master oder Teamlead können Sie das Zusammenspiel im Team anhand dieser Aspekte abklopfen und an geeigneter Stelle direkt ansprechen.

Kollaborieren über Kooperation

In der Praxis erlebt man nicht selten, dass ein crossfunktionales Scrum-Team eine starke Trennung der Fachlichkeit beibehält, sodass innerhalb des Teams kleine Silos und Übergaben entstehen. Schon bei der Planung wird stark darauf geachtet, dass jeder auch das bekommt, was seiner fachlichen Kompetenz am meisten entspricht. Anstatt dann gemeinsam an einem Sprint-Ziel zu arbeiten, bearbeitet jeder eigenständig die Aufgaben.

Kollaboration ist ein wichtiger Bestandteil von effektiver Kommunikation. Häufig denken Mitglieder eines Teams, dass sie kollaborieren, obwohl sie nur kooperieren. Kooperation bedeutet, dass Menschen gemeinsam an einer Sache arbeiten. Diese Zusammenarbeit kann ohne viel Interaktion mit anderen vonstattengehen. Der Fokus liegt dabei auf der Erledigung individueller Aufgaben, für die jeder eine eigene Priorität festlegen kann.

Menschen, die kooperieren, haben nicht die Erwartung, dass andere als sie für die Erledigung der Aufgaben zuständig sind. Oft entsteht hier eine starre Übergabementalität, wenn die eigene Aufgabe fertiggestellt wird. De facto können Menschen zusammenarbeiten, ohne Verantwortung für anderes als ihre eigene Arbeit zu übernehmen. Kollaboration bedeutet, die Arbeit zu teilen, gemeinsam dafür verantwortlich zu sein und involviert, die Arbeit abzuschließen. Dabei ist eine direkte und ständige Kommunikation notwendig, um die Aufgaben fertigzustellen. Kollaboration verlangt individuelle Interaktionen im Team, um das Ziel zu erreichen und gemeinsam mit geteiltem Wissen und Erfahrungen auf Veränderungen zu reagieren.

Auch Google hat vor einigen Jahren mit dem Projekt *Aristoteles* versucht, die Essenz für das perfekte Team zu ermitteln. Die Projektbeteiligten kamen nach der Auswertung der Daten zu dem Schluss, dass psychologische Sicherheit (engl. *psychological safety*) der ausschlaggebende Punkt für ein funktionierendes Team ist [URL: Aristoteles 2016].

William Kahn, Professor für Management und Organisationen an der Boston University, der sich mit der Forschung zum Thema intensiv befasst, beschreibt den Zustand als »being able to show and employ one's self without fear of negative consequences of self-image, status or career«. Jeder im Team zeigt sich so, wie er ist, ohne negative Konsequenzen fürchten zu müssen.

Wichtig dafür sind vor allem Vertrauen und Respekt, sodass jeder im Team er selbst sein kann [URL: Edmondson 1999]. Das Ergebnis einer sicheren sozialen Umgebung ist, dass im Gehirn eines Menschen andere Regionen angesprochen werden: Abstraktes Denken, Erinnerungen, Sprachen, Empathie oder Kreativität können abgerufen und genutzt werden. Ist die Stimmung angespannt oder herrscht Misstrauen, schalten sich unsere Urinstinkte oder Überlebensinstinkte ein: Kampf, Flucht und Starre.

Auch von Patrick Lencioni, dem Autor von *Die 5 Dysfunktionen eines Teams*, wissen wir, dass Vertrauen der wesentliche Wert für das Funktionieren eines Teams ist. Lencioni stellt Vertrauen als Basis und den Mangel an Vertrauen als erste Dysfunktion heraus. Fehlende Offenheit, über Fehler zu sprechen oder Schwächen zu zeigen, schädigt das Fundament von Vertrauen.

Die Konsequenz aus dem fehlenden Vertrauen ist die Basis für die zweite Dysfunktion, der Scheu vor Konflikten. Werden Konflikte nicht ausgetragen, dann führt dies zu mangelndem Engagement.

Diese dritte Dysfunktion entsteht zudem dadurch, dass Entscheidungen nicht gemeinschaftlich getroffen, akzeptiert und damit mitgetragen werden. Fehlen echte Zustimmung und Engagement, dann wird im Team auch keine Verantwortung übernommen – die vierte Dysfunktion.

Alle diese vier Dysfunktionen führen zu der fünften Dysfunktion: fehlende Ergebnisorientierung. Dadurch, dass niemand zur Verantwortung und Rechenschaft gezogen wird, stellen die Teammitglieder ihre eigenen Bedürfnisse in den Vordergrund. Lencioni schreibt zusammenfassend in seinem Buch [Lencioni 2014]:

> *»Bei allen hier gegebenen Informationen bleibt die Wahrheit, dass Teamwork letztendlich auf die Anwendung einer kleinen Zahl von Prinzipien über einen langen Zeitraum basiert. Erfolg ist keine Frage der Befolgung subtiler, raffinierter Theorien, sondern geht einher mit gesundem Menschenverstand durch ein außergewöhnlich hohes Maß an Disziplin und Beharrlichkeit. Erfolg haben Teams ironischerweise, wenn sie überdurchschnittlich menschlich sind. Indem sie die Unvollkommenheit der menschlichen Natur anerkennen, überwinden die Mitglieder funktionierender Teams jene natürlichen Neigungen, die Vertrauen, Konflikte, Engagement, Verantwortung und Ergebnisorientierung so selten machen.«*

Auf die Frage »Welche Grundvoraussetzungen muss ein Mensch mitbringen, um agile Werte überhaupt proaktiv leben zu können?« antwortete der Agile Coach Sven Röpstorff im Interview: »Zuallererst fällt mir Offenheit für Neues und Mut ein, und damit zwei der fünf Scrum-Werte. Dazu benötigt die Person noch eine gesunde Portion Neugier und Freude, etwas auszuprobieren. Toleranz und eine generelle Leichtigkeit des Seins runden das Bild ab.«

Im Improtheater entstehen die Geschichten erst auf der Bühne, durch spontane und intuitive Reaktionen der Schauspieler. Dadurch fließen individuelle Erfahrungen, Erlebnisse und die Persönlichkeit der Spieler automatisch in das Spiel ein. Stärken und Schwächen werden offenbart und aktuelle Befindlichkeiten können kaum überspielt werden. All das wird gemeinsam spielerisch durchlebt und dabei mit viel Humor und ohne Hang zur Perfektion getragen. Kein Wunder also, dass gerade in Improgruppen sich scheinbar sehr unterschiedliche Menschen trotzdem so gut kennen und lieben lernen und gemeinsam durch dick und dünn gehen.

Improübungen haben den gleichen Effekt: Die Teilnehmer verarbeiten und reflektieren reale Ereignisse und Themen aus Arbeitsalltag und Privatleben auf spielerische Weise, feiern Fehler gemeinsam und legen durch spontane Reaktionen versteckte Emotionen offen. Das alles fördert das Vertrauen im Team ungemein und bietet viel Raum für anschließende Diskussionen, die den Zusammenhalt noch weiter stärken. Begleiten Sie das Team mit den Übungen in Kapitel 3, »Das Abenteuer beginnt« auf dieser Reise ins Innere.

Es wird deutlich, dass wir diese Einstellung von Mitarbeitern nur erhalten können, wenn es einen geschützten Raum gibt, in dem Vertrauen gedeihen kann. Sei es nun im engeren Sinne im Kontext eines Teams oder im weiteren Sinne im Kontext einer Organisation.

2.1.3 Wie etabliere ich eine agile Teamkultur?

»Customers will never love a company until the employees love it first.«

Simon Sinek, Autor

Neben der persönlichen Einstellung einer Person oder eines Teams sollte vor allem auch der Rahmen stimmen, um sich persönlich und seine Potenziale entfalten zu können. Agile Teams benötigen eine Kultur, die den Menschen in den Vordergrund stellt. Durch die gelebten Werte wird diese Kultur von gesamten Unternehmen geprägt und das Team muss innerhalb dessen sein eigenes Wertesystem gestalten und kennen. Der Prozess, die Werte und Prinzipien als Team zu identifizieren, ist sehr wichtig, da er dazu führt, dass gemeinschaftlich erfahren wird, was den Teammitgliedern wichtig ist. Nur wenn es gelingt, gelebte Unternehmenswerte mit den Wertvorstellungen der Mitarbeiter in Einklang zu bringen, wird ein Unternehmen erfolgreich agieren können.

Unser Held auf Reisen: Neuer Trend

Mit einem Buch zu Scrum sitzt Peter abends auf der Couch. Nachdenklich blickt er auf das Cover. Als in Peters Firma damals agile Methoden eingeführt wurden, machte das Management das Vorhaben zum Thema der Softwareentwicklung. Aus einem gelebten *Die* der Teams und Abteilungen sollte ein gemeinschaftliches *Wir* werden. Die vorherrschende Abgrenzung der Abteilungen sollte durch den Versuch disziplinübergreifender crossfunktionaler Teams aufgebrochen werden. Ein Konzept, das anfänglich sehr gut funktionierte und nach einzelnen Pilotprojekten, zunehmender Arbeitsgeschwindigkeit und Termineinhaltung einen positiven Eindruck auf den Rest des Unternehmens machte.

Viele angrenzende Abteilungen standen dem neuen Trend allerdings noch skeptisch gegenüber. Cathleen ist nach wie vor Peters härteste Gegenspielerin, da sie ihren Einfluss im Unternehmen nutzt, um gegen die IT zu wettern.

Die Teams begannen, sich mehr und mehr gegenseitig abzugrenzen. Peter gesteht sich ein, dass er zuerst nicht verstanden hat, wie es dazu kam. Wenn er jetzt jedoch über Gespräche mit seinem Vorgesetzten Frederik nachdenkt, wird ihm einiges klarer. »Kannst du mir erklären, warum das Team nicht aus dem Quark kommt?«, »Wieso schaffen die anderen so viel und in dem Team haben wir noch gar keinen Fortschritt?« oder »Das ist das wichtigste Projekt aktuell. Können die das?« Peter konnte diese Fragen immer gut beantworten, da er eng am Team dran war. Sie hatten für ihn jedoch immer einen bitteren Beigeschmack.

Peter weiß mittlerweile, wo der Schuh drückt: Keiner im Unternehmen schert sich darum, was *agil sein* oder *agil werden* eigentlich bedeutet. Nur in seiner Abteilung findet der Wandel statt, alle anderen machen weiter wie bisher. Die crossfunktionalen Teams sind das eine; die Rahmenbedingungen für diese Teams zu schaffen und die Mentalität zu verändern – das ist, was in Peters Unternehmen fehlt.

Peter beschließt, diesen Umstand bei nächster Gelegenheit mit seinem Vorgesetzten Frederik zu erörtern, legt das Buch beiseite und geht ins Bett.

Grundvoraussetzung einer zukunftsweisenden Teamkultur ist der Aufbau einer Organisations-DNA, die Kommunikation, Kollaboration, Kreativität und Offenheit in sich trägt. Wichtig für die Zukunft wird es sein, die einzelnen Teile des Systems so miteinander zu vernetzen, dass ein flexibles Agieren ermöglicht wird [URL: Zukunftsinstitut 2015].

Die Veränderung hin zu einer agilen Teamkultur ist allerdings ein harter Weg und die Herausforderungen liegen wie immer im Detail. In vielen Organisationen prallen heute verschiedene Welten mit unterschiedlichen Werten aufeinander. In Tabelle 2–4 haben wir die wesentlichen Unterschiede zusammengetragen. Es wird schon auf den ersten Blick deutlich, dass sich das neue Arbeiten durch Freiheit und Selbstverantwortung auszeichnet.

Kriterium	Alte Teamkultur	Neue Teamkultur
Organisation	Funktionale Abteilungen	Crossfunktionale Teams, Netzwerke, Projekte
Grundsätze	Regeln und Prozesse	Prinzipien und Werte
Führungs-philosophie	Mitarbeiter und Arbeit managen	Mitarbeiter coachen und führen
Zusammenarbeit	Kooperative Arbeit	Kollaborative Arbeit
Koordination	Arbeit wird von jemanden zugewiesen	Team entscheidet, was es als Nächstes macht
Arbeitsteilung	Vielzahl an Spezialisten	Teamverantwortung und -wissen
Fehlerkultur	Vermeiden von Fehlern	Exploratives Experimentieren und Lernen
Ergebnis	Eine Wahrheit (planbar)	Mehrere Wahrheiten möglich (unplanbar)
Motivation	Ergebnis, extrinsisch	Sinn, intrinsisch
Steuerung	Leitung, Weisung und Kontrolle (Top-down)	Autonomie, Konsens und Verhandlung (Selbstorganisation, Bottom-up)
Planung	Fokus auf Planung (Sicherheit)	Iteratives, evolutionäres Herantasten (Arbeit mit Unsicherheit)

Tab. 2–4 *Gegenüberstellung alter und neuer Teamkultur*

Zahlreiche Faktoren wirken von innen und außen auf die Teamkultur ein und können den Prozess hin zu mehr Agilität stark beeinflussen. In der folgenden Gegenüberstellung von Einflüssen auf ein Team (vgl. Tabelle 2–5) möchten wir deutlich machen, dass gerade in der Übergangsphase von alten Strukturen hin zu einer veränderten Denkweise oder neuen Teamkultur viel Fingerspitzengefühl in unterschiedlichen Bereichen notwendig ist.

Einflüsse des Teams	Einflüsse, die von außen auf das Team wirken
■ Unterschiedliche Wertvorstellungen ■ Art und Weise sowie Intensität, wie Teammitglieder miteinander kommunizieren ■ Zusammensetzung des Teams nach Fach- und Methodenkompetenz ■ Unverhältnismäßigkeit vorhandener und notwendiger Expertise, um das Ziel zu erreichen ■ Intensität und Grad der Unterstützung untereinander (Kollaboration) ■ Umgang mit Fehlern (Fehlerkultur) ■ Rahmenbedingungen des Teams innerhalb der Organisation (Wirksamkeit) ■ Definierte Normen und Regeln ■ Gelebte Verantwortung innerhalb des Teams ■ Größe des Teams ■ Mangel an Zugehörigkeit oder mangelnde Teamidentität ■ Grad des autonomen Arbeitens ■ Fehlendes, unklares oder nicht motivierendes Ziel ■ Mitglieder sitzen an unterschiedlichen Standorten.	■ Distanz des Managements ■ Passivität der direkten Führungskräfte ■ Mangelnde Feedback-Kultur und ungeeignetes Führungsverhalten ■ Verantwortung wird nicht konsequent ins Team übergeben. ■ Prozess der Transformation wird nicht begleitet. ■ Lokale Optimierung führt zu Insellösungen. ■ Fehlende Integration aller Abteilungen und Bereiche ■ Ständiger Druck führt nicht zu Potenzialentfaltung im Team bzw. der Mitarbeiter.

Tab. 2–5 *Einflüsse auf Teams*

Wir hätten die Liste aus Tabelle 2–5 unendlich fortsetzen können. Deutlich wird jedoch, wie relevant ein gemeinsames Werteverständnis in einer Organisation ist und wie wichtig es ist, sich mit Agilität und den Menschen auf allen Ebenen auseinanderzusetzen. Im Folgenden haben wir einige Fragen als Anregung zusammengetragen, wie Sie ein Team hin zu einer agilen Teamkultur begleiten und selbstreflektiert ins Handeln bringen können. Sie funktionieren ohne, aber vor allem auch sehr gut im Zusammenspiel mit Übungen aus dem Improvisationstheater.

- **Verständnis**
  Die Grundlage für agiles Arbeiten bildet ein gemeinsames Verständnis aller Beteiligten.
  - Welches Verständnis habe ich von Agilität?
  - Was bedeutet agile Zusammenarbeit im Kontext des Unternehmens oder eines Projekts?
  - Warum hilft uns Agilität?
- **Freiwilligkeit**
  Der vertrauensvolle Grundgedanke sollte lauten: Jeder gibt jederzeit sein Bestes und übernimmt Verantwortung für sein Handeln.
  - Wie werden bei uns Teams zusammengestellt?
  - Wie frei kann ein Mitarbeiter in diesem Prozess mitentscheiden?

- **Reflexion**
  Der Zustand permanenter Veränderung bedeutet eine ständige Überprüfung des Status quo.
  - Wie ergebnisoffen handle ich, und ist das Team oder die Organisation in der Lage, zu handeln?
- **Empathie**
  Die Veränderung des Mindsets benötigt die Bereitschaft, sich mit den Mitmenschen auseinanderzusetzen. Das Nachempfinden von Situationen und eine angemessene Reaktion darauf werden zur wichtigen Kompetenz.
  - Wie nehme ich mich selbst wahr?
  - Wie offen gehe ich mit den Emotionen anderer um?
- **Kollaboration**
  Die Integration der Menschen ins Team und der Kommunikationsfluss innerhalb des Teams sind zwei Kernaspekte enger Zusammenarbeit.
  - Wie direkt, partnerschaftlich und wertschätzend agiere ich oder das Team?
- **Supervision**
  Nicht nur die Rolle der Führungskräfte verändert sich hin zum Unterstützer oder Coach. Auch die Rolle jedes Mitarbeiters verändert sich zu mehr Eigenverantwortung und innerhalb des Teams auch gerne zum Unterstützer oder Coach.
  - Wie häufig reflektiere ich das eigene Verhalten mit anderen?
  - Wann spreche ich über die Beziehungen im Team?
  - Mit wem bespreche ich diese?
  - Wohin soll sich das Team entwickeln?
- **Empowerment**
  Wichtig für Mitarbeiter ist, dass sie frei entscheiden und für diese Entscheidung Verantwortung übernehmen können. Empowered zu sein, bedeutet, die Risiken für Entscheidungen zu tragen und damit gleichzeitig die Persönlichkeit und Motivation durch Selbstwirksamkeit zu stärken.
  - Wie autonom bin ich?
  - Wie autark können Teams agieren und entscheiden?

- **Lernen**
  Freiräume für die Weiterbildung zu schaffen, damit Kompetenzen gestärkt werden oder neue angeeignet werden können, ist ein entscheidender Erfolgsfaktor für Teams und Organisationen.
  - Welche Entwicklungsmöglichkeiten werden mir oder den Mitarbeitern geboten?
  - Wie flexibel und eigenständig kann sich Wissen angeeignet werden?
  - Wie können Coaching und Mentoring helfen?
- **Sinn**
  Die Sinnhaftigkeit einer Aufgabe und der dahinterliegende Nutzen sind essenzielle Bedingungen für ein Team, um produktiv zu sein.
  - Was holt mich morgens aus dem Bett?
  - Hat das Team oder die Organisation eine Vision, an der sich alle orientieren?

Kurz: Lerne mehr über dich selbst und andere. Sie finden in der oberen Auflistung auch die von Daniel Pink in seinem Bestseller Buch *Drive: The Surprising Truth About What Motivates Us* definierten drei Eckpfeiler *Autonomy*, *Mastery* und *Purpose* wieder [Pink 2011]. Pink beschreibt, dass für die Motivation der Mitarbeiter persönliche Entscheidungsfreiheit und Verantwortungsübernahme wichtig sind (Autonomy). Des Weiteren möchte jeder Mensch wirken und etwas Gutes beitragen. Wenn er seine Kompetenzen weiterentwickeln und zielführend einbringen kann (Mastery), benötigt er nur noch einen triftigen Grund für sein tägliches Tun. Mitarbeiter sind besonders motiviert, wenn sie ein sinnvolles Ziel vor Augen haben bzw. wenn eine sinnstiftende Vision vorhanden ist (Purpose).

Transparenz und regelmäßiges Feedback

Wir setzen in unserer Praxis neben reiner Beobachtung gerne auch Umfragen und Fragebögen ein. Diese dienen als Ausgangspunkt für direkte Verbesserungsvorschläge oder als Anstoß für ein Gespräch oder einen Workshop. Die Fragebögen können regelmäßig in digitaler Form oder haptisch während einer Retrospektive ausgegeben werden. Gerne verwenden wir beispielsweise wiederkehrend ein Teamradar zu Teamwerten. Wir fragen das Team dabei: »Auf einer Skala von 1 bis 10, wie leben wir deiner Meinung nach den Wert Respekt aktuell?«

Der Mittelwert aus den Ergebnissen wird in ein Netzdiagramm eingetragen. Wir fragen dann die Teammitglieder, welcher Wert von ihnen als besonders wichtig empfunden wird und in welchen Wert sie investieren möchten. Oft ist es der Wert, der am schlechtesten bewertet wurde. Fragen Sie dann: »Was können wir tun, um bei diesem Wert einen Punkt auf der Skala hochzuklettern?«

→

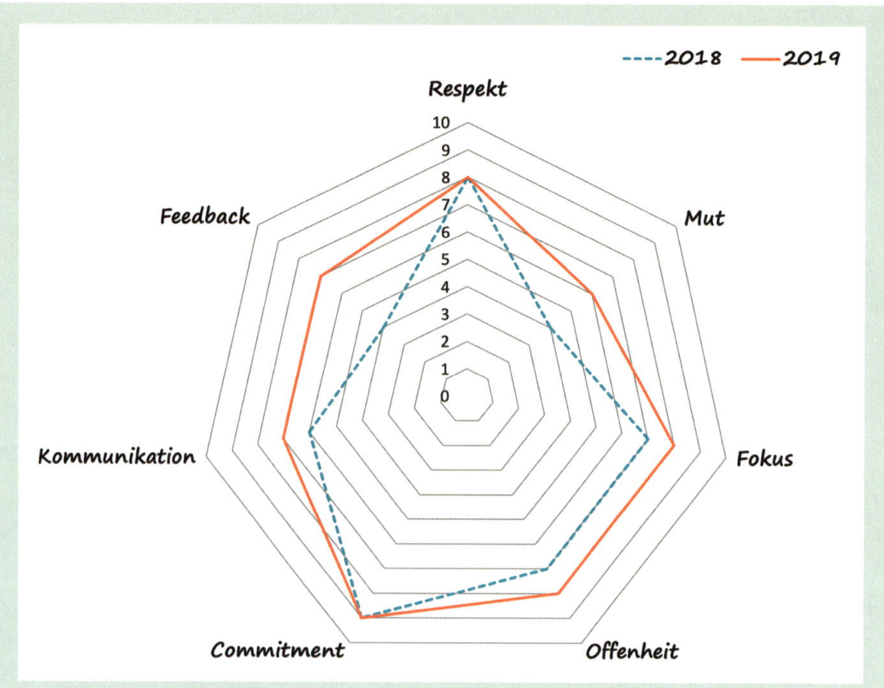

Eine weitere Möglichkeit ist, dass Sie im Daily Stand-up zur Abstimmung per Handzeichen auffordern: »Wie motiviert bin ich heute?« Sprechen Sie über die Gründe für Demotivation und versuchen Sie dadurch, Vertrauen und Transparenz im Team zu etablieren (siehe auch Übung 3.8.5, »Wohlfühlpegel«). Auch eine digitale Umfrage im Team, einer Abteilung oder Organisation zur allgemeinen Zufriedenheit, die quartalsweise wiederholt wird, gibt aufschlussreiche Erkenntnisse und fördert das Vertrauen. Dieses entsteht jedoch nur, wenn mithilfe der gesammelten Informationen auch Taten folgen. Nichts ist schädlicher in diesem Zusammenhang, als das Feedback nicht ernst zu nehmen oder keine Handlungen darauf folgen zu lassen.

2.2 Improvisationstheater

»Life is what happens to you while you're busy making other plans.«

John Lennon, Musiker und Komponist

Unser Held auf Reisen: Das erste Mal

Peter ist neugierig. Product Ownerin Thekla spielt in ihrer Freizeit in einer Improgruppe und hat ihn zu einem Auftritt eingeladen. Zum ersten Mal sieht Peter Improtheater.

Alles ist schwarz. Die Scheinwerfer gehen an und die Improgruppe stürmt auf die Bühne. Peter und der Rest des Publikums wissen nicht, was heute passieren wird. Die Improgruppe weiß es auch nicht. »Was habt ihr heute Morgen zum Frühstück gegessen?«, fragt ein Spieler. »Cornflakes«, brüllt eine junge Frau aus dem Publikum. »An welchen Orten gibt es überall Cornflakes?«, fragt ein anderer Spieler. »Cornflakesfabrik«, ruft Peter. Die Szene kann starten. Zusammen mit dem Publikum zählen alle ein: »FÜNF, VIER, DREI, ZWEI, EINS, LOS!«

In der folgenden kleinen Geschichte geht es um eine Dreiecksbeziehung in einer Fabrik für Cornflakes, bei der eine Konfettibombe platzt und am Ende der Fabrikleiter ermordet wird. Als auf der Bühne der Satz »Ohne Cornflakes wäre die Welt nur halb so schön!« fällt, ruft jemand aus dem Publikum: »Das klingt nach einem Lied!« Die Spieler singen einen Song, den sie vorher noch nie gesungen haben und der erst in diesem Moment von ihnen komponiert wird. Am Ende fällt der imaginäre Vorhang per Handzeichen. Die Scheinwerfer gehen aus. Alles ist schwarz.

Peter ist beeindruckt. Er will mehr über das Improtheater erfahren und vor allem fragt er sich: Wie machen die Improspieler das bloß?

2.2.1 Was ist Improvisationstheater?

»Improvisation; das ist, wenn niemand die Vorbereitung merkt.«

François Truffaut, Filmregisseur

Das lateinische Wort *improvisus* bedeutet so viel wie »unvorhergesehen« oder »überraschend«. Im Improtheater entstehen Szenen oder sogar abendfüllende Geschichten, deren Handlung vorher für Publikum und Spieler unvorhersehbar ist. Jeder Auftritt ist Premiere und letzte Darbietung am Spielort zugleich, denn die Helden erleben ihre Abenteuer bei einer Show zum ersten und letzten Mal. Ein Drehbuch, zu lernender Text oder festgelegte Charaktere gibt es nicht. In der Regel lassen sich Improspieler vom Publikum ein Thema oder einen Vorschlag geben, der die folgenden improvisierten Szenen und Figuren inspiriert.

Die meisten Improgruppen proben mindestens einmal in der Woche. Sie trainieren, schnell gemeinsam Ideen zu entwickeln, sich besser zuzuhören, aufeinander zu achten, miteinander zu kollaborieren, sich gegenseitig zu unterstützen und ein gut funktionierendes Team zu bilden. Für alle diese Kompetenzen gibt es passende Übungen für das Training. Außerdem üben sich Improspieler im Storytelling: Was braucht eine gute Geschichte? Wie entwickelt man am besten interessante Charaktere? Wie erhöht man die Spannung? Welche Struktur funktioniert gut für eine Geschichte? So entsteht die Handlung im Improtheater spontan, die Struktur ist jedoch festgelegt und geprobt. Gemeint ist damit beispielsweise, dass zu bestimmten Zeitpunkten vorher definierte Fragen an die Zuschauer gestellt werden oder dass in einer Heldenreise (frei nach Joseph Campbell, siehe Abschnitt 3.7, »Sei kommunikativ und erzähle Geschichten«) immer zuerst der Held in seiner bekannten Welt gezeigt wird und er dann einen Ruf zum Abenteuer erhält, dem er sich zunächst verweigert [URL: Walter 2012].

Vor einer Show haben Improgruppen oft feste Rituale. Bei der Hamburger Improgruppe »Schiller Killer« formuliert z.B. jeder einen Wunsch für den Auftritt, der laut im Chor von allen wiederholt wird. Dann geben sich die Spieler jeweils zu zweit Energie, indem sie ihre Fäuste aneinanderhalten und dann kurz laut »Ziiiing!« für einen imaginär übertragenen Stromschlag rufen. Zuletzt spucken sich alle mit einem »Toi, toi, toi!« gegenseitig über die Schulter.

Rituale im Team sorgen für Bindung und stärken die Motivation und den Teamspirit. Können Sie auch feste Rituale einführen? Zum Beispiel immer nach dem Daily Stand-up, vor Kundenpräsentationen oder zum Start einer Retrospektive. Greifen Sie dabei gerne Gesten oder bestimmte Verhaltensweisen auf, die im Team bereits vorhanden sind, oder überlegen Sie sich einfach gemeinsam im Team etwas Neues.

Ganz anders, als es das Wort »improvisieren« vielleicht suggeriert, gehen Improspieler bei einem Auftritt also sehr vorbereitet und strukturiert auf die Bühne. In den Proben bereiten sie sich darauf vor, in unvorhergesehenen Situationen bestmöglich zu reagieren. Sie üben den systematischen Umgang mit dem Unbekannten. Mark Twain sagte einmal: »Um eine gute, improvisierte Drei-Minuten-Rede zu halten, benötige ich drei Tage.«

Improtheater ist vergleichbar mit Jazzmusik. Jazzmusiker beherrschen ihr Instrument perfekt. Erst das erlaubt es ihnen, innerhalb einer klaren Struktur mit konkreter Aufgabenverteilung frei zu improvisieren.

Es gibt unterschiedliche Formen von Improtheater. Am bekanntesten ist die Kurzform, bei der Spiele unterschiedlicher Kategorien von jeweils wenigen Minuten Länge für eine Impro-Show aneinandergereiht werden. Im Theatersport treten zwei Mannschaften vor dem Publikum gegeneinander an. In kurzen Szenen müssen sich die Improteams unterschiedlichen Herausforderungen stellen, und die Zuschauer bestimmen per Applaus, wer sie besser gemeistert hat. Bei einer Langform dauert eine Geschichte mindestens 15 Minuten und kann sogar einen ganzen Abend füllen.

Ein Einblick in die Geschichte des Improtheaters

Theater hat seinen Ursprung in magischen Ritualen und Zeremonien. Teilweise wurde dabei schon immer improvisiert. In der griechischen Antike entwickelte sich daraus der Mimus, der auch im römischen Reich eine große Rolle spielte. Dabei handelt es sich um derbes Volkstheater, das meistens auf der Straße gespielt und zum großen Teil frei improvisiert wurde. Im sogenannten Stehgreifspiel thematisierten die Darsteller alltägliche Verhaltensweisen und Ereignisse aus der Gesellschaft. In den folgenden Jahrhunderten gewann allerdings das traditionelle Theater immer mehr an Bedeutung. Erst Anfang des 16. Jahrhunderts taucht das improvisierte Theater wieder in Italien und Frankreich im Bereich der Commedia dell'arte auf. Die Handlung war hier improvisiert, während Rollen, Masken und dramaturgischer Rahmen immer einer festen Form folgten.

Zahlreiche Strömungen und Menschen beeinflussten das Improtheater im vergangenen Jahrhundert. Ohne Anspruch auf Vollständigkeit möchten wir hier kurz auf Personen und Formen des improvisierten Theaters eingehen, die nicht nur im typischen Theaterkontext, sondern auch für andere Berufsfelder beachtenswert sind. Anfang des 20. Jahrhunderts entwickelte der österreichische Arzt Jacob Levy Moreno (1890–1974) das Psychodrama. Im Psychodrama werden mittels szenische Darstellung gegenwärtige, vergangene, zukünftige oder fantasierte Situationen und Konflikte bearbeitet. Durch spontanes Handeln ergeben sich neue Lösungsräume jenseits des gewohnten Rollenverhaltens. Heute wird das Psychodrama besonders in der Gruppentherapie eingesetzt.

In den USA gilt die Autorin und Schauspiellehrerin Viola Spolin (1906–1994) als die Großmutter des Improtheaters. In den 1930er-Jahren entwickelte sie Übungen, die dabei helfen, sich auf den Moment zu konzentrieren und zu fokussieren. Spolins Sohn Paul Sills entwickelte das Improtheater in den USA weiter und gründete 1955 die erste reine Improgruppe *The Compass Players*. Zusammen mit Bernhard Sahlins und Howard Alk eröffnete er 1959 außerdem die Theatergruppe *The Second City*. Mit inzwischen mehreren Theatern, Trainingsschulen und Fernsehshows und Hunderten von Mitarbeitern gehört The Second City heute zu einem der größten Improtheater-Unternehmen in der Welt.

Ab 1950 thematisierte Augusto Boal (1931–2009) mit dem *Theater der Unterdrückten* gesellschaftliche Missstände in Brasilien. Zu seiner Methodenreihe zählt unter anderem das Forumtheater (siehe Übung 3.7.2, »Gromolo«, Ihr habt die Wahl), in dem schwierige Situationen dargestellt und dann gemeinsam mit dem Publikum verändert werden (z.B. durch das Ersetzen von Darstellern, alternative Handlungen, neue Lösungswege). Beim Statuentheater bauen Menschen mit ihren Körpern statisch Konflikte oder Situationen nach und verwandeln sie anschließend in ihre Idealbilder.

Als ein weiterer wichtiger Begründer des modernen Improtheaters gilt Keith Johnstone (geb. 1933). Zwischen 1956 und 1966 arbeitete er als Dramaturg am *Royal Court Theatre* in London und entwickelte u.a. das Konzept von Status (siehe Übung 3.6.2, »Schlag & Fertig«). Schauspieler müssen sich danach auf der Bühne vor allem mit ihrem Status auseinandersetzen, d.h. mit dem Machtgefälle in einer zwischenmenschlichen Beziehung, um eine Szene realistisch und kreativ zu gestalten (siehe Abschnitt 3.6, »Sei respektvoll und experimentiere mit deinem Status«).

→

In den 1970er-Jahren erfand Del Close mit dem sogenannten *Harold* die erste Langform des Improtheaters, mit der von nun an nicht nur kurze Szenen und Sketche, sondern abendfüllende Geschichten improvisiert wurden. Ebenfalls ab 1970 entwickelte Jonathan Fox (geb. 1943) das *Playbacktheater.* Ein Zuschauer erzählt eine persönliche Geschichte aus seinem Leben, die von den Schauspielern im Kern erfasst und auf der Bühne neu interpretiert wird. Da dabei in der Regel neue Sichtweisen und Unausgesprochenes ins Licht rücken, findet das Playbacktheater heute in Unternehmen bei Tagungen oder Feiern immer häufiger Verwendung.

Heute ist Improtheater weltweit in unzähligen Formen und Formaten verbreitet. Allein in Deutschland sind im Improwiki 447 Gruppen in 135 Städten registriert [URL: Improwiki 2019]. Zunehmend gewinnt Improtheater auch Bedeutung in Unternehmen und Organisationen, entweder ganz klassisch in Form von Unternehmenstheater oder über den Einsatz von Methoden aus dem Improtheater durch Berater und Coaches. Über das *Applied Improvisation Network* (AIN) vernetzen sich seit 2002 weltweit Menschen, die Improtheater in ihrer Arbeit in der Wirtschaft, Forschung, Therapie oder Bildung einsetzen. Die Mitglieder verpflichten sich gemeinsamer Ziele und Grundsätze und tauschen sich in regelmäßigen Konferenzen über den Einsatz des Improtheaters in ihrem Arbeitskontext aus.

2.2.2 Welche Rolle spielt Improvisationstheater für Unternehmen?

»Man, sometimes it takes you a long time to sound like yourself.«

Miles Davis, Jazztrompeter

In Unternehmen gewinnt Improtheater vor allem in Form von Unternehmenstheater an Einfluss. Professionelle Schauspieler begleiten Unternehmen bei Veränderungsprozessen, bei der Einführung von Produktinnovationen oder in Personalentwicklungstrainings. Von einer klassischen Improshow bei einer Weihnachtsfeier über einen szenisch interpretierten Wrap-up am Ende einer Tagung bis hin zum Schlagfertigkeits-Workshop für die Mitarbeiter gibt es viele Einsatzmöglichkeiten.

Improtheater kann allerdings noch mehr leisten. Im agilen Manifest steht geschrieben: »Reagieren auf Veränderung ist wichtiger als das Befolgen eines Plans.« Wie in agilen Teams werden auch im Improtheater Veränderungen willkommen geheißen und es wird rasch auf diese reagiert. Auf der Bühne testen Improgruppen stets neue Formate, experimentieren in Szenen und erhalten direktes Feedback vom Publikum, den Kunden. Neue Showkonzepte müssen sich immer zuerst auf der Bühne beweisen. Die Zuschauer sind am Prozess des Schaffens beteiligt, die Improspieler präsentieren ihnen eine ständige Work-in-Progress.

Unser Held auf Reisen: Tanz auf dem Tisch

In den vergangenen Monaten hatten sich der Unmut und die Missverständnisse zwischen den Abteilungen in Peters Unternehmen weiter zugespitzt. Immer wieder geriet Peter mit Cathleen, der Abteilungsleiterin aus dem Marketing, aneinander und auch die Vertriebsabteilung übte zunehmend Druck auf das Scrum-Team aus. Angeblich ging alles zu langsam und sei zu intransparent. Peter hingegen war der Meinung, dass Cathleen, nur um es dem Management recht zu machen, jede noch so absurde Idee durchdrücken wollte, ohne vorher deren Sinn und Machbarkeit zu hinterfragen.

Inspiriert von seinem Besuch bei Theklas Improtheaterauftritt, beschließt Peter, die Probleme mal von einer anderen Seite anzugehen.

Für einen abteilungsübergreifenden Teamtag schlägt er vor, eine professionelle Improgruppe in das Unternehmen einzuladen. Tatsächlich lässt sich nach gutem Zureden von Thekla auch Peters Vorgesetzter Frederik auf das Experiment ein. Am Teamtag bekommt jede Abteilung drei Schauspieler an die Seite gestellt und darf die Regie für sie übernehmen. »Wie sieht der Arbeitsalltag aus Sicht eurer Abteilung aus?« Mit dieser Frage schlüpfen alle in die Rolle von Regisseuren und erarbeiten kurze Szenen mit den Schauspielern, die anschließend vorgeführt werden. In der Szene der Vertriebsabteilung wird ein Kollege beispielsweise so lange von Kundenbeschwerden bombardiert, bis der Kunde wahrhaftig schreiend auf seinem Schreibtisch steht. In der nächsten Szene stapelt ein Entwickler mit großer Sorgfalt einen Turm aus Bauklötzen, als plötzlich ein Kollege aus dem Marketing in den Raum stürmt, den untersten Bauklotz wegreißt und sagt, er wolle das ganz jetzt nicht in Rot, sondern in Blau haben.

Die Szenen öffnen allen die Augen für die jeweilige Sicht der anderen, sorgen für Aha-Erlebnisse und lösen anschließend eine konstruktiv geführte Diskussion für Verbesserungsvorschläge aus. Zum Schluss werden abteilungsübergreifende Gruppen gebildet, die erneut die Regie für drei Schauspieler übernehmen. Dieses Mal soll allerdings das Ideal für die Zusammenarbeit zwischen den Abteilungen improvisiert werden.

Noch einige Tage später wird im Unternehmen über den Teamtag gesprochen. Selbst Cathleen drückte Peter unter vier Augen ihre Anerkennung aus. Gerade steht sie mal wieder gestresst auf Peters Matte. »Willst du mir etwa einen Bauklotz aus meinem Turm ziehen?«, fragt Peter. Cathleen lächelt wie ertappt und sagt: »Nein, aber der Kunde auf unserem Schreibtisch will es. Lass uns mal über eine Lösung sprechen.«

Im klassischen Theater wird das Ensemble von einem Regisseur geführt. Im Improtheater werden alle Prozesse gemeinsam gesteuert, entwickelt und verantwortet, ähnlich wie in selbstorganisierten Teams. Das Team steht beim Improtheater im Mittelpunkt. Der Schauspiellehrer Keith Johnstone sagt dazu: »Eure Arbeit war gut, wenn euer Partner gerne mit euch zusammengearbeitet hat.« [Johnstone 2010]

Die Geschichten im Improtheater sind Teamarbeit. Kein einzelner Spieler hätte sie alleine so schreiben können. Ein Spieler macht ein Angebot, der nächste Spieler reagiert darauf, der nächste entwickelt es weiter und ein anderer etabliert etwas ganz Neues dazu. Gute Szenen entstehen dann, wenn die Zusammenarbeit auf der Bühne gut funktioniert. Genauso kann ein Unternehmen nur gute Produkte und Dienstleistungen für seine Kunden liefern, wenn die Mitarbeiter bestmöglich in den Teams zusammenarbeiten.

Im Improtheater spielen gemeinsame Werte und Prinzipien dabei die entscheidende Rolle. Diese werden durch Übungen in jeder Probe aufgegriffen, und der Umgang mit ihnen wird trainiert. Ansonsten könnten die Improspieler keine gemeinsamen Ergebnisse auf der Bühne liefern und das Publikum würde diese Fehltritte bei den Auftritten sofort mit fehlender Resonanz und spärlichem Applaus widerspiegeln.

Oft treffen sich Improgruppen mit fremden Gruppen aus anderen Städten und führen gemeinsam eine Show auf, obwohl sich die Spieler nie zuvor begegnet sind. Genau wie beim Jazz können auch nicht eingespielte Gruppen zusammen auf der Bühne spielen, weil alle mit den gleichen Grundprinzipien arbeiten und die Improspieler darauf vertrauen können, dass auch ein fremder Partner nach diesen Prinzipien spielt.

Demnach können agile Teams vieles aus dem Improtheater übernehmen. Für agiles Arbeiten sowie für Improtheater spielen Werte eine entscheidende Rolle für den Erfolg, denn sie bestimmen unser gemeinsames Handeln, schweißen uns zusammen und fördern in der Auseinandersetzung mit ihnen unser Lernen und unsere Selbstreflexion.

Während in Unternehmen die Werte oft als leere Hülsen in den Hintergrund rücken, werden sie beim Improtheater durch die Proben und das gemeinsame Spiel tagtäglich neu zum Leben erweckt.

2.2.3 Welche Prinzipien gibt es im Improvisationstheater?

»Alle guten Grundsätze sind schon niedergeschrieben worden.
Es bleibt nur, sie in die Tat umzusetzen.«

Blaise Pascal, Mathematiker

Was Sie von Improspieleren lernen können, ist ein sehr praktischer Umgang mit den Grundsätzen, die dem Improtheater zugrunde liegen. Anstatt immer nur über Werte zu reden, leben Improspieler nach ihnen, um die genannten Herausforderungen zu meistern. Gezielte Spiele und Übungen helfen in den Proben, die gemeinsamen Grundsätze zu verinnerlichen und nach ihnen zu handeln.

Schon vor sehr langer Zeit erarbeiteten wir ein Seminarkonzept, das die Goldenen Regeln im Improtheater und ihren Einsatz im Unternehmensalltag behandelt. Folgende Grundsätze aus dem Improtheater definierten wir hier:

- **Scheiter heiter!**
  Fehler machten gehört beim Improtheater dazu. Wenn sie passieren, dann feiere sie, mache weiter und entwickle aus ihnen heraus neue Ideen.
- **Sei offen**
  Mache deinen Kopf frei, stelle dich auf Veränderungen ein und lasse dich auf Neues ein
- **Ja, und …**
  Blockiere die Ideen von anderen nicht. Höre gut zu, lasse dich auf die Ideen anderer ein und entwickle sie weiter.
- **Vertraue**
  Vertraue auf deine Kreativität, auf die Ideen deiner Kollegen und darauf, dass ihr gemeinsam immer eine Lösung findet. Lasse andere immer in einem guten Licht dastehen und hilf ihnen, wenn sie nicht weiterwissen. Im Improtheater wird niemand alleine gelassen.
- **Behalte den Fokus**
  Bleibe stets aufmerksam im Hier und Jetzt. Nimm wahr, was gerade passiert, und reagiere darauf. Bleibe bei einer Handlung, einer Idee und einer Geschichte und spiele diese immer weiter aus.
- **Spiele mit Status**
  Immer, wenn zwei Menschen aufeinandertreffen, entsteht meist unbewusst ein Machtgefälle, d. h., eine Person befindet sich in diesem Moment in einer höheren und eine Person in einer niedrigeren Position. Das Verständnis von Status erleichtert die Darstellung realistischer Situationen auf der Bühne und hilft bei einer Zusammenarbeit auf Augenhöhe sowie beim Auflösen von Konflikten im Team.
- **Erzähle Geschichten**
  Erzähle lebendige und authentische Geschichten, beziehe deine Zuhörer mit ein und wecke Emotionen. Mache dir dabei die Grundbestandteile von guten Geschichten bewusst, z. B. ein Held, ein Ziel und ein Konflikt.
- **Hole dir Feedback**
  Teste neue Ideen oder Konzepte direkt mit deinen Kunden – im Improtheater mit dem Publikum – und beobachte die Reaktionen. Hole dir Inspirationen von deinen Kunden und setze sie um.

Eine unserer Lieblingsübungen für den Einstieg in das Thema »Improtheater in Unternehmen« stammt vom Theaterregisseur und Improspieler Tom Salinsky und sieht folgendermaßen aus [SalinskyFrances-White 2008]:

- **Runde 1**
  Die Übungsteilnehmer zeigen auf Gegenstände im Raum und benennen sie, z.B. »Steckdose!« beim Zeigen auf eine Steckdose, »Kugelschreiber!« beim Zeigen auf einen Kugelschreiber, »Kaffeetasse!« beim Zeigen auf eine Kaffeetasse etc.
- **Runde 2**
  Nun sollen die Teilnehmer wieder auf Gegenstände zeigen, diese aber nach dem Gegenstand benennen, auf den sie zuvor gezeigt haben. Nehmen wir an, vor der Steckdose wurde auf eine Tür gezeigt. Sie sagen »Tür!« beim Zeigen auf die Steckdose, »Steckdose!« beim Zeigen auf den Kugelschreiber, »Kugelschreiber!« beim Zeigen auf die Kaffeetasse etc.
- **Runde 3**
  Wieder zeigen die Teilnehmer auf Gegenstände, sollen aber nun komplett frei entscheiden, wie sie diese benennen. Sie sagen z.B. »Konfetti!« beim Zeigen auf die Steckdose, »Handtuch!« beim Zeigen auf den Kugelschreiber oder »Schokotorte!« beim Zeigen auf die Kaffeetasse.

In der ersten Runde geht es meist laut und lebhaft zu. Die Teilnehmer haben klare Richtlinien von uns bekommen, wie sie sich verhalten sollen. Die zweite Runde ist von stillem Arbeitseifer geprägt, schließlich geht es hier um Konzentration. Erstaunlicherweise ist die dritte Runde oft die ruhigste. Immer wieder entstehen Pausen und der Redefluss im Raum gerät ins Stocken. Dabei ist in dieser Runde alles erlaubt. Rein theoretisch könnten wir die Gegenstände einfach wie in der ersten Runde bei ihrem wahren Namen nennen oder irgendwelche Laute von uns geben. Tatsächlich blockiert aber unser Kopf: Wir wollen extra originell und besonders intelligent sein. Wir fragen uns, ob wir die erste Assoziation im Kopf jetzt wirklich sagen sollen oder lieber nicht.

Viele Leute kennen dieses Gefühl auch aus Meetings: Wir wollen alles richtig machen und uns ja regelkonform verhalten. Improtheater hilft, wieder jenseits von starren Regeln und Verhaltensweisen zu agieren. An erster Stelle geht es beim Improtheater darum, einen dafür sicheren Rahmen im Team zu schaffen. Eine Umwelt, in der alles erlaubt ist, in der die Ideen der anderen willkommen geheißen werden, in der Fehler gefeiert werden und jeder Impuls richtig ist. Hauptsache, es geht weiter. Unter Improspielern ist die dritte Runde die lustigste und lauteste.

2.3 Das Beste aus zwei Welten

»Grundbedingung für das Leben jedes Einzelnen ist und bleibt, dass er selbst versuche sich zu wandeln. Dass er lerne, die Knüppel, welche man ihm vor die Füße wirft, nicht als Hindernisse, sondern als Sprungbretter zu benützen.«

Jean Gebser, Philosoph

Improtheater und agile Zusammenarbeit, Bühne und Großraumbüro – auf den ersten Blick zwei fremde Welten mit nur wenig Berührungspunkten. So fremd sind sich die beiden Welten jedoch gar nicht. Improtheater ist eben nicht nur Spaß und Belustigung. Spätestens ein Blick auf das Mindset und die Grundsätze hinter beiden Fachgebieten lässt zahlreiche Gemeinsamkeiten deutlich werden. Im nächsten Kapitel fassen wir das Beste aus beiden Welten zusammen und vereinen es zu einer neuen Welt. Unser Protagonist Peter trifft auf unsere Wertehelden, lernt die neue Welt kennen und bekommt von ihnen wertvolle Techniken und Übungen aus dem Improtheater für seinen Arbeitsalltag an die Hand. Das Abenteuer unserer Heldenreise kann beginnen.

Wichtig ist, dass die Mitarbeiter den Sinn und Zweck der Übungen nachvollziehen können: Sei es auch nur den Spaß dahinter oder eben den Fokus auf einen bestimmten agilen Wert. In bestimmten Situationen ist der Einsatz von Übungen aus dem Improtheater besonders geeignet und lohnenswert:

- für neue Teams, die schnell zusammenwachsen, zusammenarbeiten und arbeitsfähig werden sollen
- für das Teambuilding generell
- zur Steigerung von Kreativität, Effizienz und Zusammenarbeit in Teams
- als Warm-up und Energizer vor und in Meetings jeglicher Art
- als Einleitung für Retrospektiven, besonders auch, wenn Sie einen thematischen Schwerpunkt auf z.B. einen agilen Wert legen wollen
- als Vorbereitung und Warm-up des Teams vor Präsentationen, Reviews, Pitches etc.
- bei der Definition von Zielgruppen und Personas
- bei der Entwicklung neuer Produkte oder Dienstleistungen
- und natürlich generell bei der praktischen Auseinandersetzung und Diskussion mit und über Werte und Prinzipien in Ihrem Unternehmen

Um mit Improtheater zu starten, braucht es vorab kein Vorwissen, keinen speziellen Workshop und keinen festgelegten Zeitrahmen. Lassen Sie ganz unkompliziert hin und wieder eine Übung in Ihren Arbeitsalltag einfließen, z.B. nach dem Daily Stand-up, in einer Retrospektive oder vor einem thematisch passenden Meeting. Wenn das Team Spaß daran findet, können Sie natürlich in einem Team-Workshop oder einem Teambuilding mit Improübungen tiefer in das Thema eintauchen und detaillierter auf die Hintergründe des Improtheaters eingehen. Einige Teams, die wir als Trainer und Coaches begleiten, etablierten auch einen Nachmittag in der Woche, an dem sich die Mitarbeiter auf freiwilliger Basis regelmäßig für eine Stunde zum Improspielen treffen. Das alles ist allerdings kein Muss. Nutzen Sie Improtheater in dem Maße und in dem Zeitrahmen, wie es zu Ihrem Unternehmen passt.

Immer wieder gibt es einzelne Kollegen oder auch ganz Teams, die bei dem Wort *Improtheater* erst einmal laut aufstöhnen. Einige haben schlechte Erfahrungen mit Rollenspielen gemacht. Andere haben Angst, dass sie sich vor der großen Runde zum Affen machen müssen, oder halten das Ganze einfach für unnötigen Quatsch. Aus diesem Grund möchten wir Ihnen einige Anregungen geben, wie sich die Mitarbeiter am besten auf das Abenteuer Improtheater einlassen:

- Sorgen Sie für eine offene und lockere Atmosphäre im Team. Beginnen Sie erst einmal mit einfachen Spielen, die nicht unbedingt unter der Bezeichnung *Improtheater* laufen müssen. Geeignete Warm-ups und Einstiegsübungen sind in diesem Buch markiert.
- Wenn es dann richtig zur Sache geht, steigen Sie transparent in das Thema ein. Sagen Sie, warum Sie das machen und welche wichtigen Werte für Sie hinter dem Improtheater stehen. Sagen Sie an, dass im Folgenden alles erlaubt ist, Fehler erwünscht sind und dass sich die Teilnehmer in einem geschützten Raum befinden.
- Leiten Sie nur Übungen an, hinter denen Sie selbst stehen und auf die Sie Lust haben. Machen Sie selbst bei den Übungen mit.
- Reflektieren Sie nach jeder Übung gemeinsam, was die Übung mit den Teilnehmern gemacht hat, was beobachtet wurde und was daraus für den Arbeitsalltag mitgenommen werden kann. Erklären Sie, warum Sie diese Übung angeleitet haben. Nach jeder Übung in diesem Buch finden Sie Tipps und Hinweise für die Reflexion.
- **Achtung:** Einfache Warm-ups brauchen keine ausführliche Reflexion. Lassen Sie diese Übungen einfach für sich stehen und wirken; überdiskutieren Sie nicht. Für einige Teammitglieder ist das eher abschreckend.
- Zwingen Sie niemanden. Wenn jemand partout nicht mitmachen möchte, dann darf er oder sie – sofern das für die anderen Teilnehmer in Ordnung ist – erst einmal zuschauen. Sprechen Sie denjenigen oder diejenige im Anschluss auf eventuelle Bedenken oder Ängste an. Ärgern Sie sich auch nicht persönlich über Verweigerer. Je weniger Druck Sie ausüben und je lockerer Sie an die Übungen herangehen, desto größer ist die Chance, am Ende selbst die größten Skeptiker zu überzeugen.

Unser Held auf Reisen: Kleinigkeiten

Peter ist in einer Zwickmühle. In dem Scrum-Team, das er begleitet, herrscht schlechte Stimmung. Product Ownerin Thekla ist genervt, da das Team seine Commitments nicht erreicht und den dritten Sprint in Folge versemmelt. Alle im Team sind deswegen angespannt. Zu viel passiert nebenher, sodass sich das Team nicht auf die Aufgaben im Sprint fokussieren kann. Peters Vorgesetzter Frederik will von Peter wissen, was denn los sei. Peter zögert im Gespräch etwas, da er nicht weiß, wie er es direkt ansprechen soll. Er nimmt all seinen Mut zusammen und antwortet: »Das Team erreicht aktuell seine Ziele nicht, da es durch dich defokussiert wird.« Peter nimmt etwas Argwohn im Blick seines Chefs wahr, erzählt jedoch weiter. »Wir haben im vorherigen Sprint angefangen, die Störungen von außen im Team transparent zu machen. Du führst die Strichliste an.«

Peter lässt das erst einmal wirken und Frederik fragt ungläubig in die Pause: »Ich, wodurch denn?« Peter zählt auf: »Du nimmst Einfluss auf das Team, indem du mehrmals entschieden hast, dass etwas wichtiger sei als die geplanten Aufgaben im Sprint. Zudem hat deine Einflussnahme in dem Team von Björn dazu geführt, dass eine Abhängigkeit zu Theklas Team entstanden ist und Aufgaben nicht abgeschlossen werden konnten.« Frederik erwidert: »Aber das waren doch nur Kleinigkeiten! Ich verstehe nicht, warum das Team so lange dafür braucht.« Und weiter an Peter gerichtet: »Ich denke, ihr arbeitet agil?«

Peter nimmt sich nach dem Gespräch etwas Zeit zur Selbstreflexion. Das Gespräch war im weiteren Verlauf aufgrund der Uneinsichtigkeit seines Vorgesetzten zäh verlaufen. Peter bemerkte an sich, wie er sich im Gespräch mehr und mehr zurückzog. Das macht ihn unglücklich. Jetzt nach dem Gespräch fallen ihm weitere gute Argumente ein, die er hätte anbringen können. Warum ist er bloß nicht gleich darauf gekommen? Peter geht mit der Erkenntnis aus dem Gespräch, dass er an sich arbeiten muss, um für das nächste Mal besser vorbereitet zu sein und um das Vertrauen des Vorgesetzten in die Arbeit der Teams zu stärken.

Die gemeinsame Erfahrung von Improtheater schweißt Teams zusammen. Mit den Übungen lernen sich die Teilnehmer immer besser kennen, was dazu führt, dass sie immer vertrauter und offener zusammenspielen und der Spaßfaktor noch weiter steigt. Offene Konflikte und Spannungen im Team hemmen dagegen das Zusammenspiel. Die Teilnehmer trauen sich nicht, in den Übungen aus sich herauszugehen und Neues auszuprobieren, es fallen abfällige Kommentare und einige Kollegen verweigern sich vielleicht komplett. All das sind Zeichen, dass im Team etwas nicht stimmt.

Improtheater kann Konflikte aufdecken, gelöst werden können diese allerdings nur durch eine offene Ansprache, Gespräche und gemeinsame Diskussionen. Sollten Sie bereits von stärkeren Schwierigkeiten im Team oder im ganzen Unternehmen wissen, dann versuchen Sie diese im Vorfeld zu bearbeiten. Ansonsten sind die Mitarbeiter nicht offen für das Abenteuer Improtheater.

Argumente für den Einsatz von Improtheater im Unternehmen

Skeptischen Führungskräften oder Mitarbeitern können Sie mit diesen Argumenten begegnen und sie zum Experimentieren einladen:

1. Die agilen Werte entsprechen den Prinzipien hinter dem Improtheater. Vorteil: Im Improtheater werden diese Prinzipien erlebbar und regelmäßig praktisch geübt. Davon können Mitarbeiter in Unternehmen profitieren. Die Mitarbeiter erfahren unmittelbar und beispielhaft, was es bedeutet, mutig zu sein, anderen zu vertrauen, neue Wege zu gehen oder offen zu kommunizieren.
2. Agile Methoden funktionieren nur mit einem entsprechenden Mindset der Mitarbeiter. Dieses entwickelt und festigt sich mithilfe von Übungen aus dem Improtheater.
3. Improtheater fördert nebenbei die allgemeine Kreativität, Schlagfertigkeit, Präsenz und Kommunikationsfähigkeit der Mitarbeiter. Im Unternehmensalltag müssen wir neue Ideen entwickeln, miteinander kommunizieren und uns selbst innerhalb der vorgegebenen Strukturen organisieren. Genau wie auf der Bühne!
4. Improtheater macht Spaß, weckt Emotionen und stärkt den Zusammenhalt.
5. Improtheater trainiert den Umgang mit dem Ungewissen. Der geschützte und spielerische Rahmen motiviert dazu, Neues auszuprobieren und vorhandene Ängste zu überwinden.
6. Übungen aus dem Improtheater können überall auf einfache Weise einfließen. Als Warm-ups nehmen sie wenig Raum ein und sind eine wunderbare Auflockerung im Arbeitsalltag.
7. Probieren Sie es einfach aus!

Die Auseinandersetzung mit den agilen Werten und Prinzipien sowie Übungen aus dem Improtheater stärken das agile Mindset Ihrer Mitarbeiter. Abschließend für dieses Kapitel folgen hier einige Tipps, wie Ihnen Improtheater noch dabei helfen kann, den Prozess hin zu einer agilen Teamkultur in Ihrem Unternehmen zu begleiten:

- **Heißen Sie Neues willkommen**
  Versuchen Sie aktiv, Improtheater in Ihren Arbeitsalltag einfließen zu lassen. Probieren Sie es selbst aus und laden Sie andere dazu ein, es auszuprobieren. Denke Sie daran: Wenn es einmal nicht so funktioniert, wie Sie sich es vorgestellt haben, haben Sie trotzdem etwas Neues erfahren.

- **Lernen Sie kontinuierlich**
  Rückschläge passieren immer wieder. Wenn Sie sich damit im Sinne der ständigen Verbesserung auseinandersetzen, lernen Sie damit umzugehen. Denken Sie nicht an die anderen, sondern daran, was Sie noch tun können, um Ihr Wunschziel zu erreichen. Übungen aus dem Improtheater regen dazu an, zu scheitern und sich durch Wiederholungen ständig zu verbessern. Improtheater ist niemals perfekt oder fertig. Es ist ein ständiger Entstehungs- und Lernprozess.
- **Machen Sie kleine Schritte**
  Führen Sie sich und Ihre Kollegen langsam an eine agile Teamkultur heran. Kombinieren Sie Übungen aus dem Improtheater mit aktuellen Situationen aus dem Arbeitsleben. Verzweifeln Sie nicht daran, dass jeder Mensch seine eigene Geschwindigkeit hat, auf Veränderung zu reagieren.
- **Agieren Sie SMART**
  Leben Sie vor und zeigen Sie Ihre Stärke (S) durch das Zulassen von Schwäche. Lachen Sie über eigene Fehler. Sorgen Sie für Ihre Motivation (M) und die der anderen. Animieren (A) Sie dazu, Schritte aus der Komfortzone zu gehen. Setzen Sie sich und anderen realistische (R) Ziele. Bleiben Sie sich treu (T) und verbiegen Sie sich nicht. Versuchen Sie auch nicht, andere zu verbiegen. Mit Übungen aus dem Improtheater können Sie all dies spielerisch ausprobieren.
- **Herausforderung »Ja, und?«**
  Seien Sie offen für Herausforderungen und leben Sie das »Ja, und«-Prinzip aus dem Improtheater vor. Der nächste Fehler ist ein weiterer Baustein, um dem gesteckten Ziel näher zu kommen.
- **Heben Sie richtiges Verhalten hervor**
  Improtheater motiviert zu verändertem Verhalten. Stellen Sie bewusst lobend heraus, wenn sich Ihr Team auf dieses Experiment einlässt. Ignorieren Sie es nicht, wenn jemand entgegen vereinbarter Werte und Prinzipien agiert, und sprechen Sie es offen an.
- **Lassen Sie Erfolge nicht vorbeiziehen**
  Die kleinen Schritte, die Sie machen, ziehen Misserfolg und Erfolg mit sich. Feiern Sie beides. So wie Improspieler jeden Auftritt feiern, so feiern Sie auch alle Übungen – die erfolgreichen und die misslungenen. Übertragen Sie diese Denkweise auf den Arbeitsalltag und zeigen Sie Wertschätzung.
- **Fragen Sie nach**
  Nutzen Sie jede Gelegenheit, um eine Einschätzung zu erhalten, wo das Team oder Einzelne stehen.

3 Das Abenteuer beginnt

»Werte können nicht installiert werden,
sie können nur gefunden werden –
und zwar nicht mittels intellektueller Überlegungen,
sondern indem sie gefühlt werden.«

Alfried Längle, Psychotherapeut

In diesem Kapitel haben wir für die von uns ausgewählten und wichtigen Werte *Mut*, *Offenheit*, *Selbstverpflichtung (Commitment)*, *Vertrauen*, *Fokus*, *Respekt*, *Kommunikation* und *Feedback* Übungen aus dem Improtheater ausgesucht, die Sie in unterschiedlichen Anwendungsfällen in Ihren Arbeitsalltag mit Teams oder in Workshops integrieren können. In Anlehnung an die in Abschnitt 2.1 vorgestellten Werte haben wir Ihnen in Tabelle 3–1 die Werte noch einmal mit einer Definition und einer Formulierung für ein Prinzip aufgeführt (siehe Scrum-Werte-Definitionen [URL: Scrum Werte 2016]).

Wert	Definition	Beispielprinzip	Unsere Botschaft
Mut (Scrum)	Die Mitglieder des Scrum-Teams haben den Mut, das Richtige zu tun und an schwierigen Problemen zu arbeiten.	Wir übernehmen die Verantwortung für die Entscheidungen, die wir treffen oder nicht treffen, für die Maßnahmen, die wir ergreifen oder nicht ergreifen, und für die daraus resultierenden Konsequenzen.	Sei mutig und scheiter heiter.
Offenheit (Scrum)	Das Scrum-Team und seine Stakeholder sind sich einig, dass sie offen für alle Herausforderungen bei der Ausführung der Arbeiten sind.	Wir sind bestrebt, die Wahrheit zu verstehen und Transparenz in unseren Mitteilungen und Entscheidungen zu demonstrieren. Wir machen Selbstverpflichtungen und Versprechen in gutem Glauben.	Sei offen und spontan.
Commitment (Scrum)	Die Menschen setzen sich persönlich dafür ein, die Ziele des Scrum-Teams zu erreichen.	Unser Commitment ist unsere Bereitschaft, uns einem Ziel zu widmen und unser Bestes zu geben, um dieses Ziel zu erreichen.	Sei selbstverpflichtend und sage: »Ja, und«
Vertrauen	Vertrauen ist die Bereitschaft und Überzeugung, dass jeder sein Bestes gibt und positiv im Sinne des Unternehmens/Teams handelt.	Wir schenken uns gegenseitiges Vertrauen, indem wir ehrlich und offen miteinander umgehen.	Sei vertrauenswürdig und vertrauensvoll.

→

Wert	Definition	Beispielprinzip	Unsere Botschaft
Fokus (Scrum)	Jeder im Team konzentriert sich auf die Arbeit des Sprints und die Ziele des Scrum-Teams.	Wir konzentrieren alle unsere Anstrengungen und Fähigkeiten, um unser Ziel zu erreichen und uns um nichts anderes zu kümmern als um die Aufgaben, zu denen wir uns verpflichtet (committed) haben.	Sei fokussiert und folge dem Geschehen.
Respekt (Scrum)	Die Mitglieder des Scrum-Teams respektieren sich gegenseitig als fähige und unabhängige Personen.	Individuen werden durch ihren Hintergrund und ihre Erfahrungen geprägt. Es ist wichtig, die verschiedenen Menschen in unserem Team zu respektieren. Wir hören anderen Standpunkten zu und versuchen, diese zu verstehen.	Sei respektvoll und experimentiere mit dem Status.
Kommunikation	Kommunikation innerhalb eines Teams zielt auf den Austausch von Informationen. Sie sollte wertschätzend und lösungsorientiert sein.	Die effizienteste und effektivste Methode, um Informationen an unser Team und innerhalb unseres Teams zu übermitteln, ist durch ein persönliches Gespräch.	Sei kommunikativ und erzähle Geschichten.
Feedback	Teammitglieder geben sich laufend untereinander Feedback mit dem Ziel, Veränderungen und Verbesserungen in der Zusammenarbeit zu erreichen.	Wir geben und erhalten konstruktives Feedback, um Missverständnisse zu vermeiden und unsere Kommunikation zu verbessern. Feedback ermöglicht es, uns besser zu verstehen und unser Verhalten zu überprüfen oder zu ändern.	Gib Feedback und hole dir Feedback.

Tab. 3–1 *Werteübersicht*

3.1 Sei mutig und scheiter heiter

»Wenn ich mein Leben noch mal leben könnte,
würde ich die gleichen Fehler machen.
Aber ein bisschen früher, damit ich noch mehr davon habe.«

Marlene Dietrich, Schauspielerin

Unser Held auf Reisen: Verrückter Traum

Morgens in der Küche klopft Thekla Peter grinsend auf die Schulter. Denn er sieht ziemlich verschlafen aus. Peter war nach einem feucht-fröhlichen Abend mit Freunden nach einigen Gläsern Chianti zufrieden und schnell eingeschlafen. Jetzt sagt er: »Du wirst es nicht glauben, ich hatte einen spannenden Traum!« Auf einmal sieht er hellwach aus. »Es fing mit der Cornflakes-Fabrik an. Du weißt schon, die Improshow, in der du mitgespielt hast.«

Thekla nickt zustimmend und Peter fährt fort: »Plötzlich war Cathleen auch dort und verfolgte mich mit der Konfettikanone. Ich lief vor ihr weg, aber sie blieb dicht hinter mir mit einem zähnefletschenden breiten Grinsen, das mir ziemliches Unbehagen bereitete.«

Thekla grinst und Peter erweckt die Geschichte vor seinem inneren Auge weiter zum Leben: »Ich lief über Hochhäuser und sprang aus Verzweiflung von Haus zu Haus, bis sich auf einmal eine so weite Lücke auftat, dass ich in den Abgrund fiel. Im Fallen sah ich noch die Konfettiexplosionen von den Salven, die Cathleen auf mich abfeuerte, und dachte bei mir: Das war's. Doch dann wurde es richtig verrückt: Ich landete auf dem Rücken eines Superhelden!«

Thekla und Peter sehen sich für einen Moment an und lachen dann beide laut los. Peter sagt mit feuchten Augen: »Nein, warte. Es geht noch weiter! Wir flogen dann an einigen Häuserblocks vorbei, links und rechts, hoch und runter, schneller und schneller, bis wir in einem dunklen Hinterhof landeten. Als ich adrenalindurchtränkt vom Rücken des Superhelden abstieg, schaute ich ihn mir erst mal genauer an. Gar nicht groß, eher kindlich, aber gut gebaut mit vielen Muskeln und einem roten Umhang.«

»Und dann?«, fragt Thekla gespannt.

»Dann stellte ich mich vor und fragte ihn, ob er ein Superheld sei«, sagt Peter und fügt hinzu: »Sieht man das nicht? Ich bin MUT.«

Thekla ist sich nicht sicher, ob sie ihn richtig verstanden hat: »So wie mutig sein?«

»Genau! Wir kamen ins Gespräch und MUT fragte mich, wovor ich denn eigentlich weglief. Im Grunde war die Antwort erst einmal absurd. Cathleen, ihre Konfettikanone und so weiter. Aber eigentlich hatte er ja recht!« Peter hält inne und sieht Thekla an. »Ich frage mich selber, wovor ich eigentlich weglaufe!« gesteht er.

Mut ist, wenn man …

… an sich selbst glaubt,
… sich Dinge zutraut und seinen inneren Schweinehund überwinden kann,
… etwas sagt und es dann auch vertritt,
… seine eigenen Grenzen überwindet oder
… sich überwindet, etwas zu tun, was man sich eigentlich nicht zugetraut hätte.

Diese Statements zu Mut haben wir in persönlichen Gesprächen erhalten. Sie werden Ihre ganz eigene Definition von Mut haben.

Mut benötigt Entschlusskraft. Daneben gibt es aber noch weitere Faktoren, die mutig sein positiv beeinflussen. Selbstbestätigung, wenn man etwas Mutiges getan hat und den Erfolg erkennt, ist zum Beispiel eine Ermutigung, wiederholt etwas Mutiges zu tun. Die Bestätigung durch Dritte (durch Feedback) in stressigen Situationen, wie beim Ausprobieren von neuen Dingen oder Präsentationen vor Großgruppen, macht mutiger und bestärkt Menschen darin, mutiger zu sein.

Alexander Schulz, One Inch Dreams

Alexander Schulz ist Profi-Slackliner und hält mehrere Weltrekorde. Unter anderem balancierte er in 247 m Höhe über Mexiko-Stadt oder über ein Seil von 674 m Länge über den Wanfo Lake in China.

Mut bedeutet für mich, sich seinen Ängsten zu stellen – also etwas trotzdem zu machen, obwohl man davor Angst hat. Ich erinnere mich noch genau an meine erste Highline. Mein Herz schlug so schnell und die Slackline wackelte durch meine Anspannung so sehr, dass ich mich beim Laufen an einem Stock vom Boden aus festhalten musste. Ein Jahr später lief ich dann die längste Highline der Welt. Die Angst ist natürlich irrational, denn ich bin ja mit einem Seil gesichert. Trotzdem hat es mehr als drei Jahre gedauert, bis ich mich an den freien Fall und den damit einhergehenden Kontrollverlust gewöhnt hatte.

Geholfen hat, mir das schlimmste Szenario vorzustellen, das realistisch passieren kann: Ich falle zwei Meter ins Sicherungsseil und es wird halten, weil ich es zusammen mit meinen Freunden vorher doppelt und dreimal überprüft habe. Vor dem Loslaufen atme ich tief durch und sage mir innerlich immer wieder das Mantra: »Alles ist sicher, entspanne dich«. Mit jeder erfolgreichen Slackline wuchs auch das Vertrauen in meine Fähigkeiten und damit mein Mut. Meine Motivation und meinen Mut nehme ich zusätzlich aus hoch gesteckten Zielen: Ich möchte eine bestimmte Highline unbedingt durchlaufen oder einen neuen Weltrekord holen.

→

Meine Strategien für mehr Mut:

- **Ich suche mir Partner, denen ich vertraue oder lerne zu vertrauen.**
  Ich gebe Kontrolle ab und nehme Hilfe an.
- **Ich stelle mich meinen Ängsten bewusst.**
  Wovor habe ich Angst? Wie realistisch ist dieses Szenario? Wie kann ich es vermeiden bzw. das Risiko minimieren?
- ***Übung und Wiederholungen sind essenziell.***
- **Change of perspective**
  Ich atme tief durch und nehme innerlich Abstand von der schwierigen Situation. Durch einen freien Kopf habe ich wieder eine andere Sicht auf die Dinge und gewinne neue Zuversicht.
- **Und wenn ich mal scheitere**
  So wie mich das Sicherungsseil an der Slackline auffängt, so gibt es auch sonst im Leben ein soziales Netz, das uns auffängt, wenn wir einmal straucheln.

Im Kontext eines Teams oder von Mitarbeiterführung kann Mut gedeihen, wenn es Menschen gibt, die hinter einem stehen. Mut, als einer von fünf Scrum-Werten, zielt vor allem darauf ab, dass ein autonom agierendes Team jederzeit das Recht hat zu sagen, was für den Projektfortschritt von Belang ist und es weiterbringt. Der Scrum Master hat den Mut, Blockaden aus dem Weg zu räumen und auf die Einhaltung von Scrum zu pochen. Das Team darf ausprobieren und sollte damit verbunden auch keine Angst vor dem Scheitern haben. Ein Product Owner darf zu seinen Stakeholdern gerne auch einmal »Nein!« sagen, ohne dabei Angst haben zu müssen, sich den Mund zu verbrennen.

Ohne Skript, festen Text und gesetzte Rolle eine Bühne betreten – dazu gehört ebenfalls eine große Portion Mut. Je kleiner das eigene Risiko ist, desto größer wird die Bereitschaft, diesen Mut aufzubringen. Das Risiko zu scheitern ist beim Improtheater groß. Es ist schlichtweg unvermeidbar, denn auch Improspieler haben mal keine Idee, wissen nicht weiter, verlieren den Faden und haben nicht richtig zugehört.

Und gerade weil Scheitern zum Improtheater dazugehört, üben sich Improspieler ganz besonders im Umgang damit. Eines der wichtigsten Prinzipien lautet »Scheiter heiter«. Wenn ein Fehler passiert, dann geht das Geschehen auf der Bühne einfach weiter: Entweder man lacht über sich selbst oder bezieht den Fehler mit ins Spiel ein und das Publikum lacht mit. Oder ein Mitspieler hilft aus der Patsche und im Idealfall wird aus einem anfänglichen Fehler am Ende eine neue, geniale Idee. Wichtig ist, dass sich die Improspieler jederzeit auf ihre Mitspieler verlassen können. Es wird nie ein Schuldiger gesucht. Stattdessen wird jede Entscheidung zusammen im Team getragen und als Inspiration für die Geschichte genutzt.

Mein Gott Walter

In einer Improaufführung fällt dauernd der Name *Walter*. Immer wieder, wenn eine neue Figur die Bühne betritt, haben die Spieler keine zündende Idee und plötzlich rutscht schon wieder der gleiche Name raus: »Hallo, ich bin Walter.« Am Ende heißen der Hausherr, der Gärtner, sein Bruder und sogar sein Hund Walter. Das Publikum brüllt vor Lachen über das heitere Scheitern der Schauspieler. Letztendlich führt das Namenschaos zu einer ebenso abstrusen wie spannenden Verwechslungsstory, die es ohne die Walters nie gegeben hätte.

Im Grunde genommen gibt es gar keine Fehler im eigentlichen Sinne, sondern nur unvermeidbare und unvorhersehbare Situationen, mit denen gemeinsam umgegangen und gearbeitet wird. Solange die Schauspieler im Spiel bleiben, gibt es kein Richtig und Falsch. Somit kann also auch das eigene Risiko auf der Bühne als gering eingestuft werden. Denn mit Sicherheit wird man nicht ausgelacht, niemand zeigt mit dem Finger auf einen und man ist auch nie alleine dafür verantwortlich, einen Fehler wieder auszubügeln. Eine gute Voraussetzung für Mut. Der Improexperte Keith Johnstone empfiehlt darüber hinaus, sich selbst nicht unter Druck zu setzen:

> *»Versuche nicht, originell zu sein. Sei einfach durchschnittlich! Das nimmt die Angst und den Stress. Jeder kann über ein Brett laufen, aber würde das Brett über einem tiefen Abgrund liegen, würde sich kaum einer trauen.«*
> [Johnstone 2010]

Das bekannte amerikanische Improunternehmen *The Second City* gibt sechs Tipps für erfolgreiches Scheitern [LeonardYorton 2015]:

1. **Scheitere öffentlich**
   Überprüfe neue Ideen früh vor einem Publikum. So können sie gemeinsam mit diesem verbessert und weiterentwickelt werden. In der Öffentlichkeit stellt sich besonders gut heraus, ob eine Idee tatsächlich funktioniert.
2. **Scheitere zusammen**
   Wenn du merkst, dass ein Teammitglied gerade scheitert, dann springe ein, hilf und entwickle zusammen mit ihm neue Ideen. Zusammen zu scheitern ist die Basis für einen gemeinsamen Erfolg.
3. **Scheitere schnell**
   Bemerke Fehler schnell, lasse sie hinter dir und mache weiter.

4. **Scheitere urteilsfrei**
   Beurteile Fehler nicht und suche nicht nach Schuldigen. Urteilsfreies Scheitern ist die Grundlage für eine gute Fehlerkultur.
5. **Scheitere selbstsicher**
   Verliere beim Scheitern nicht dein Selbstvertrauen. Denke immer daran, dass gerade Fehler zu innovativen Ideen und damit zum Erfolg führen können.
6. **Scheitere schrittweise**
   Neue Ideen entstehen Schritt für Schritt. Überprüfe sie immer wieder, entwickle sie weiter, scheitere wieder und lasse jedes Teammitglied einen Anteil daran haben.

Diese Ratschläge lassen sich ohne Zweifel auf das agile Arbeiten übertragen. Eine positive und konstruktive Fehlerkultur ermutigt die Mitarbeiter und fördert den Unternehmenserfolg. Viele Unternehmen leben noch immer in einer Erfolgs- und Leistungsgesellschaft, in der Scheitern nur ungern gesehen wird. Fehler werden teilweise verschwiegen, vertuscht, gerechtfertigt oder sogar sanktioniert; sei es durch soziale Ausgrenzung oder sogar durch eine Kündigung. Die Folge: Mitarbeiter arbeiten zurückhaltend und übervorsichtig, eigene Ideen werden nicht ausgesprochen, es wird nichts Neues ausprobiert und die Motivation und das Engagement sinken. Oft entstehen Katastrophen erst durch den falschen oder fehlenden Umgang mit Fehlern und nicht durch diese selbst.

Laut einer Studie von Prof. Dr. phil. Michael Frese von der Leuphana Universität Lüneburg belegte Deutschland im Vergleich mit 61 Ländern den 60. Platz für seine Fehlerkultur [FreseKeith 2015]. Nur Singapur schnitt schlechter ab.

Ein Blick ins Silicon Valley genügt, um zu verstehen, dass es ohne Fehler auch keine Innovationen gäbe. Unternehmensgründer Max Levchin scheiterte mit vier Unternehmen, bevor er PayPal gründete.

»Wenn du es nicht aushalten kannst zu scheitern, wenn du es zu unbequem oder verstörend findest, dann solltest du besser nicht Neues ausprobieren«, sagt der Gründer und Chef von Amazon, Jeff Bezos.

Manchmal wird sogar der Fehler selbst zur Innovation. So versetzte der Wissenschaftler Alexander Fleming vor seinem Urlaub eine Probe mit Bakterien und vergaß, sie wegzuräumen. Durch seine Nachlässigkeit wuchs ein großer Schimmelpilz, der überraschenderweise die Bakterien tötete und die Grundlage für die Erfindung von Penicillin legte.

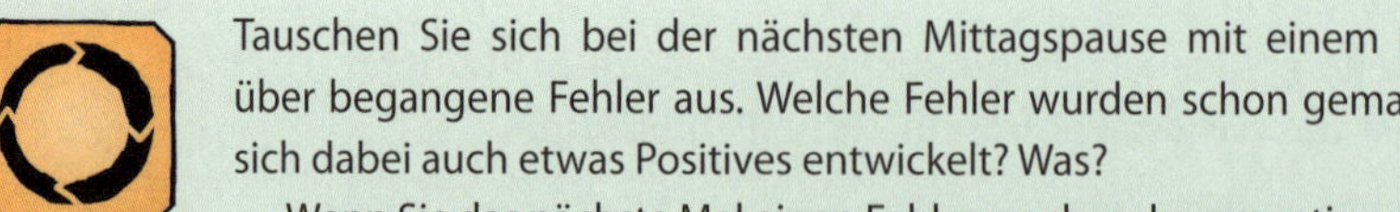

Tauschen Sie sich bei der nächsten Mittagspause mit einem Kollegen über begangene Fehler aus. Welche Fehler wurden schon gemacht? Hat sich dabei auch etwas Positives entwickelt? Was?

Wenn Sie das nächste Mal einen Fehler machen, kommentieren Sie diesen öffentlich, auch wenn er noch so klein und belanglos ist, z.B. wenn Sie in der Büroküche den falschen Knopf an der Kaffeemaschine gedrückt haben. So verpassen Sie auch nicht die Chance, im Anschluss darüber zu lachen.

Durch frühe und kontinuierliche Auslieferungen an den Kunden sowie durch frühzeitiges Testen werden Fehler schnell entdeckt und das Produkt kann Schritt für Schritt gemeinsam weiterentwickelt werden. Agile Teams treffen Entscheidungen gemeinsam, scheitern gemeinsam und lernen gemeinsam aus ihren Fehlern. Aus einer Schuld- wird so eine Lernkultur: Fehler werden zusammen erkannt und analysiert, Optionen werden erkannt und neue Potenziale genutzt. Oft liegen Fehler nicht an Menschen, sondern am System, z.B. an mangelnder Kommunikation oder an fehlerhaften Prozessen. Und gerade da gibt es reichlich Verbesserungspotenzial. Es muss nur erkannt werden. Wir als Autoren plädieren deshalb für mehr Mut: Mut zu experimentieren, neue Wege zu gehen, offen zu kommunizieren und Fehler willkommen zu heißen.

Eine öffentliche Bühne ohne das Wissen zu betreten, was einen dort genau erwartet, erfordert also Mut: Mut, sich auf Neues einzulassen, auf seine Mitspieler zu vertrauen und zu scheitern. Wir haben in diesem Kapitel deshalb einerseits Übungen aus dem Improtheater zusammengestellt, die tatsächlich in erster Linie Mut erfordern, weil sie neues und alternatives Verhalten der Mitarbeiter herausfordern und diese aus ihrer Komfortzone herauslocken. Andererseits legen wir einen Fokus auf Übungen, in denen das Machen von Fehlern unvermeidbar ist und gefeiert wird. Die Mitarbeiter erfahren das Prinzip »Scheiter heiter« am eigenen Leib. Das Ziel: Gemeinsam scheitern, einfach weitermachen und Spaß haben.

Seien Sie in einer Woche jeden Tag mindestens einmal mutig. Probieren Sie z.B. etwas Neues aus, was Sie noch nie getan haben. Rufen Sie vielleicht sogar im ganzen Team die Woche des Mutes aus und reflektieren Sie am Ende der Woche über die Erfahrungen, die jeder Einzelne gemacht hat. Gehen Sie mit gutem Beispiel voran und zeigen Sie Anerkennung durch Klatschen oder ein individuelles Ritual, wie den gemeinsamen Ausruf »Das ist Mut!«.

3.1.1 Applaus, Applaus!

Teilnehmer	5–15	**Schwierigkeit**	leicht
Dauer	ca. 10 min	**Energielevel**	hoch
Teamstatus	für jeden Teamstatus	**Setup**	große freie Fläche benötigt

Ziel

Im Mittelpunkt stehen, sich präsentieren, sich öffnen, Wertschätzung erhalten

Anleitung

In die Mitte des Raumes wird ein leerer Stuhl gestellt. Alle Teilnehmer laufen kreuz und quer durch den Raum und um den Stuhl herum. Zu jeder Zeit darf sich irgendein Teilnehmer auf den Stuhl stellen. Die anderen Teilnehmer bleiben dann stehen und applaudieren laut. Der Teilnehmer auf dem Stuhl genießt den anhaltenden Applaus, bis er wieder vom Stuhl steigt. Alle laufen weiter, bis der nächste Teilnehmer den Stuhl betritt. Jeder im Raum sollte einmal auf den Stuhl gestiegen sein.

Variationen

- Je nach Fitness der Gruppe kann statt dem Stuhl auch z.B. eine Markierung auf den Boden gemalt werden.
- Teilnehmer können auch dazu aufgefordert werden, eine öffnende Pose einzunehmen, beispielsweise wie ein Superheld mit ausgestreckter Brust, erhobenem Kinn und die Hände in die Hüften gestemmt.

Debriefing

- Holen Sie unterschiedliche Meinungen ein: Wie war es, auf dem Stuhl zu stehen? Wer hat das Gefühl genossen? Hat es einige Überwindung gekostet, den Stuhl zu betreten? Warum?
- Oft haben wir als Trainer schon eine Vermutung, wer von den Teilnehmern als Erster auf den Stuhl steigt (extrovertiert, häufiger männlich) und wer länger zögert (zurückhaltend, schüchtern, häufiger weiblich). Wie ist es in der aktuellen Gruppe? Warum ist das so? Was sagt das über die Rollen im Team aus?
- Wie viel Überwindung/Mut hat jeder auf einer Skala von 1 bis 10 benötigt? (Lassen Sie evtl. die Teilnehmer sich entsprechend im Raum aufstellen.)

- Schätzt sich das Team im Arbeitsalltag genügend wert, applaudiert es auch mal sich selbst? Wird einzelnen Kollegen gegenüber genug Wertschätzung im Team entgegengebracht? So, wie in dieser Übung eine Person einfach ohne einen bestimmten Grund gefeiert wird, bezeichnet Wertschätzung die positive Bewertung eines anderen Menschen unabhängig von seiner Arbeit, seinen Taten oder seinen Erfolgen.

Einsatzmöglichkeiten

- Zu Beginn einer Retrospektive
- Als Einstieg in Workshops zum Thema *Präsenz* oder *Präsentationstechniken*
- Als Einleitung in das Thema *Rollenverteilung und -verhalten* in eingespielten Teams, z.B. auch, um vorhandene Muster bewusst zu machen und zu brechen (Wer betritt als Erster den Stuhl? Wer als Letzter? Warum ist das so?)

Sagen Sie vorher an, dass die Teilnehmer den Stuhl eigenständig wieder verlassen sollen. Spieler mit hohem Selbstbewusstsein bleiben gerne mal sehr lange stehen und verunsichern damit diejenigen, für die es etwas Überwindung braucht. Ermutigen Sie dagegen besonders schüchterne Teilnehmer, den Applaus eine Weile auszuhalten und zu genießen.

3.1.2 Whiskymixer

	Teilnehmer	5–15	**Schwierigkeit**	leicht
	Dauer	5–10 min	**Energielevel**	mittel
	Teamstatus	für jeden Teamstatus	**Setup**	stehend (ggf. sitzend) im Kreis
Video	agile-werte-leben.de/uebungen/mut/whiskymixer			

Ziel

Gemeinsam Spaß haben, Fehler machen, Konzentration üben

Anleitung

Alle Teilnehmer stehen im Kreis (Sitzkreis an Tischen auch möglich). Eine Person beginnt, dreht den Kopf zum Teilnehmer links neben ihm und sagt: »Whiskymixer!« Der Impuls wird nacheinander im Uhrzeigersinn weitergegeben, d.h., dieser Teilnehmer dreht ebenfalls den Kopf nach links und sagt »Whiskymixer!«. Der Impuls geht so lange im Kreis weiter, bis jemand den Kopf nicht weiterdreht und stattdessen »Messwechsel!« sagt. Nun wechselt die Kreisrichtung gegen den Uhrzeigersinn und der Impuls geht zurück an die Person zuvor. Diese sagt nun allerdings »Wachsmaske!« zum Teilnehmer rechts neben ihr. Statt dem »Whiskymixer!« läuft also nun eine »Wachsmaske!« durch alle Teilnehmer so lange gegen den Uhrzeigersinn, bis wieder jemand »Messwechsel!« sagt und damit wieder den »Whiskymixer!« in die andere Richtung schickt.

Variationen

Wer lacht, muss eine Runde außen um den Kreis herumlaufen (siehe Video zu Übung 3.1.4, »El Figeliano«).

Debriefing

Die Übung braucht in der Regel kein großes Debriefing. Fragen Sie die Teilnehmer gerne im Anschluss, wie es ihnen bei der Übung ergangen ist und was sie beobachtet haben. Durch die Zungenbrecher sind Fehler und heiteres Scheitern vorprogrammiert.

Einsatzmöglichkeiten

Als Warm-up jederzeit, auch ohne thematischen Bezug (Planning, Retro etc.)

3.1.3 Big Booty

	Teilnehmer	5–10	**Schwierigkeit**	leicht
	Dauer	10 min	**Energielevel**	mittel bis hoch
	Teamstatus	für jeden Teamstatus	**Setup**	stehend im Halbkreis
Video	agile-werte-leben.de/uebungen/mut/big-booty			

Ziel

Gemeinsam Spaß haben, Fehler machen, gemeinsames Rhythmusgefühl, Konzentration

Anleitung

Alle Teilnehmer stehen in einem Halbkreis. Die Person an erster Stelle rechts ist Big Booty, alle anderen Teilnehmer erhalten nacheinander eine Nummer von 1 aufsteigend. Zuerst finden alle einen gemeinsamen, langsamen Klatschrhythmus. Ist dieser gefunden, beginnt Big Booty im Rhythmus des Klatschens zu sprechen und nennt seinen eigenen Namen und eine beliebige Nummer, z.B.: »Big Booty, Nummer 4.«

Nun ist der Teilnehmer mit der Nummer 4 an der Reihe. Im Rhythmus und ohne Unterbrechung wiederholt er seine Nummer und nennt eine andere beliebige Nummer, z.B.: »Nummer 4, Nummer 2.« Nummer 2 macht weiter: »Nummer 2, Nummer 8.« Auch Big Booty darf wieder genannt werden und wird genau wie die anderen Nummern behandelt.

Macht jemand einen Fehler oder kommt er aus dem Rhythmus, dann ruft die ganze Gruppe gemeinsam im Chor: »Ooohh shit, Big Booty, Big Booty, Big Booty!«

Derjenige, der den Fehler gemacht hat, muss sich nun ganz hinten in der Reihe anstellen, und das Spiel beginnt neu. Achtung: Dadurch rücken andere Teilnehmer in der Reihenfolge auf und erhalten eine neue Nummer. Ziel ist es, irgendwann so weit vorzurücken, dass man selbst Big Booty ist. Wenn Big Booty einen Fehler macht, muss er sich ebenfalls wieder hinten einreihen.

Debriefing

In der Regel kann die Übung gut für sich alleine stehen. Mögliche Fragen:

- Wie hat euch die Übung gefallen? Was habt ihr beobachtet?
- Wie habt ihr euch gefühlt, wenn ihr einen Fehler gemacht habt?
- Wie war es, Big Booty zu sein?

Einsatzmöglichkeiten

- Als Warm-up jederzeit, auch ohne thematischen Bezug (Planning, Retrospektive etc.)
- Als Warm-up vor einer konzentrierten Gruppenarbeit bzw. Teamarbeit

Bei ungeübten Gruppen braucht es oft ein wenig Zeit, bis der richtige Rhythmus gefunden wird. Probieren Sie sich erst einmal ein wenig mit den Teilnehmern aus, bevor es ernst wird (»Ooohh Shit!«). Je öfter die Übung gemacht wird, desto mehr Tempo ist möglich und desto mehr Spaß entwickelt die Gruppe. Nehmen Sie die Übung also gerne eine Zeitlang als regelmäßiges Warm-up für Ihr Team auf.

3.1.4 El Figeliano

	Teilnehmer	5–15	Schwierigkeit	leicht
	Dauer	10 min	Energielevel	mittel
	Teamstatus	für jeden Teamstatus	Setup	stehend (ggf. sitzend) im Kreis
Video	agile-werte-leben.de/uebungen/mut/el-figeliano			

Ziel

Gemeinsam Spaß haben, Fehler machen, Konzentration üben

Anleitung

Alle Teilnehmer stehen im Kreis (gegebenenfalls können die Teilnehmer auch an Tischen sitzen, das ist aber weniger empfehlenswert). Ein Teilnehmer beginnt, dreht seinen Kopf nach rechts und sagt »Zoom!« zur Person neben ihm. Diese Person gibt das Zoom weiter, indem sie ebenfalls ihren Kopf zur Person rechts daneben dreht und »Zoom!« ruft. Üben Sie einen Moment, das Zoom im Kreis gegen den Uhrzeigersinn möglichst schnell und im regelmäßigen Rhythmus herumzuschicken. Achtung: Die Kopfbewegung ist wichtig für das Spiel!

Als Nächstes wird ein »Bam!« eingeführt. Wann immer ein Teilnehmer »Bam!« ruft, blockiert er damit das Zoom und schickt es in die andere Richtung. Er dreht dabei den Kopf zu der Person, die ihm das Zoom geschickt hat, und gibt es damit an sie zurück und der Impuls läuft weiter in die andere Richtung. Das heißt, wann immer »Bam!« gerufen wird, ändert sich die Kreisrichtung für das Zoom.

Als nächster Impuls wird ein »Boing!« eingeführt. Boing ist ein gefaktes Bam, d.h. der Teilnehmer sagt zwar »Boing!«, dreht den Kopf aber nicht weiter, sondern dorthin zurück, woher der letzte Impuls kam. Aber tatsächlich verhält sich ein Boing genau wie ein Zoom. Nach dem Boing bleibt alles beim Alten und das Zoom geht weiter in dieselbe Kreisrichtung wie zuvor.

Als Letztes wird das *El Figeliano* eingeführt. Ein El Figeliano ist ein gefaktes Zoom. Der Teilnehmer sagt »El Figeliano!«, dreht seinen Kopf weiter in die bestehende Kreisrichtung, als wenn er den Impuls weitergeben möchte. Tatsächlich verhält sich ein El Figeliano aber wie ein Bam, d.h., das Zoom geht zurück an den vorherigen Teilnehmer und die Kreisrichtung für das Zoom ändert sich. Achten Sie bei allen Impulsen immer genau auf die richtige Kopfbewegung!

Variationen

- Führen Sie gerne andere Begriffe ein, die zu ihrem speziellen Arbeitskontext oder zum Team passen, z.B. Scrum, Kanban, Lean oder Wasserfall.

Debriefing

- Die Übung braucht in der Regel kein großes Debriefing und wirkt für sich alleine.

Einsatzmöglichkeiten

- Als Warm-up jederzeit, auch ohne thematischen Bezug (Planning, Retrospektive etc.)

Die Übung eignet sich besonders, um Fehler zu feiern. Sobald jemandem ein Fehler passiert ist, verlässt er seine Position und läuft einmal um den Kreis und ruft mit erhobenen Händen »Juchu, ich habe einen Fehler gemacht!« oder »Danke, dass ich etwas lernen durfte!«. Die anderen Spieler unterbrechen das Spiel dabei nicht.

3.1.5 Absurde Führung

	Teilnehmer	5–50	**Schwierigkeit**	leicht
	Dauer	5–10 min	**Energielevel**	hoch
	Teamstatus	für jeden Teamstatus	**Setup**	durcheinander laufend im Raum
Video	agile-werte-leben.de/uebungen/mut/absurde-fuehrung			

Ziel

Gemeinsam die Komfortzone verlassen, anderen unterstützend zur Seite stehen, sich ausprobieren, Teamdynamik stärken, situativ Führung übernehmen

Anleitung

Alle Teilnehmer gehen kreuz und quer durch den Raum. Plötzlich fängt ein Teilnehmer an, absurde, komische Bewegungen und Geräusche zu machen. Alle Teilnehmer müssen sofort einsteigen und mit voller Energie mitmachen. Die Bewegungen und Geräusche werden so lange fortgeführt, bis ein Teilnehmer stehen bleibt. Daraufhin bleiben alle Teilnehmer stehen und ein neuer Teilnehmer beginnt mit neuen Geräuschen und Bewegungen.

Variationen

- Geben Sie einen thematischen Rahmen für das Spiel, z.B. Aussagen und Bewegungen, die die Teilnehmer im letzten Sprint besonders oft gehört haben oder Bewegungen und Geräusche des letzten Arbeitsjahres.

Debriefing

- Wie war es, die Führung für eine neue Bewegung und ein neues Geräusch zu übernehmen? Hat es Mut gebraucht? Wie wurde die Angst überwunden? Wie könnte das auf den Unternehmensalltag übertragen werden?
- Wie hat es sich angefühlt, als alle mitgemacht haben?
- Gab es Teilnehmer, die nicht die Führung übernommen haben? Warum?
- Was wurde bei der Übung noch beobachtet? Wofür könnte die Übung noch stehen?

Einsatzmöglichkeiten

- Retrospektive (für die Variante mit den Aussagen und Bewegungen des letzten Sprints)
- Teambuilding

Commitment und Offenheit sind zwei weitere Werte, die für diese Übung wichtig sind. Vielleicht sind die Teilnehmer erst einmal gehemmt, wirklich absurde Bewegungen und Geräusche zu machen. Machen Sie selbst mit und gehen Sie mit gutem Beispiel voran! Sagen Sie bei großen Gruppen vorher an, dass die Teilnehmer besonders konzentriert und aufmerksam aufeinander achten sollen.

3.1.6 Make it Big

	Teilnehmer	5–12	**Schwierigkeit**	leicht bis mittel
	Dauer	5–10 min	**Energielevel**	mittel
	Teamstatus	für bestehende Teams	**Setup**	stehend im Kreis
Video	agile-werte-leben.de/uebungen/mut/make-it-big			

Ziel

Aus sich herausgehen, gemeinsam die Komfortzone verlassen, Neues ausprobieren, Ideen anderer übernehmen und größer machen

Anleitung

Die Teilnehmer stehen im Kreis. Ein Teilnehmer beginnt und macht eine kleine Geste in Richtung seines Nachbarn, z.B. ein sanftes Lächeln. Der Nachbar nimmt die Geste auf und gibt sie weiter an seinen nächsten Nachbarn, dabei macht er sie allerdings ein bisschen größer, z.B. schon ein etwas breiteres Lächeln. Die nächste Person macht die Geste wiederum ein bisschen größer. Die Geste wird so lange von Person zu Person im Kreis immer weiter vergrößert, bis sie wieder bei dem Teilnehmer ankommt, der sie eingeführt hat. Der macht sie nun noch einmal abschließend in absoluter Größe und Übertreibung für seinen Nachbarn (z.B. indem er diesen lauthals anlacht, sich kaum einkriegt vor Lachen und dabei wild mit den Armen fuchtelt).

Anschließend beginnt dieser Teilnehmer mit einer neuen, ganz kleinen Geste. Das Spiel wird so lange gespielt, bis jeder einmal eine kleine Geste gestartet und durch den Kreis gegeben hat.

Variationen

- **Make it Small**
  Starten Sie groß und machen Sie die Geste reihum immer kleiner.
- **Für neue Teams**
  Machen Sie die Gesten gegebenenfalls nicht in Richtung einer anderen Person – hier kann es nämlich leicht zu Körperkontakt kommen. Spielen Sie stattdessen die Gesten einfach in die Mitte des Kreises.
- **Für Remote-Meetings**
  Legen Sie vorher eine feste Reihenfolge der Teilnehmer fest. Die Gesten können jetzt natürlich nicht weitergegeben, aber trotzdem vor dem Bildschirm gemacht und vergrößert werden.

Debriefing

- Was haben die Teilnehmer bei der Übung beobachtet?
- Haben sich die Teilnehmer wohl dabei gefühlt, die Gesten immer größer zu machen? Wer vielleicht nicht? Was fiel schwer und was fiel leicht?
- Wie haben sich die ursprünglichen Gesten im Laufe der Runde durch die anderen Teilnehmer verändert? Wie wurden Ideen weiterentwickelt und gegebenenfalls modifiziert?
- Ein Vorteil der Übung ist, dass alle Teilnehmer gezwungen sind, ihre Komfortzone zu verlassen, wenn sie die Geste vergrößern. Dadurch, dass die Geste vorgegeben und nur noch größer gemacht werden muss, entsteht weniger ein Gefühl von Peinlichkeit. Alle müssen ja mitmachen. Wie haben das die Teilnehmer erlebt? Was kann dadurch für den Wert *Mut* im eigenen Unternehmen abgeleitet werden?

Einsatzmöglichkeiten

- Teambuilding
- Als Warm-up vor z. B. Kundenpräsentationen oder Pitches

3.1.7 Fehler-Battle

Teilnehmer	8–30	**Schwierigkeit**	leicht
Dauer	10–15 min	**Energielevel**	hoch
Teamstatus	für jeden Teamstatus	**Setup**	durcheinander laufend im Raum

Ziel

Aus Fehlern der anderen lernen, Fehler feiern, sich kennenlernen bzw. etwas Neues über die anderen erfahren, gemeinsam Spaß haben

Anleitung

Jeder Teilnehmer überlegt kurz für sich, wo er beruflich oder auch privat in der Vergangenheit einen Fehler gemacht hat, von dem er den anderen in Kürze erzählen kann und möchte. Danach laufen alle Teilnehmer durch den Raum. Sobald sie auf einen anderen Teilnehmer treffen, erzählen sie sich gegenseitig von ihrem Fehler. Beide entscheiden, welches der größere Fehler war. Derjenige mit dem kleineren Fehler schließt sich demjenigen mit dem größeren Fehler an, folgt ihm und feuert ihn an. Nun treffen wieder zwei Teilnehmer aufeinander (die mit den größeren Fehlern und ihren jeweiligen Followern) und erzählen sich von ihrem Fehler. Wieder wird entschieden, wer den größten Fehler begangen hat und alle anderen schließen sich dieser Person an. Dieser Teilnehmer hat also schon vier Follower. Das Spiel wird so lange fortgeführt, bis die zwei Teilnehmern mit den größten Fehlern mit ihren Followern aufeinandertreffen und letztendlich die Person mit dem größten Fehler von allen Followern gefeiert wird.

Variationen

- Generell können sich die Teilnehmer in allen möglichen Disziplinen bekämpfen, z. B. auch ganz einfach als Warm-up mit Stein-Schere-Papier. Prinzip des Spiels ist immer, dass der Verlierer ein Follower des Gewinners wird, diesem also folgt und ihn anfeuert, so lange, bis es nur noch einen Sieger und seine Follower gibt.

Debriefing

- Sprechen Sie im Anschluss des Spiels in jedem Fall noch einmal über den größten Fehler. Der Teilnehmer sollte noch einmal ausführlicher über die Situation, die Beteiligten und die Umstände berichten. Was hat er aus dem Fehler gelernt? Was würde er heute anders machen? Hatte der Fehler auch etwas Gutes? Was?
- Gab es noch weitere Fehler, die im Laufe des Spiels erwähnt wurden und die ebenfalls interessant für die ganze Gruppe sind?

Einsatzmöglichkeiten

- Retrospektiven
- Teambuilding
- Als Warm-up mit der Stein-Schere-Papier-Variation

Wir verwenden gerne Samurai-Schwiegermutter-Tiger als Variante zu Stein-Schere-Papier. Das Schöne an der Variante ist, dass etwas geschauspielert werden muss und zusätzlich die Stimme eingesetzt wird. Es gilt: Samurai schlägt Tiger, Tiger schlägt Schwiegermutter und Schwiegermutter schlägt Samurai. Hinter jedem Begriff verbirgt sich gleichzeitig eine Geste. Der Samurai schwingt sein Schwert über den Kopf und schreit: »Hah!« Die Schwiegermutter stützt sich auf ihren Gehstock und sagt: »Tock, tock, tock.« Der Tiger zeigt seine Pranken und brüllt: »Roar!«

3.1.8 Hot Spot

Teilnehmer	4–30	**Schwierigkeit**	mittel
Dauer	5 min	**Energielevel**	mittel bis hoch
Teamstatus	für bestehende Teams	**Setup**	stehend im Kreis

Ziel

Die Komfortzone verlassen, andere gut dastehen lassen, andere in schwierigen Situationen nicht hängen lassen, Teamgeist stärken

Anleitung

Die Teilnehmer stehen im Kreis. Irgendwann tritt ein Teilnehmer in die Mitte und beginnt, laut ein Lied anzustimmen. Wenn ihm der Text nicht einfällt, reicht auch die Melodie mit *Lalala*. Sobald die anderen Teilnehmer das Lied erkannt haben, beginnen sie sofort laut mitzusingen. Möglichst schnell löst ein anderer Teilnehmer die Person in der Mitte ab und beginnt ein neues Lied anzustimmen, das ihm spontan zu dem Lied zuvor eingefallen ist. Wieder stimmen die anderen Teilnehmer schnell mit ein.

Variationen

- Statt mit Liedern können Sie die Übung auch mit Bewegungen spielen. Die Person in der Mitte startet eine Bewegung, die alle mitmachen, bis ein neuer Teilnehmer in die Mitte tritt und eine neue Bewegung vormacht.
- Tritt ein Teilnehmer in die Mitte des Kreises, beginnt er mit einer spontanen Marketingpräsentation über das gerade zu entwickelnde Produkt. Er redet so lange weiter, bis er von einer anderen Person abgelöst wird, die den Vortrag fortführt. Auch in dieser Variante sollten die Wechsel möglichst schnell stattfinden.

Debriefing

- War es für die Teilnehmer eine Überwindung, in die Mitte zu treten? Wenn ja: Warum? Was könnte die Angst nehmen? Wenn nein: Warum hatte der Teilnehmer keine Angst und was können die anderen daraus lernen?
- Gab es auch Teilnehmer, denen die Situation eigentlich unangenehm war, die aber in der Mitte gemerkt haben, dass es dort vielleicht doch gar nicht so schlimm war?
- Wurden die Lieder assoziiert oder haben die Teilnehmer im Voraus geplant? Starten Sie gegebenenfalls eine zweite Runde, in der ein neues Lied tatsächlich aus dem Lied zuvor assoziiert wurde. Vorteil: Die Teilnehmer sind nicht mit sich selbst und ihrem Perfektionismus beschäftigt, sondern in ihrer Wahrnehmung bei der Gruppe.
- Die Übung wird für alle einfacher, je schneller und lauter die anderen Teilnehmer in das Lied desjenigen in der Mitte einstimmen – egal ob sie den Text kennen oder gut singen können. Auch schnelle Wechsel sind hilfreich. Besonders wenn bemerkt wird, dass sich derjenige in der Mitte vielleicht unwohl in der Situation fühlt. Was kann daraus für den Arbeitsalltag abgeleitet werden? Wie kann das Team neue und vielleicht schwierige, unangenehme Situationen gemeinsam gut bewältigen und sich dabei gegenseitig unterstützen?

Einsatzmöglichkeiten

- Teambuilding
- Übung zum Thema *Präsenz*

Sagen Sie vor der Übung an, dass es hier nicht um Gesangsqualitäten und Textsicherheit geht: je unperfekter, desto besser. Erwähnen Sie ebenfalls, dass die anderen Teilnehmer schnell mit in die Lieder einstimmen und sich schnell in der Mitte ablösen sollen. Wenn Sie bemerken, dass das nicht funktioniert, unterbrechen Sie kurz und ermutigen Sie die Teilnehmer erneut. Die Übung funktioniert nur, wenn alle mit vollem Herzen und ohne Perfektionismus mitmachen.

Unser Held auf Reisen: Super, Helden

Peter hält bei dem Gedanken kurz inne. »Vor was oder wem laufe ich eigentlich weg?«, überlegt er. Plötzlich wird ihm klar, dass nicht Cathleen das Problem ist, sondern seine Sicht auf Cathleens Position in der Firma. Er hatte sich bisher einfach nicht getraut, der Leiterin aus dem Marketing entgegenzutreten und offen mit ihr zu sprechen. Dabei hat er alles, was er dafür braucht. Er hat die notwendigen Fakten, das Wissen und die Erfahrung – einerseits, um ihre Fragen zu Agilität zu beantworten, und andererseits, um den Prozess der Zusammenarbeit zwischen den Abteilungen zu verbessern.

MUT traf mit seiner Frage genau den Kern und Peter nahm sich innerlich gestärkt vor, mit Cathleen zu sprechen, um ihr unter anderen endlich zu sagen, dass ein »Feel-Good-Manager« auch nicht im Entferntesten etwas mit einem Scrum Master zu tun hat und sie damit aufhören solle, ihn so vor anderen Mitarbeitern anzusprechen. Nein, generell nicht so zu nennen.

Peter merkt, dass Thekla ihn fragend anblickt. Dabei fällt ihm auf, dass er von seiner Erzählung des Traums abgekommen ist. »Ich muss unbedingt mit Cathleen sprechen!«, sagt er zu Thekla und setzt seine Geschichte fort. »Das Verrückte war, dass MUT mich dann noch weiteren Helden vorstellte. Nachdem ich ihm alles über die Arbeit mit dem Team, den Schwierigkeiten in meiner Rolle und mit meinem Chef erzählt hatte, sagte er zu mir, ich solle mir keine Sorgen machen. Er hätte noch ein paar gute Freunde, die er mir gerne vorstellen würde.«

Peter blickt Thekla an und sagt: »Es war fast so, als gäbe es für all meine Herausforderungen einen Superhelden!« Und fügte hinzu: »Als Nächstes lernte ich OFFENHEIT kennen!«

3.2 Sei offen und spontan

»There are people who prefer to say ›yes‹ and here are people who prefer to say ›no‹. Those who say ›yes‹ are rewarded by the adventures they have. Those who say ›no‹ are rewarded by the safety they attain.«

Keith Johnstone, Theaterregisseur

Unser Held auf Reisen: Auf Nummer unsicher

Peter war mit MUT in die Diskussion vertieft einige Häuserblocks gegangen. Unverhofft bogen sie durch einen Rundbogen ab und landeten in einem schönen blumenreichen Park, durch den quer Sonnenstrahlen einfielen und in dem sich unzählige Schmetterlinge von einem Farbenmeer an Blumen und Sträuchern auf und ab bewegten. Schon von Weitem sah Peter eine weibliche Gestalt in all der Farbenfreude. Das Erstaunliche war, dass sie unmerklich ganz leicht über dem Boden zu schweben schien. Als sie dann plötzlich vor ihm zum Halten kam, sah er ihre ganze glänzende Aura: ein kleiner flimmernder Rand aus vielen Farbpunkten um ihren gesamten Körper. Peter war beeindruckt und streckte ihr seine Hand zur Begrüßung entgegen. Er war so gebannt von der farbenfrohen Aura von OFFENHEIT, dass er gar nicht wusste, wo er hinsehen sollte, und einfach nur auf die ausgestreckte Hand starrte. Die beiden einigten sich darauf, ein Stück zu gehen, und MUT folgte ihnen mit einigem Abstand.

Peter sprach mit OFFENHEIT darüber, dass er manchmal gerne etwas spontaner und mutiger wäre. Ihm fiel das letzte Gespräch auf dem Flur mit Cathleen ein, wo sie ihn so dumm hatte dastehen lassen. Und auch für das Gespräch mit Frederik hätte er sich mehr Schlagfertigkeit gewünscht. OFFENHEIT antwortete mit ihrer beruhigenden Stimme: »Hast du schon einmal versucht, nicht immer auf Nummer sicher zu gehen? Schau mal, was passiert, wenn du all deinen Mut zusammennimmst und offen sagst, was dir durch den Kopf geht. Versuche im Hier und Jetzt zu sein, ohne gleichzeitig die Vor- und Nachteile abzuwägen.«

Offenheit ist ein wichtiger Faktor, der das Interesse und den Umfang an der Auseinandersetzung mit neuen Erfahrungen beschreibt. Menschen mit einer geringen Ausprägung an Offenheit wirken konservativ, uninteressiert und bevorzugen Bekanntes vor Neuem. Vor allem bei der Einstellung neuer Mitarbeiter ist der Faktor Offenheit nicht unwesentlich. Denn wer offen ist, kommuniziert auch so und zeigt gleichzeitig Interesse gegenüber neuen Themen und anderen Menschen.

Torsten Voller, Steife Brise

Torsten Voller ist seit 1997 der Geschäftsführer der »Steifen Brise«, einer bekannten Gruppe für Improtheater und Businesstheater in Hamburg.

Offenheit ist für mich sowohl auf der Bühne als auch in allen anderen Lebenssituationen zu einer Haltung geworden. Durch Offenheit erschließe ich mir die Welt und bekomme die Chance, neue Situationen zu erleben, in die ich sonst nie geraten wäre.

Auf der Bühne hat Offenheit zwei Perspektiven: Nach innen sollte ich offen für meine eigenen Impulse und nach außen offen für die Impulse meiner Mitspieler sein. In Impro-Shows oder in Business-Moderationen entsteht aus dieser Balance eine Spannung, die die Zuschauer in den Bann zieht und mir persönlich Spaß macht, weil ich mich auf der Bühne selber überraschen kann. Auch in Unternehmen spielen beide Perspektiven eine Rolle: Jeder sollte ehrlich seine Gefühle, Pläne und Gedanken mit seinen Kollegen teilen.

Genauso wichtig ist es allerdings, die Gedanken, Pläne und Gefühle der Kollegen als genauso richtig wie die eigenen Positionen zu verstehen. So entsteht Zusammenarbeit. Sind Geschäftsführer, Vorstände und Führungskräfte neugierig auf Prozesse und Neues, dann beflügelt dies die dringend nötigen Veränderungen in Unternehmen. Das starre Festhalten an einer Hidden-Agenda und das Verstecken der eigenen Haltung zu Veränderungsprozessen kann Teams dagegen um Monate zurückwerfen. (Kalkuliert werden diese Kosten übrigens nie.) Offenheit muss vorgelebt werden. Als Coach erlebe ich immer wieder, dass die Führungsebene Offenheit verordnet, ohne selber den gleichen Weg gehen zu wollen.

Wichtig ist, dass aus der Balance zwischen Offenheit für eigene und fremde Impulse auch immer Handeln entsteht. Wir sollten offen bei der Ideenfindung und dem Anstoßen eines Prozesses sein, dann aber auch wissen, wann Entscheidungen getroffen und die Improstory/der Unternehmensprozess/das Projekt vorangetrieben werden muss. Offenheit darf nicht zum Freibrief für Beliebigkeit werden.

Da Offenheit nicht von oben verordnet werden kann, empfehle ich Unternehmen, Offenheit gemeinsam zu lernen, um in der heutigen VUKA-Welt ein Team am Start zu haben, welches sich nicht intern in Argumentationsschleifen verliert, sondern sich schnell an die Marktgegebenheiten anpassen kann. Den ersten Workshop dazu belegt am besten die oberste Führungsebene!

Improspieler müssen stets offen sein. Sie reagieren spontan auf die Stichworte aus dem Publikum, die Ideen ihrer Mitspieler und auf all die unvorhersehbaren Momente auf der Bühne. Vielleicht betritt ein Improspieler nach dem Stichwort *Eiszeit* die Bühne mit der Idee, in einer langen Schlange um eine Kugel Sylter Sahne zu kämpfen, doch der Mitspieler begrüßt ihn mit einer Aufforderung zur Mammutjagd. Oder das Publikum fordert eine Szene über die Französische Revolution, obwohl der entsprechende Improspieler im Geschichtsunterricht nie aufgepasst und keinen blassen Schimmer hat. Dazu gehört eine große Portion Offenheit.

Improspieler müssen offen dafür sein, auf die Ideen anderer einzugehen und sie weiterzudenken, alte Ideen loszulassen, Pläne umzuwerfen und neue, vielleicht noch nie erprobte Wege zu gehen. Eigene Vorstellungen lassen sie immer wieder zugunsten anderer Ideen in neue Richtungen leiten. Und wenn das mal nicht so klappt, wie gedacht? Dann helfen im Improtheater die gesunde Fehlerkultur und die Lust am Scheitern.

Auch agiles Arbeiten bedeutet, spontan auf Veränderungen zu reagieren. So lautet eines der Prinzipien aus dem Agilen Manifest: »Heiße Anforderungsänderungen selbst spät in der Entwicklung willkommen.«

Unser Held auf Reisen: Stockend Fahrt aufnehmen

Peter will an den Erfolg seiner agilen Roadshow anknüpfen. Einige interessierte Kollegen aus den anderen Abteilungen hatten den ersten Termin verpasst und die vielen Rückfragen bestärkten Peter zusätzlich darin, noch einmal tiefer in das Thema einzusteigen. Für den neuen Termin bereitet Peter intensiv eine längere Präsentation vor. Sie startet mit einem Film, der agile Teams bei der Arbeit zeigt, gibt danach eine Einführung in agile Arbeitsmethoden und beschreibt die Methode Scrum detailliert.

Doch als Peter am Tag des Meetings die Präsentation starten will, geht plötzlich der Beamer aus. Mit hochrotem Kopf und Schweißperlen auf der Stirn steht er zunächst vor dem versammelten Kollegium. Dabei war er doch so gut vorbereitet! Was nun? Kurzerhand entscheidet Peter sich dafür, den Vortrag ohne die Folien zu halten. Noch etwas stockend beginnt er den Kollegen spontan zu erzählen, wie er das erste Mal in Berührung mit dem Thema Agilität gekommen ist, und berichtet von der Begeisterung, die er und das Team in den ersten Monaten erlebten. Nach und nach wird seine Stimme immer fester und seine Augen beginnen beim Erzählen zu leuchten.

Auch im weiteren Verlauf des Termins verlässt Peter den geplanten Ablauf der Präsentation komplett und erzählt einfach frei heraus. Statt eines frontalen Vortrags entstehen ein spannendes Gespräch und eine Diskussion mit den Kollegen über Erfahrungen aus dem Alltag, Vorurteile und Bedenken in den verschiedenen Abteilungen. Am Ende merkt Peter, dass das Thema Fahrt aufnimmt und die Stimmung noch positiver als bei der ersten Roadshow ist. Peter erhält viele neue Ideen und Denkanstöße aus den anderen Abteilungen.

Zum Glück hatte sich Peter gut auf seine Präsentation vorbereitet! So hatte er im freien Gespräch stets alle wichtigen Stichpunkte und Argumente präsent. Letztendlich ist Peter fast froh, dass der Beamer ihm einen Strich durch die Rechnung gemacht hat. Er hätte sich vorher nie getraut, so frei zu sprechen, und der tolle Austausch mit den Kollegen wäre gar nicht erst zustande gekommen.

Zudem meint Offenheit auch einem transparenten Umgang mit Informationen. Diese Transparenz – gepaart mit Vertrauen zwischen allen Mitgliedern des Teams sowie der Offenheit gegenüber Feedback vom Scrum Master, dem Product Owner, einzelnen Teammitgliedern, aber auch Stakeholdern – machen den Scrum-Wert *Offenheit* aus.

So kennen alle Teammitglieder jederzeit den gemeinsamen Projektfortschritt, die Projektanforderungen und eventuelle Hindernisse. Nur so kann sich das Team kontinuierlich verbessern und gemeinsam gute Entscheidungen treffen. Auch im Improtheater spielt Offenheit hinter der Bühne eine große Rolle. Da es weder Regisseur noch Produktionsleitung gibt, werden die nächsten Schritte wie die Planung eines Auftritts oder neue Formate gemeinsam besprochen und entschieden. Unstimmigkeiten in der Gruppe müssen sofort angesprochen werden, denn sonst ist das Zusammenspiel und das gegenseitige Vertrauen auf der Bühne gefährdet.

Tatsächlich kennen wir nur wenige Gruppenkonstellationen, in denen so frei heraus und offen miteinander gesprochen wird, wie es beim Improtheater der Fall ist. Auf der Bühne und in den Proben fallen oft sinnbildlich alle Hüllen und die Improspieler kennen sich sehr gut. Umso wichtiger werden natürlich auch andere Werte wie Mut, Vertrauen, Feedback und Respekt.

Wer agil zusammenarbeiten oder Improtheater spielen möchte, der muss also offen für Veränderungen und die Ideen anderer sein. Wir haben in diesem Kapitel Übungen zusammengestellt, in denen man nicht vorausplanen kann. In vielen Übungen geht es darum, die Ideen der Mitspieler aufzugreifen und weiterzudenken. Dadurch sind ständige Veränderungen vorprogrammiert. Gemeinsam machen die Teilnehmer ihren Kopf frei, assoziieren nach den Vorgaben der anderen und verknüpfen Dinge neu miteinander. Oft brauchen die Übungen in diesem Kapitel gar kein Debriefing, sondern sorgen ganz einfach für sich alleinstehend für eine positive, offene Grundstimmung im Team und regen die Kreativität an. Die Ergebnisse der Übungen entstehen in Zusammenarbeit und kein Ergebnis wird sein, wie vorher gedacht. Lassen Sie sich von Ihren Ideen überraschen!

3.2.1 Wünsch dir was

Teilnehmer	4–12	**Schwierigkeit**	leicht
Dauer	5–10 min	**Energielevel**	niedrig
Teamstatus	für neue Teams	**Setup**	stehend (ggf. sitzend) im Kreis

Ziel

Spontaneität üben, auf die Ideen der anderen reagieren, positive Stimmung schaffen, anderen Wertschätzung entgegenbringen

Anleitung

Die Teilnehmer stehen im Kreis (auch sitzend an Tischen möglich). Ein Teilnehmer überreicht der Person neben sich im Kreis ein imaginäres Geschenk. Er bestimmt dabei lediglich pantomimisch die Größe und das Gewicht dieses Geschenkes. Die Person neben ihm packt das Geschenk aus und benennt es spontan, z.B.: »Oh, wie schön, ein Plüschbär!«

Wichtig ist, dass der Teilnehmer den Inhalt des Geschenks wirklich spontan bestimmt. Gerne kann er sich beim Auspacken Zeit lassen und die Größe und das Gewicht erst einmal auf sich wirken lassen. Der Teilnehmer, der das Geschenk überreicht hat, nennt nun noch eine passende Begründung dafür, z.B.: »Die Zusammenarbeit mit dir macht so viel Spaß, dass du dir mal eine dicke, weiche Umarmung verdient hast. Deshalb der Plüschbär.« Nun überreicht der Beschenkte der nächsten Person im Kreis ein Geschenk. Die Übung wird so lange wiederholt, bis jeder im Kreis ein Geschenk bekommen und eines überreicht hat.

Variationen

- Verwenden Sie eine andere Vorgabe für den Inhalt der Geschenke, z.B. in einer Retrospektive »Was wünscht ihr euch für den nächsten Sprint oder für das anstehende Projekt?«. Oder lassen Sie Dinge verschenken, die den Arbeitsalltag im Büro erleichtern würden.

Debriefing

- Die Übung kann gut ohne ausführliches Debriefing angewendet werden und erzielt ganz für sich allein eine kreative und positive Grundstimmung.
- Gab es eine thematische Vorgabe für die Geschenke, dann bietet sich eine anschließende Diskussion über die Inhalte an: Was können wir gemeinsam tun, damit die Wünsche erfüllt werden? Welche Wünsche gibt es noch?

Einsatzmöglichkeiten

- Meeting zum Projektstart
- In neuen Teams für schöne Momente
- Retrospektive

Fordern Sie die Teilnehmer auf, mit einem positiven Impuls auf das Geschenk zu reagieren, also eine freudige Reaktion zu zeigen. Dann steigert sich sofort die Stimmung.

Nehmen Sie den Teilnehmern eventuell entstehenden Druck: Die Geschenke müssen nicht besonders originell oder lustig sein. Die Teilnehmer sollen einfach sagen, was ihnen spontan in den Sinn kommt. Das kann z.B. auch ein leeres Blatt Papier sein.

3.2.2 Stand(up)bilder

	Teilnehmer	5–30	**Schwierigkeit**	leicht
	Dauer	5–10 min	**Energielevel**	mittel
	Teamstatus	für jeden Teamstatus	**Setup**	stehend im Kreis, innerhalb des Kreises sollte genügend Platz sein
Video	agile-werte-leben.de/uebungen/offenheit/standupbilder			

Ziel

Spontaneität üben, Kreativität anregen, auf den Ideen anderer aufbauen, Körpersprache trainieren

Anleitung

Alle Teilnehmer stehen im Kreis. Ein Teilnehmer tritt in die Mitte, verharrt in einer pantomimischen Pose und benennt, was diese darstellt, z.B.: »Ich bin ein Baum.« Ein zweiter Teilnehmer ergänzt nun das Standbild, indem er ebenfalls eine pantomimische Pose macht und z.B. sagt: »Ich bin ein Apfel.« Ein dritter Teilnehmer vervollständigt nun das Bild auf die gleiche Weise, z.B.: »Und ich bin der Wurm im Apfel.« Alle drei Teilnehmer bleiben noch kurz im Standbild stehen.

Anschließend verlässt der erste Teilnehmer das Standbild und entscheidet, welche Person er mitnimmt, z.B.: »Ich nehme den Wurm.« Der verbleibende Gegenstand bleibt in seiner Pose in der Mitte stehen und wiederholt noch einmal: »Ich bin ein Apfel.« Nun bildet sich daraus ein neues Standbild, z.B.: »Ich bin eine Banane.« Und: »Ich bin die Obstschüssel auf dem Wohnzimmertisch.« Wieder verlässt die erste Person das Standbild und nimmt eine Person mit.

Variationen

- Setzen Sie einen thematischen Rahmen für die Standbilder, z.B. *Bei uns im Büro*, *Mein typischer Arbeitstag*, *Der letzte Sprint* oder *Projekt xy*.
- Für Fortgeschrittene: Führen Sie neben Gegenständen auch Emotionen oder abstrakte Begriffe ein, z.B. *Ich bin die Liebe*, *Ich bin der Hass* und *Ich bin die Psychologie*.
- Bauen Sie am Ende ein Standbild mit allen Teilnehmern auf. Das heißt, niemand verlässt mehr die Kreismitte, sondern jeder fügt nur noch etwas Neues hinzu, bis alle Teilnehmer in einer Pose in der Mitte stehen.

Debriefing

- Wie wird das Standbild interessant? Wann war es nicht interessant? Warum?
- Ist es den Teilnehmern schwergefallen, in die Mitte zu treten? Haben sie vorausgeplant? Was war schwierig? Was war leicht?
- Was hat die Teilnehmer inspiriert mitzumachen?

Einsatzmöglichkeiten

- Im Vorfeld von Brainstormings und Kreativ-Meetings, z.B. im Produktmanagement
- Zwischendurch, z.B. als Warm-up nach der Mittagspause oder ein Standbild vor jedem Stand-up
- Retrospektive

3.2.3 Fünf Dinge!

	Teilnehmer	5–12	Schwierigkeit	mittel
	Dauer	5–10 min	Energielevel	mittel bis hoch
	Teamstatus	für bestehende Teams	Setup	stehend (ggf. sitzend) im Kreis
Video	agile-werte-leben.de/uebungen/offenheit/5-dinge			

Ziel

Spontaneität üben, schnelle Reaktionen trainieren, Kopf freimachen, gemeinsam Spaß haben

Anleitung

Die Teilnehmer stehen im Kreis (auch sitzend an Tischen möglich). Ein Teilnehmer startet und ruft der Person neben sich im Kreis z.B. zu: »Fünf Dinge, die du an Scrum magst?«

> Die andere Person antwortet, z.B.: *»Das Stand-up!«*
> Alle Teilnehmer im Kreis zählen mit den Händen mit und rufen laut:
> *»Eins!« – »Die Sprints.«* –
> Alle: *»Zwei!« – »Pair Programming.«* –
> Alle: *»Drei!« – »Die Retro.«* –
> Alle: *»Vier!« – »Teamarbeit.«* –
> Alle: *»Fünf Dinge!«*

Nun wendet sich die zuvor befragte Person an die nächste Person im Kreis: »Fünf Dinge, die…?« Der Satz startet immer mit den fünf Dingen und die andere Person gibt fünf Antworten, bei denen die anderen Teilnehmer laut anfeuernd mitzählen. Die Übung kann beliebig lange fortgesetzt werden.

Variationen

- Die Übung verleitet zu thematischen Variationen, z.B.: »Fünf Dinge, die du dir für den nächsten Sprint wünschst.« Wenn diese Frage spontan entsteht, dann ist das wunderbar. Wir wollen an dieser Stelle allerdings davon abraten, als Übungsleiter einen thematischen Rahmen zu setzen. Ziel der Übung ist es, den Kopf freizumachen und einfach drauflos zu rufen – ohne Sinn und Verstand. Sobald das Thema eine Rolle spielt, verliert die Übung die Leichtigkeit und die Teilnehmer werden sofort verkopft.

Debriefing

- Fragen Sie die Teilnehmer, ob sie es geschafft haben, den Kopf in der Übung auszuschalten, und was ihnen dabei geholfen hat. Weitere mögliche Fragen: Wie hat den Teilnehmern die Übung gefallen? Was hat Spaß gemacht? Was kann aus dieser Stimmung für den Arbeitsalltag mitgenommen werden?

Einsatzmöglichkeiten

- Als Warm-up vor Brainstormings oder Präsentationen
- Einfach mal zwischendurch, wenn das Team einen Energie- und Stimmungskick braucht

Sagen Sie vor der Übung an, dass sowohl der Inhalt der Fragen als auch die Antworten keinen Sinn ergeben müssen. Wichtig ist es, dass die Teilnehmer überhaupt und schnell etwas sagen. Dabei ist alles erlaubt. Die Antworten müssen auch nicht der Wahrheit entsprechen und können sich sogar wiederholen. Beispiel: »Fünf Dinge, an die du gerade denkst« – »Klobrille.« – »Eins!« – »Bumm.« – »Zwei!« – »Schneegestöber.« – »Drei!« – »Pantoffeltierchen.« – »Vier!« – »Bumm.« – »Fünf Dinge!« Die Devise lautet: Schnell sein, einfach machen und nicht nachdenken.

3.2.4 Problem Solvers

Teilnehmer	6–50	**Schwierigkeit**	leicht
Dauer	5–15 min	**Energielevel**	niedrig
Teamstatus	für jeden Teamstatus	**Setup**	durcheinanderlaufend im Raum

Ziel

Kreativität anregen, neue Ideen generieren, um die Ecke denken

Anleitung

Die Teilnehmer laufen durch den Raum. Trifft ein Teilnehmer dabei auf einen anderen Teilnehmer, dann benennt jeder jeweils ein Problem und einen Gegenstand: »Ich habe (ein Problem) und ich habe hier nur diesen (Gegenstand)«. Das Problem und der Gegenstand stehen in keinerlei Verbindung zueinander. Teilnehmer A löst nun das Problem von Teilnehmer B mit dem eigenen Gegenstand (Gegenstand A) und umgekehrt.

Beispiel

A: *»Ich habe Schnupfen und nur einen Pfannkuchen.«*

B: *»Und ich habe meinen Haustürschlüssel verloren und nur diesen Tacker.«*

A: *»Ach, das passt doch wunderbar! Dieser Pfannkuchen ist extrem süß und klebrig. Wenn du ihn hier einmal durchs Zimmer schleifst, dann bleiben sämtliche Gegenstände an ihm kleben. So findest du bestimmt auch deinen Schlüssel.«*

B: *»Perfekt! Und ich hefte dir jetzt mit dem Tacker deine Nase zu, damit sie nicht mehr so läuft.«*

Danach gehen die Teilnehmer auseinander und suchen sich einen neuen Partner und benennen wieder jeder jeweils ein Problem und einen Gegenstand.

Variationen

- Lösungen aus dem Schuhkarton: Gibt es tatsächlich ein reales Problem im Team? Lassen Sie die Teilnehmer zuerst, noch bevor über das Problem gesprochen oder es genannt wird, beliebige Gegenstände auf einzelne Zettel schreiben. Die Zettel kommen alle zusammengefaltet in einen Schuhkarton oder ganz einfach in die Mitte des Tisches. Erst anschließend wird das Problem definiert. Nun wird ein Zettel gezogen und gemeinsam überlegt, ob dieser Gegenstand irgendwelche Eigenschaften (Funktionen, Aussehen, Haptik, Geruch etc.) hat, die bei der Lösung des Problems hilfreich sein könnten.

Debriefing

- Besprechen Sie gemeinsam mit den Teilnehmern, wie es ihnen in der Übung ergangen ist und was beobachtet wurde. Überlegen Sie, was sie aus der Übung für den Arbeitsalltag mitnehmen können.

Einsatzmöglichkeiten

- Als Warm-up vor einem Brainstorming
- In Workshops zum Thema *Kreativität*
- Als Anregung für Problemlösungsprozesse

3.2.5 User-Storys Absurdum

Teilnehmer	2–12	**Schwierigkeit**	mittel
Dauer	5–10 min	**Energielevel**	niedrig
Teamstatus	für Teams, die Improméthoden bereits kennen	**Setup**	sitzend oder durcheinander-laufend im Raum

Ziel

User-Storys üben, Kreativität anregen, Spontaneität trainieren

Anleitung

Die Teilnehmer sitzen entweder am Tisch oder laufen quer durch den Raum und treffen dabei auf unterschiedliche andere Teilnehmer (immer eins-zu-eins). Einer der beiden Teilnehmer startet und nennt ein Lebewesen (Person, Tier etc.) und einen Gegenstand. Der andere Teilnehmer formuliert daraus spontan eine User Story nach dem Schema »Als <User> möchte ich <Ziel/Wunsch>, um <Nutzen>«. Bei mehreren Teilnehmern wechseln laufend die Partner.

Beispiel

A: *Giraffe, Toaster*

B: *Als Giraffe möchte ich einen Toaster, aus dem die Brote hinterher extra hoch springen, damit sie es direkt den weiten Weg hoch in meinen Mund schaffen.*

A: *Einkäufer, Bezahlprozess*

B: *Als Einkäufer möchte ich mit einem Klick bezahlen können, damit ich nicht so viel Zeit verliere.*

Debriefing

- Die Übung soll lediglich den Kopf für neue Ideen öffnen und Kreativität anregen. Ein Debriefing ist nicht nötig.

Einsatzmöglichkeiten

- Als Warm-up vor einem User-Story-Workshop

3.2.6 Absonderliche Nachbarn

Teilnehmer	5–12	Schwierigkeit	mittel
Dauer	5–10 min	Energielevel	niedrig
Teamstatus	für bestehende Teams	Setup	stehend (ggf. sitzend) im Kreis

Ziel

Schlagfertigkeit üben, auf Ideen anderer eingehen, Selbstbewusstsein stärken, Kreativität anregen, gemeinsam Spaß haben

Anleitung

Die Teilnehmer stehen im Kreis (auch sitzend an Tischen möglich). Ein Teilnehmer startet und erfindet an seinem Kreisnachbarn irgendein absonderliches, absurdes oder lustiges Detail, z.B.: »Mensch, Peter, auf deiner Stirn sitzt ja eine Spinne!«

Der angesprochene Teilnehmer reagiert stolz und liefert eine Begründung und gerne auch ausführliche Details, z.B.: »Ja, Spinnen sind gerade absolut im Trend als Accessoire. Sie wurde direkt aus New York eingeflogen. Wie du siehst, passt sie mit ihren kleinen Härchen auch besonders gut zu meinem Bart.«

Anschließend wendet sich der Teilnehmer wiederum an die nächste Person im Kreis und bemerkt an ihr ebenfalls ein besonderes Detail. Die Übung wird so lange fortgeführt, bis jeder Teilnehmer einmal an der Reihe war.

Variationen

- Stellen Sie die Begründungen unter ein bestimmtes Thema, z.B.: »Wobei könnte das Detail hilfreich im Arbeitsalltag sein?«

Debriefing

- Was hat bei der Übung gut funktioniert und was nicht?
- Wie war es für die Teilnehmer, auf die Vorgaben der anderen zu reagieren? Was fiel leicht und was fiel schwer?
- Wichtig bei der Übung ist die positive Grundstimmung aller Teilnehmer. Das heißt, der Teilnehmer, der ein Detail bemerkt, bewundert dieses und der angesprochene Teilnehmer reagiert mit Freude und Stolz darauf. Was kann daraus für den Arbeitsalltag mitgenommen werden?

Einsatzmöglichkeiten

- Warm-up vor Brainstormings und Kreativ-Meetings
- Retrospektive
- Teambuilding

Sagen Sie vorher an, dass eine positive Grundstimmung Ziel der Übung ist. Der Teilnehmer, der ein Detail bemerkt, bewundert dieses und der angesprochene Teilnehmer reagiert mit Freude und Stolz darauf. Das erleichtert die Übung, stärkt das Selbstbewusstsein und erhöht den Spaßfaktor.

3.2.7 Open Hands

Teilnehmer	2–15	**Schwierigkeit**	leicht
Dauer	5 min	**Energielevel**	niedrig
Teamstatus	für jeden Teamstatus	**Setup**	stehend (ggf. sitzend) im Kreis

Ziel

Kopf freimachen, auf Kreativität einstimmen

Anleitung

Die Teilnehmer stehen im Kreis (auch sitzend an Tischen möglich), öffnen ihre Hände und stellen sich vor, dass etwas vom Himmel fällt, dass sie pantomimisch auffangen. Jeder erzählt dem Team anschließend, um was es sich handelt. Wichtig ist, dass die Teilnehmer das fangen, was ihnen als Erstes einfällt, während dieser Gegenstand oder diese Sache imaginär vom Himmel fällt.

Variationen

- Geben Sie eine thematische Vorgabe, z.B. »Öffnet eure Hände und stellt euch vor, dass etwas vom Himmel fällt, das ihr unbedingt für den nächsten Sprint benötigt« oder »...was ihr euch für dieses Team wünscht« oder »...was ihr euch für dieses Meeting wünscht«.

Debriefing

- Setzen Sie diese Übung einfach als kurzes Warm-up ohne Debriefing ein.

Einsatzmöglichkeiten

- Je nach thematischer Vorgabe als Warm-up in Meetings, Workshops, Brainstormings
- Als Einstieg oder Abschluss einer Retrospektive

3.2.8 Ein-Wort-Geschichte

	Teilnehmer	4–15	Schwierigkeit	mittel
	Dauer	5 min	Energielevel	niedrig
	Teamstatus	für bestehende Teams	Setup	stehend (ggf. sitzend) im Kreis
Video	agile-werte-leben.de/uebungen/offenheit/ein-wort-geschichte			

Ziel

Spontaneität und Zusammenarbeit trainieren, nicht vorausplanen können, Konzentration stärken

Anleitung

Die Teilnehmer stehen oder sitzen im Kreis. Ein Teilnehmer startet mit einem beliebigen Wort, z.B. *Sommer.* Der nächste Teilnehmer in der Runde ergänzt das nächste Wort, z.B. *ist*. Der nächste Teilnehmer nennt wiederum das nächste Wort, z.B. *herrlich*.

So entsteht Wort für Wort im Kreis herum eine kleine Geschichte. Jeder Teilnehmer darf immer nur ein Wort sagen. Möchte ein Teilnehmer den Satz mit seinem Wort beenden, dann sagt er einfach *Punkt* im Anschluss daran. Kurze Sätze sind in jedem Fall empfehlenswert!

Die Übung wird so lange fortgeführt, bis alle entscheiden, dass die Geschichte zu Ende ist. Die Geschichte muss keinen großen Sinn ergeben, muss nicht lang sein und darf natürlich auch kleine grammatikalische Fehler enthalten. Hauptsache, die Teilnehmer bleiben im Sprechfluss und haben Spaß dabei.

Variationen

- Machen Sie aus der Ein-Wort-Geschichte eine Ein-Satz-Geschichte, d.h., jeder Teilnehmer darf nun im Kreis herum immer einen Satz für die Geschichte ergänzen. So entstehen meist schon recht ausführliche Handlungsstränge. Sie können auch vorher festlegen, dass die Übung z.B. nur einmal rundherum gespielt wird, also jeder Teilnehmer genau einen Satz beisteuert und die Geschichte dann zu einem Ende gekommen sein muss.

Debriefing

- Was haben die Teilnehmer bei der Übung beobachtet?
- Wann haben die Teilnehmer aufeinander aufgebaut und wann nicht? Beziehungsweise, was hat dazu geführt, dass eine spannende, sinnvollere Geschichte entstand und was hat die Geschichte eher blockiert? Wörter wie »nicht« oder »aber« hindern z.B. eher den Fluss der Geschichte. Was kann daraus für den Arbeitsalltag abgeleitet werden?
- Bei der Ein-Satz-Geschichte: Wurde die Geschichte tatsächlich nach den Vorgaben weitergeführt? Wurden also die Ideen der Teilnehmer zuvor tatsächlich weitergedacht oder wurden nur neue Ideen auf die Geschichte draufgesetzt? Starten Sie gerne eine zweite Runde, in der zuvor genannte Ideen explizit aufgegriffen und weitergesponnen werden sollen.

Einsatzmöglichkeiten

- Als Warm-up zum Thema *Kreativität*, *Zusammenarbeit* oder *Kommunikation*
- Zwischendurch, um den Kopf freizubekommen
- User-Story-Workshop

Fordern Sie die Teilnehmer auf, mit voller Aufmerksamkeit und Leidenschaft bei der Übung zu sein. Bei den Wörtern sollen sie ihre Stimme und ihren Körper voll einsetzen. Bei *Sommer* wird z.B. laut gerufen und mit einer geöffneten Armgeste unterstützt. So entwickelt die Übung sofort eine ganz andere Energie und Geschwindigkeit. Fordern Sie die Teilnehmer auch auf, enger zusammenzurücken, um die Energie und den Rhythmus besser spuren zu können.

3.2.9 Was machst du da?

	Teilnehmer	2–50	**Schwierigkeit**	mittel
	Dauer	5–10 min	**Energielevel**	mittel
	Teamstatus	für jeden Teamstatus	**Setup**	frei im Raum
Video	agile-werte-leben.de/uebungen/offenheit/was-machst-du-da			

Ziel

Sich inspirieren lassen, auf Ideen des Partners eingehen, den Kopf freimachen

Anleitung

Die Teilnehmer finden in Paaren zu zweit zusammen. Teilnehmer A beginnt und stellt seinem Partner die Frage: »Was machst du da?«

Teilnehmer B gibt eine beliebige Tätigkeit zur Antwort. Diese Tätigkeit führt dann Teilnehmer A pantomimisch aus.

Nun fragt Teilnehmer B: »Was machst du da?« Teilnehmer A macht weiterhin dieselbe pantomimische Bewegung, nennt dabei aber nun eine andere Tätigkeit.

Der Teilnehmer, der die Tätigkeit gerade ausführt, lässt sich also aus seiner Bewegung heraus zu einer neuen Tätigkeit inspirieren, die er seinem Partner vorgibt.

Beispiel

A: *Was machst du da?*

B: *Ich jogge.*

A joggt pantomimisch durch den Raum.

B: *Was machst du da?*

A führt weiter seine Jogging-Bewegung aus: *Ich tanze!*

B tanzt pantomimisch.

A: *Was machst du da?*

B tanzt weiter: *Ich schüttel einen Apfelbaum, damit die Äpfel runterfallen.*

Variationen

- Stellen Sie die Übung unter ein Thema, z.B. *Unser Alltag in der Firma.*

Debriefing

- Ist es den Teilnehmern bei der Übung gelungen, den Kopf freizumachen und sich tatsächlich ganz von den Bewegungen leiten zu lassen? Was hat dabei geholfen? Was war schwierig?

Einsatzmöglichkeiten

- Als Warm-up zum Thema *Kommunikation und Körpersprache*
- Als Einstieg in einen User-Workshop, bei der Bestimmung von Zielgruppen oder Personas

Unser Held auf Reisen: Aufflammender Tatendrang

Peter empfand das Gespräch mit OFFENHEIT als sehr hilfreich. Ihm ist dabei klar geworden, dass er zu häufig »Ja, aber...« denkt und sich dann in Gesprächen mit Cathleen oder Frederik nicht mehr auf die Sache konzentrieren kann, da er mit sich beschäftigt ist. Peter nimmt sich vor, den Rat von OFFENHEIT anzunehmen und zu versuchen, im Alltag Dinge anders zu machen als sonst. Vielleicht nimmt er mal einen anderen Weg zur Arbeit als den üblichen? Vielleicht sagt er seinem Chef spontan, wie er sich fühlt, und schaut mal, wie der darauf reagiert und was dann passiert? Was kann denn schon passieren, denkt er bei sich.

Peter war gar nicht aufgefallen, dass MUT zu ihnen aufgeschlossen hatte. Er war so vertieft in das Gespräch mit OFFENHEIT. Die drei gingen jetzt auf eine Säule zu, die grazil in den Himmel emporragte, und auf deren Spitze ein Feuer brannte. Am Boden der Säule saß angelehnt, das Gesicht zur Sonne gerichtet, eine junge Frau. Als sie die drei sah, sprang sie wie der Blitz auf und stand innerhalb eines Wimpernschlags vor ihm. Sie streckte Peter die Hand entgegen und begrüßte ihn: »Hallo Peter, ich bin COMMITMENT!«

3.3 Sei selbstverpflichtend und sage »Ja, und«

»Wenn jemand in einem Unternehmen etwas verändern möchte, ist er gut beraten, zuerst bei sich zu beginnen.«

Bodo Janssen, Unternehmer

Unser Held auf Reisen: Angebissen

COMMITMENT blickte Peter keck ins Gesicht: »Ich hab' schon gehört, an Hingabe für das Thema Agilität fehlt es dir nicht.«

Peter war erstaunt und wollte gerade fragen, woher sie das wusste, als sie schon weitersprach.

»Wir müssen dich und deine Kollegen aber wohl noch mehr zu einer ›Ja, und‹-Haltung« bewegen, was?«, fragte sie mit einem breiten Lächeln. Peter biss sofort an und wollte wissen, was sie damit meine.

Bei sich selbst zu beginnen, ist Bodo Janssen, dem Geschäftsführer von Upstalsboom, besonders wichtig. Janssen und sein Unternehmen sind Vorreiter darin, wertebasiert zu agieren. Mit den 32 Upstalsboomer Sinnthesen hat die Firma vertiefende Leitsätze für jeden Mitarbeiter zur Orientierung aufgestellt. Eine der Thesen lautet: »Upstalsboomer handeln eigenständig.« Eine weitere: »Upstalsboomer Wollen, Können, Dürfen und Machen« [URL: Upstalsboom 2019].

All dies müssen die Mitarbeiter eines Unternehmens auch wollen. Zur Definition von Commitment gibt es in der Literatur verschiedene Modelle, die Commitment im Zusammenhang mit Arbeit zu beschreiben versuchen. Am besten wird Commitment mit »Selbstverpflichtung« oder »Hingabe« übersetzt.

Björn Waide, Geschäftsführer von »smartsteuer«

Björn Waide ist CEO von smartsteuer. Waide ist ein Verfechter vom lebenslangen Lernen und von Selbstoptimierung.

Was ist Commitment für dich?

Im agilen Kontext reden wir gerne von Selbstorganisation. Wörtlich genommen also von dem Recht und der Pflicht, zur Lösung einer Aufgabe den Weg dorthin selbst zu finden. Also die mehr oder weniger freie Wahl der Mittel. Solange das zu erreichende Ziel, der Zweck, rein extrinsisch motiviert ist, bleibt die Hoffnung auf *New Work* aber unerfüllt. Erst die selbstbestimmte, intrinsisch motivierte Wahl der zu erreichenden Ziele lässt den Korken aus der Flasche und setzt Kreativität und Motivation frei, die wir uns als Mitarbeiter und Unternehmer zur Selbsterfüllung wünschen.

Selbstverpflichtung ist das Mittel, um in Teams aus individuellen Ideen und Wünschen ein gemeinsames Ziel zu erreichen, und damit zentrales Element für funktionierendes New Work, das mehr sein soll als ein esoterischer Anstrich alter Strukturen und Prozesse.

→

Wie wichtig ist Selbstverpflichtung der Mitarbeiter für ein Unternehmen?

Wir haben das Glück und die Herausforderung, in einer Branche zu arbeiten, in der sich Menschen ihren Job weitestgehend aussuchen können. Wenn neue Kollegen bei uns anfangen, können wir also davon ausgehen und erwarten auch, dass es eine bewusste Entscheidung für uns war. Und zwar hinsichtlich des Teams, des Unternehmens und unseres Produktes. Das macht die Arbeit bei uns nicht nur für alle interessanter, weil jeder leidenschaftlich für die Sache arbeitet; es ist auch unabdingbar, weil bei uns keine hierarchischen Ansagen gemacht oder Aufgaben von oben nach unten verteilt werden. Wir kontrollieren nicht einzelne Arbeitsschritte, sondern beobachten die Effekte unseres Tuns anhand zentraler, für alle transparenter Metriken. Präsentismus ist uns fremd, da ohnehin von verschiedenen Standorten, aus dem Home Office oder Café gearbeitet wird. Ohne intrinsische Motivation für die Sache funktioniert das nicht.

Wann funktioniert Commitment am besten?

New Work, agiles Arbeiten, Selbstorganisation … In der Regel schwingt ein wenig die Vorstellung paradiesischer Zustände mit. Seltener wird darüber gesprochen, dass mit den in diesem Zusammenhang erworbenen Freiheiten auch eine Menge Verantwortung jedes einzelnen Mitarbeiters verbunden ist. Wenn niemand mehr da ist, der mir sagt, was ich tun soll, niemand, dem ich im Zweifel die Verantwortung aufbürden kann, wenn »nicht mein Zuständigkeitsbereich« keine valide Antwortoption ist, dann kann das gerade zu Beginn auch überfordern. Wir haben festgestellt, dass insbesondere in kleinen Projektteams mit selbst gesteckten inhaltlichen wie zeitlichen Commitments auf dem Weg emotionale Durststrecken zu überwinden sind. Hier hilft Offenheit weiter. Offenheit für die Möglichkeit des Scheiterns, Offenheit für die eigene Emotionalität und Offenheit, sich Hilfe zu holen.

Eines der wichtigsten Prinzipien im Improtheater lautet »Ja, und« oder anders formuliert »Blockiere nicht«. Improspieler verpflichten sich, gemeinsam auf der Bühne eine Geschichte zu erzählen. Dafür hören sie einander zu, gehen aufeinander ein und entwickeln die Ideen ihrer Mitspieler weiter, auch wenn sie dafür eigene Ideen wieder fallen lassen müssen. Startet ein Spieler eine Szene mit einer Aufforderung zum Tanz und der Mitspieler antwortet »Ich hasse tanzen«, dann blockiert er damit erst einmal die Idee seines Partners. Natürlich kann daraus auch eine Szene werden, aber die Spieler machen sich die Situation unnötig schwer und wahrscheinlich wird die Grundstimmung der Szene negativ bleiben. Im Berufsalltag erleben wir in Meetings oft ähnliche Situationen. Bei einem neuen Vorschlag fallen Sätze wie »Ja, aber …«, »Das funktioniert bei uns nicht« oder »Das haben wir schon ausprobiert, das geht nicht!«. Diese sogenannten Killerphrasen ersticken jede neue Idee bereits im Keim.

Gratisblumen

Spieler A betritt die Bühne. Pantomimisch zerlegt er Fleisch und legt es in eine Glastheke. Spieler B kommt in die Szene. »Ich hätte gerne einen Strauß Rosen.« Offensichtlich hat er die Bewegungen seines Mitspielers missinterpretiert. »Entschuldigen Sie, wir sind ein Fleischerei-Fachgeschäft!« Verwirrung, kurzes Schweigen. »Draußen steht, dass man bei einem Einkauf bei Ihnen Rosen gratis dazu bekommt«, lenkt Spieler B schnell ein. Spieler A daraufhin: »Ah, Sie meinen unser Valentins-Angebot! Ja, beim Kauf eines Rindersteaks schenken wir Ihnen heute einen Strauß rote Rosen. Und dieses Kochrezept, mit dem Sie Ihre Liebste garantiert verzaubern! Darf ich Ihnen noch einen paar Tipps geben?« Die Szene kommt in Gang.

Improspieler verpflichten sich zu einer »Ja, und«-Haltung. Generell hat Improtheater viel mit Commitment zu tun. Das Schauspielerteam probiert neue Ideen aus und lässt sich auf sie ein. Im Volksmund wird gerne gesagt: »Wenn ich etwas sage, dann mache ich es auch!« Im Impro gibt es kein Zurück. Einmal Ausgesprochenes wird Realität, verändert die Geschichte und muss durchgezogen werden. Wie zu der »Ja, und«-Haltung verpflichten sich die Schauspieler auch zu allen anderen im Improtheater geltenden Prinzipien. Dieses Commitment wird selbstverständlich vorausgesetzt. Auch bei der Anleitung von Übungen aus dem Improtheater wird Commitment stets eine Rolle spielen, denn Ihr Team lässt sich gemeinsam auf die neuen, oft ungewohnten Methoden unter den festgelegten Regeln ein.

Dies erfordert Willen und Mut. Genauso wie wenn sich das Team bei Scrum auf ein gewisses Arbeitspensum und Ergebnis verständigt, das innerhalb einer Iteration, also innerhalb eines festen Zeitrahmens, erreicht werden soll.

Selbstverpflichtung erhöht in agilen Teams die Wahrscheinlichkeit, dass gefasste Pläne auch tatsächlich umgesetzt werden. Wichtig dabei ist, dass die Mitglieder eines Teams das Wie in den Vordergrund stellen: »Wie arbeiten wir zusammen?«, »Wie treffen wir Entscheidungen?« oder »Wie erreichen wir unser Ziel?« (siehe Abschnitt 2.1, »Agile Werte und Prinzipien«).

Es geht also um die innere Einstellung eines jeden und die Leidenschaft zur Sache. Was wir aus dem Improtheater mitnehmen können, ist die grundsätzliche »Ja, und«-Haltung, bei der neue Ideen erst einmal zugelassen, gehört und dann gerne auch neu weitergedacht werden, sowie das Commitment gegenüber bestimmten Werten und dem gemeinsamen Voranschreiten im Team.

Improtheater gelingt dann, wenn die Schauspieler auf der Bühne wirklich für ihre Charaktere und Geschichten brennen. Ebenso steht hinter erfolgreichen Projekten ein Team, das für dieses Projekt brennt. Commitment bedeutet also, sich dem Projekt, aber auch jedem Einzelnen im Team zu verschreiben.

Björn Waide, Geschäftsführer von »smartsteuer«

Vor einigen Jahren, zu Beginn unserer agilen Reise, hatte ich eine Idee – und als Geschäftsführer auch die Mittel, sie umzusetzen. Ich brachte die Idee zu Papier, beauftragte eine externe Agentur und rief kurzfristig intern einige Leute zusammen, um das Projekt ins Rollen zu bringen. Am Tag des Kickoffs mit der Agentur saß ich im Café (von dort aus arbeite ich gelegentlich), als ich einen Anruf von einem Mitarbeiter bekam. Sie hätten sich zusammengesetzt und über meine Idee diskutiert. Sie hätten da ganz andere Vorstellungen und ob ich nicht vor dem Kickoff noch mal reinkommen könne. Bis ich im Büro war und mir die neue Idee präsentiert worden war, waren es nur noch fünf Minuten bis zum Eintreffen der externen Agentur.

Ich war konsterniert. Die Idee des Teams war unbestreitbar deutlich besser als meine ursprüngliche. Aber die Agentur war bereits gebrieft, ein Angebot unterschrieben und es sollte nur noch um die Details des Projektauftrags gehen. Aber wenn ich mich jetzt gegen das Team durchgesetzt hätte, hätte ich gegen unsere eigenen Werte verstoßen. Das hatte ich bereits, als ich im stillen Kämmerlein, ohne das Team zu involvieren, die Idee erdacht und beauftragt hatte. Wenn ich es durchgezogen hätte, wären all die schönen Slides und Vorträge zu Selbstorganisation, flachen Hierarchien und Teamarbeit das Papier nicht wert gewesen, auf dem sie nicht standen (war ja digital). Also habe ich in den sauren Apfel gebissen und den eintreffenden Externen gestanden, dass wir noch einmal von vorne anfangen müssen. Sie haben erst gestutzt, dann herzhaft gelacht und sich anschließend mit viel Eifer gemeinsam mit uns in die Konzeption der neuen Idee begeben. Wir hatten in kürzester Zeit ein neues, innovatives Produktfeature am Markt.

Wir erzählen die Geschichte seitdem häufiger, gerade neuen Kollegen. Sie soll Mut machen, Entscheidungen zu hinterfragen, auch wenn sie von vermeintlich wichtigen Personen getroffen wurden. Sie soll aber auch klarmachen, dass wir nur erfolgreich sind, wenn wir von Beginn an im Team arbeiten. Selbstverpflichtung heißt nicht, dass jeder das umsetzt, was ihm oder ihr gerade am besten gefällt. Auch Selbstverpflichtung ist eine Teamaufgabe.

Wer Improtheater spielt, der muss sich voll und ganz darauf einlassen; nicht nur der einzelne Improspieler, sondern die ganze Gruppe zusammen. Ja, Improtheater ist ein Sprung ins kalte Wasser. Wird dieser Sprung aber aus vollem Herzen und gemeinsam getan, dann muss sich niemand davor fürchten. Das Team wird schnell merken, wie viel Spaß es macht, zusammen Neues auszuprobieren, Regeln zu brechen und den Kopf freizumachen. In allen Übungen aus dem Improtheater spielt Commitment deshalb eine wichtige Rolle und kann mit dem Team erfahren und trainiert werden.

In diesem Kapitel haben wir speziell Übungen zusammengestellt, in denen die Teilnehmer lernen, »Ja!« zu den Ideen ihrer Teamkollegen zu sagen und diese anzunehmen. In vielen Übungen geht es außerdem um Zusammenarbeit. Das Team trainiert, an einer gemeinsamen Sache zu arbeiten, zusammenzuhalten und aufeinander zu achten.

In unseren Trainings spielen wir gerne die »Ja, und«-Übung des Schauspielers, Improvisateurs und Autors Tom Salinsky [SalinskyFrances-White 2008]. Die Teilnehmer finden sich dafür in Paaren zusammen und planen gemeinsam Satz für Satz einen Ausflug:

- **1. Runde**
  Die Ideen des anderen sollen zerstört werden. Sagt ein Partner z.B., »Ich bringe Erdbeeren mit«, dann sagt der andere Partner: »Erdbeeren sind widerlich. Wie kannst du Erdbeeren mögen?«
- **2. Runde**
  Die Teilnehmer zerstören die Ideen der anderen nicht, aber sie arbeiten auch nicht zusammen. Sagt z.B. der eine Teilnehmer »Ich bringe Erdbeeren mit«, dann sagt der andere Teilnehmer: »Ah ja. Ich bringe Hühnchen mit.«
- **3. Runde**
  Die Teilnehmer beginnen jeden neuen Satz mit einem »Ja, und…« und denken den Vorschlag des Partners wirklich weiter, z.B.: »Ich bringe Erdbeeren mit.« – »Ja, und ich bringe Sahne für die Erdbeeren mit.« – »Ja, und dann machen wir Erdbeertorte.« – »Ja, und dann machen wir eine Tortenschlacht.«

Die erste Runde ist durchaus beliebt. Es macht Spaß, die Ideen des anderen auf immer wieder neue Weisen zu zerstören. Allerdings handelt es sich hier um ein Spiel und das Zerstören ist eine vereinbarte Regel.

Niemand mag die zweite Runde. Dein Partner investiert nicht in deine Idee, und sie ist es noch nicht mal wert, darüber zu streiten. Tatsächlich kennen wir gerade diese Haltung aus Meetings gut: »Ja, ich mag deine Idee, aber hier ist meine Idee!« Oder die Idee wird komplett übergangen und dann vergessen. Wir als Trainer rufen zu einem »Ja, und…« im Unternehmensalltag auf, damit neue Ideen wirklich gemeinsam weitergedacht und groß gemacht werden.

Gut funktioniert die Übung übrigens auch, wenn Sie die Teilnehmer einfach ohne vorherige Ankündigung zu einer Runde »Ja, und« auffordern, z.B. für das Planen einer Reise. Oft stellt sich dabei heraus, dass die Teilnehmer wenig miteinander kooperieren, ohne dies selbst zu bemerken: »Wir fahren nach Paris« – »Ja, und dann gehen wir auf den Eifelturm« – »Ja, und dann spazieren wir an der Seine«.

Nutzen Sie die Übung als Metapher für Firmenmeetings, öffnen Sie den Teilnehmern die Augen und fordern Sie anschließend zu einer neuen Runde der Kooperation auf (s.o. Runde 3).

3.3.1 Au ja!

Teilnehmer	4–30	**Schwierigkeit**	leicht
Dauer	5 min	**Energielevel**	hoch
Teamstatus	für jeden Teamstatus	**Setup**	frei im Raum, ausreichend Platz zur Verfügung stellen

Ziel

Sich gemeinsam auf neue Ideen einlassen, Ja-Sagen lernen

Anleitung

Die Teilnehmer laufen durch den Raum. Ein beliebiger Teilnehmer macht einen Vorschlag für eine Handlung, z.B.: »Lasst uns alle auf einem Bein hüpfen.« Die anderen Teilnehmer schreien laut »Au ja!« und hüpfen alle gemeinsam auf einem Bein durch den Raum. Alle hüpfen so lange, bis ein Teilnehmer einen neuen Vorschlag macht, z.B. »Lasst uns alle an den Händen fassen und einen Kreis bilden.« Wieder rufen alle laut »Au ja!« und führen die Handlung gemeinsam aus. Trainieren Sie vor der Übung gerne einmal das laute »Au ja!«-Rufen.

Variationen

- Manche Teams müssen genauso lernen, gemeinsam und entschieden auch mal »Nein!« zu sagen. Führen Sie also im Anschluss an die »Au ja«-Runde eine »Nein«-Runde an, in die tatsächliche Beispiele aus dem Arbeitsalltag hineingerufen werden, z.B.: »Könnt ihr mal eben Aufgabe xy noch in den Sprint reinnehmen? Der Kunde braucht das ganz schnell.« Gemeinsam ruft das Team laut »Nein!« und unterstützt den Ausruf durch eine passende Körperhaltung, z.B. indem Teilnehmer mit dem Fuß aufstampfen.

Debriefing

- Diskutieren Sie mit dem Team darüber, wann eine »Au ja«-Haltung wichtig ist und wann auch mal »Nein!« gesagt werden darf. Letzteres hat ebenfalls viel mit Commitment zu tun.

Einsatzmöglichkeiten

- Als Einleitung für die Identifizierung von Killerphrasen im Team (»Nein, das geht nicht.«, »Das funktioniert bei uns nicht.«, »Ja, aber…«, »Das haben wir aber immer anders gemacht« etc.)
- Als Einstieg in das Thema *Selbstverantwortung und Selbstmanagement*
- Als Warm-up vor Meetings

3.3.2 Fotosession

	Teilnehmer	6–20	**Schwierigkeit**	leicht
	Dauer	5–10 min	**Energielevel**	niedrig
	Teamstatus	für jeden Teamstatus	**Setup**	stehend, eine Seite des Raumes wird zur Bühne, ausreichend Platz zur Verfügung stellen
Video	agile-werte-leben.de/uebungen/selbstverpflichtung/fotosession			

Ziel

Zusammenarbeit, gemeinsam auf einer Idee aufbauen, sich gegenseitig ergänzen, Körpersprache trainieren

Anleitung

Ein Teilnehmer beginnt und nennt einen Gegenstand und eine Zahl, z.B.: »Hamburger. Vier.« Nun betreten vier beliebige Teilnehmer die Bühne und formen gemeinsam den Gegenstand. Zum Beispiel stellen zwei Teilnehmer die Brötchenhälften dar, ein Teilnehmer ein Salatblatt und ein Teilnehmer die Frikadelle. Die Teilnehmer verharren kurz in einem Standbild und verlassen die Bühne dann wieder.

Nun nennt ein neuer Teilnehmer eine Zahl und einen Gegenstand. Statt Gegenstände können auch Ereignisse genannt werden, z.B.: »Omas 80. Geburtstag mit sechs Personen.«, »Unsere Kunden beim letzten Review mit drei Personen« oder »Wir beim Daily Stand-up mit sieben Personen«.

Variationen

Statuen Retro (angelehnt an das Statuentheater von Augusto Boal [BoalSpinu-Thorau1982]):

- Geben Sie als Übungsleiter die Frage »Wie war der letzte Sprint?« für das Team vor. Alle Teammitglieder stellen nun ein Standbild vom letzten Sprint dar. Sprechen Sie anschließend kurz darüber, was in dem Standbild alles zu sehen ist (noch nicht wertend!).
- Stellen Sie nun die Frage »Wie wünscht ihr euch den nächsten Sprint?«. Alle Teilnehmer bilden nun gemeinsam ein Standbild von ihrer Wunschvorstellung vom nächsten Sprint. Sprechen Sie anschließend ebenfalls darüber, was in dem Standbild zu sehen ist (noch nicht wertend!).

- Die Standbilder können in dieser Übung sowohl spontan entstehen als auch vorbereitend und können bei der Entstehung diskutiert werden, z.B. wenn die Teilnehmer noch etwas verändern wollen oder wenn etwas in dem Standbild fehlt.
- Sobald beide Standbilder einmal aufgestellt wurden, können Sie in die inhaltliche Diskussion gehen: Was können wir im nächsten Sprint verbessern? Was müssen wir dafür tun, damit das nächste Sprint-Standbild tatsächlich euren Wünschen entspricht? Was in dem Wunsch-Standbild ist euch am wichtigsten?

Debriefing

- Wie hat die Kommunikation bei der Entstehung der Standbilder funktioniert? Was könnte dabei noch verbessert werden?
- Was haben die außenstehenden Teilnehmer bei der Entstehung der Standbilder beobachtet? Wie haben sich die Teilnehmer auf der Bühne zu einem gemeinsamen Bild ergänzt?
- Was haben die Teilnehmer noch beobachtet? Was war Interessantes in den Standbildern zu sehen? Diese Frage können Sie auch direkt stellen, wenn Sie im Übungsverlauf ein interessantes Standbild entdecken.

Einsatzmöglichkeiten

- Retrospektive
- Teambuilding
- Bei der Definition von Zielgruppen und Personas, thematisch passend zu deren Lebenswelt
- Als Abschluss von einem Workshop, um die Ereignisse daraus noch einmal Revue passieren zu lassen

3.3.3 Ab durch die Wand!

Teilnehmer	10–20	**Schwierigkeit**	leicht
Dauer	5–10 min	**Energielevel**	hoch
Teamstatus	für bestehende Teams	**Setup**	großer freier Raum oder draußen

Ziel

Zusammenhalt üben, Achtsamkeit für sich und andere entwickeln, Entschlossenheit trainieren, Vertrauen und Mut im Team stärken

Anleitung

Ein einzelner Teilnehmer stellt sich auf eine Seite des Raumes. Mit genug Abstand platzieren sich alle anderen Teilnehmer in einer Reihe gegenüber auf der anderen Seite des Raumes. Wichtig ist, dass alle eng zusammenstehen, einen sicheren Stand haben, die Handflächen etwas nach vorne strecken und den einzelnen Teilnehmer im Blick behalten. Der allein stehende Teilnehmer schließt nun die Augen und läuft in seinem Tempo auf die gegenüberliegende Menschenwand zu. Aufgabe der anderen Teilnehmer ist es, ihn aufzufangen und abzubremsen.

Achten Sie darauf, dass sich keine Stolperfallen im Raum befinden, und warnen Sie den Teilnehmer natürlich rechtzeitig, falls er die Menschenwand komplett verfehlen sollte. Starten Sie gerne eine zweite Runde oder lassen Sie die einzelnen Teilnehmer direkt ein zweites Mal laufen, wobei sie ihr Tempo gerne ihrem eventuell gestiegenen Mut und Vertrauen anpassen können.

Debriefing

- Wie ist es den einzelnen Teilnehmern in der Übung ergangen? Wie haben sich die Teilnehmer beim Laufen gefühlt und wie die Teilnehmer in der Menschenwand?
- Hat die Übung den Teilnehmern Spaß gemacht? Warum, warum nicht?
- Wie haben sich die unterschiedlichen Teilnehmer verhalten? Einige Teilnehmer laufen z.B. einfach mit vollem Karacho drauflos, einige schreien dabei, andere stoppen kurz vor der Wand und andere wiederum gehen ganz zögernd und tastend drauflos.
- Wem ist das blinde Drauflosiaufen schwergefallen und wem leicht? Warum war das so? Was hat geholfen, auf die anderen zu vertrauen?

Einsatzmöglichkeiten

- Teambuilding
- Retrospektive
- In Verbindung mit den Werten *Mut* und *Vertrauen*

3.3.4 Menschine

	Teilnehmer	6–30	**Schwierigkeit**	mittel
	Dauer	5–10 min	**Energielevel**	hoch
	Teamstatus	für bestehende Teams	**Setup**	stehend, eine Seite des Raumes wird zur Bühne; ausreichend Platz zur Verfügung stellen
Video	agile-werte-leben.de/uebungen/selbstverpflichtung/menschine			

Ziel

Zusammenarbeit üben, ein gemeinsames Bild darstellen, aufeinander aufbauen, Spaß haben

Anleitung

Ein beliebiger Teilnehmer tritt auf die Bühne und beginnt mit einer einfachen Bewegung und einem Geräusch, z.B. macht er eine Kniebeuge und sagt dabei »Tuut«. Die Bewegung und das Geräusch führt er nun in Dauerschleife durch. Sie sollten also so einfach sein, dass er sie für einen längeren Zeitraum durchhält.

Nun betritt ein zweiter Teilnehmer die Bühne, stellt sich neben den anderen Teilnehmer und macht eine ergänzende Bewegung und ein Geräusch, z.B. schwingt er in Dauerschleife die Arme in die Luft und sagt dabei immer »Plop«.

Als Nächstes gesellt sich ein dritter Teilnehmer zu den anderen. Am Ende stehen alle Teilnehmer auf der Bühne und formen gemeinsam eine Maschine aus Bewegungen und Geräuschen.

Geben Sie der Maschine entweder am Ende einen Namen oder machen Sie schon vorher eine Vorgabe, gerne auch angelehnt an ein reales Produkt aus dem Arbeitsalltag.

Variationen

- Die Sprintmaschine: Formen Sie gemeinsam eine Maschine mit charakteristischen Aussagen und Gesten aus dem letzten Sprint.

Debriefing

- Generell kann die Übung ohne Debriefing durchgeführt werden und schafft allein durch das Durchführen eine gute Atmosphäre für die Zusammenarbeit und den Zusammenhalt im Team. In jedem Fall sorgt sie für eine positive Stimmung und viele Lacher. Fragen Sie die Teilnehmer gerne kurz, was sie bei der Übung beobachtet und gelernt haben.

Einsatzmöglichkeiten

- Teambuilding
- Retrospektive
- Zum Projektstart: Die Teilnehmer assoziieren ihre Maschine zu dem neuen Produkt/Projektetc.

Sagen Sie vorher an, dass die Teilnehmer ohne großes Nachdenken schnell die Bühne betreten sollen. Vor allem, um die bereits vorne stehenden Teilnehmer nicht hängen zu lassen und sie in ihren Bewegungen und Geräuschen zu unterstützen. Besonders für den mutigen ersten Teilnehmer ist schnelle Unterstützung wichtig!

3.3.5 Arbeitsroboter

Teilnehmer	2–12	**Schwierigkeit**	mittel
Dauer	10 min	**Energielevel**	mittel
Teamstatus	für bestehende Teams	**Setup**	frei im Raum, braucht etwas Platz, damit sich die Roboter nicht in die Quere kommen

Ziel

Sich gegenseitig auf die Ideen eines Partners einlassen, Zusammenarbeit fördern, Kreativität anregen

Anleitung

Die Teilnehmer finden sich zu zweit in Paaren zusammen. Ein Teilnehmer A formt zunächst aus Teilnehmer B ein Standbild von einem Roboter, indem er ihn in eine bestimmte Körperhaltung bringt. Die Arme, die Beine, der Körper, eventuell auch die Gesichtszüge von Teilnehmer B sind dabei frei für Teilnehmer A beweglich. Dann drückt A auf einen imaginären Startknopf und B beginnt eine Arbeit auszuführen, die ihm assoziativ aus dem Standbild heraus in den Sinn kommt, z.B. Staubsaugen. Die Tätigkeit muss nicht unbedingt einen Sinn ergeben. A nimmt das Angebot seines Roboters an und nutzt ihn für diese Art von Tätigkeit. Er geht z.B. mit ihm durch den Raum, um sauber zu machen. Anschließend schaltet er den Roboter aus und die beiden Teilnehmer tauschen die Rollen.

Debriefing

- Wie hat die Übung in den einzelnen Paaren funktioniert und was haben die Teilnehmer beobachtet?
- War es schwer oder einfach, mit den Angeboten des Partners zu arbeiten? Hat der Partner vielleicht überraschend reagiert und wie ist der andere Partner damit umgegangen? Wie ist es gelungen, in der Übung zusammenzuarbeiten?

Einsatzmöglichkeiten

- Teambuilding
- Retrospektive
- Zur Förderung von Teamarbeit, z.B. auch als Einstieg in das Thema *Pair Programming*

3.3.6 Commitment-Szenen

Teilnehmer	4–20	**Schwierigkeit**	schwer
Dauer	15 min	**Energielevel**	mittel
Teamstatus	für bestehende Teams	**Setup**	kleine Bühnenfläche im Raum für zwei Personen, die anderen Teilnehmer sitzen

Ziel

Ideen des Partners annehmen und weiterentwickeln, Zusammenarbeit üben, Schlagfertigkeit trainieren

Anleitung

Auf einer Seite des Raumes wird eine kleine Freifläche als Bühne geschaffen. Alle Teilnehmer nehmen davor auf Stühlen als Zuschauer Platz. Zwei beliebige Teilnehmer stehen auf und treten auf die Bühne, um eine kurze Miniszene zu spielen. Die Miniszene hat folgenden Aufbau: Ein Teilnehmer beginnt und definiert in zwei bis drei Sätzen so viel wie möglich: Wer sind die Personen? Wo spielt die Szene? Worum geht es?

Ein Beispiel: »Mensch, Mutter, nicht die Badehaube aufsetzen und rausgehen. Hier ist dein Hut. Sei doch nicht so schusselig!«

Die Zuschauer erfahren: Es geht um eine alte Mutter und ihr erwachsenes Kind, die Szene spielt wahrscheinlich bei der Mutter zu Hause und die Mutter ist schon ein wenig tüddelig.

Der andere Teilnehmer nimmt sofort die Rolle der anderen Person an und reagiert passend zu den Vorgaben seines Partners, z.B.: »Ach, mein lieber Sohn, wenn ich dich nicht hätte! Was sagtest du noch mal, wo wollen wir jetzt hingehen?«

Damit ist die kurze Szene beendet und zwei neue Teilnehmer betreten die Bühne.

In allen Szenen geht es darum, dass Teilnehmer A in wenigen Sätzen seine Idee von der Szene verdeutlicht und Teilnehmer B diese Idee annimmt, auf sie entsprechend reagiert und sie mit einigen wenigen Sätzen weiterentwickelt.

Variationen

- Die Teilnehmer bewegen sich alle frei im Raum. Immer wenn eine Person auf eine andere Person trifft, spielen sie eine Miniszene. Teilnehmer A startet und Teilnehmer B reagiert auf die Idee und entwickelt sie weiter. Dann gehen die Teilnehmer wieder auseinander und suchen sich jeweils einen neuen Partner. Die Miniszenen werden in diesem Fall also alle parallel und ohne Zuschauer im freien Raum gespielt.

Debriefing

Machen Sie gerne eine kleine Reflexion nach jeder Miniszene:

- Wie haben sich die beiden Spieler in der Szene gefühlt? Ist es Teilnehmer B leicht- oder schwergefallen, die Idee von Teilnehmer A anzunehmen? Warum?
- Was haben die Zuschauer gesehen? Wo spielte die Szene? Um wen und was ging es in der Szene?
- Wie haben die Zuschauer die Zusammenarbeit auf der Bühne wahrgenommen? Hat sich Teilnehmer B auf die Idee von Teilnehmer A eingelassen?
- Sprechen Sie nach der Übung darüber, was die Teilnehmer aus den Szenen mitnehmen. Was erleichtert generell die Zusammenarbeit? Was hilft dabei, Ideen von anderen anzunehmen und eine gemeinsame Idee daraus zu machen? Wie kann das Team das Gelernte auf den Arbeitsalltag übertragen?
- In Verbindung mit dem Wert *Fokus*: Wie gelingt es, die Handlung der Szene mit wenigen Sätzen möglichst eindeutig und klar zu machen? (Wer? Mit wem? Was? Wo?)

Einsatzmöglichkeiten

- In Teamworkshops (z.B. zum Thema *Zusammenarbeit*)
- In Schlagfertigkeitstrainings
- In Workshops zu den Themen *Storytelling* und *Fokus*

Geben Sie den Teilnehmern vorher oder zwischendurch eine Hilfestellung, wie sie als Teilnehmer A die Situation für Teilnehmer B möglichst klar definieren können. z.B. indem sie Teilnehmer B eine Rolle geben (z.B. »Mutter«, »mein Schwesterherz«, »Frau Direktorin«), Aussagen über den Ort machen (z.B. »Die Blumen blühen hier draußen so herrlich«) und einen Inhalt für die Szene festlegen (z.B. »Kannst du mir verraten, woher du deinen grünen Daumen hast?«).

3.3.7 Spieleerfinder

	Teilnehmer	5–12	**Schwierigkeit**	schwer
	Dauer	5–10 min	**Energielevel**	mittel bis hoch
	Teamstatus	für bestehende Teams	**Setup**	freier Raum
Video	agile-werte-leben.de/uebungen/selbstverpflichtung/spieleerfinder			

Ziel

Zusammenarbeit üben, gemeinsam an einem Strang ziehen und eine Lösung finden, Achtsamkeit schärfen

Anleitung

Im Laufe der Übung sollen die Teilnehmer gemeinsam ein neues Spiel erfinden. Sie müssen sich dabei auf gemeinsame Regeln und ein gemeinsames Ziel für das Spiel einigen. Wichtig: Sie dürfen dabei nicht miteinander reden, sondern müssen das Spiel allein durch Handlungen definieren. Das heißt, ein Teilnehmer probiert etwas aus, die anderen reagieren darauf und gemeinsam schaut das Team, ob sich daraus zuerst Muster und dann ein Spiel entwickeln. Sehr wahrscheinlich müssen die Teilnehmer dabei eine angefangene Idee auch wieder verwerfen und neue Handlungen ausprobieren.

Am Ende der Übung spielen alle Teilnehmer gemeinsam das Spiel, d.h., jeder Teilnehmer kennt die Regeln und das Ziel des Spiels.

Debriefing

- Was sind die Regeln des Spiels? Haben alle Teilnehmer sie verstanden? Was ist das Ziel des Spiels?
- Wie sind die Zusammenarbeit und die Verständigung gelungen? Was hat nicht funktioniert? Was hat funktioniert? Was war hilfreich bei der Abstimmung?

- Wie haben sich die unterschiedlichen Teilnehmer in der Übung verhalten? Wer hat eher Ideen eingebracht und wie hat er das gemacht? Wer hat die Ideen eher aufgenommen und weiterentwickelt? Wie waren die Rollen im Team?
- Was können die Teilnehmer aus der Übung auf den Arbeitsalltag übertragen?

Einsatzmöglichkeiten

- Teambuilding
- In Teamworkshops zu allen möglichen Themen (Zusammenarbeit, Kommunikation etc.)

Wahrscheinlich braucht das Team ein paar Anläufe und Versuche, bis es zum ersten Mal ein gemeinsames Spiel gefunden hat. Beobachten Sie die Gruppe erst einmal für eine kurze Zeit und geben Sie dann den Hinweis, dass Motivation und klare Regeln in dieser Übung sehr hilfreich sind. Die Teilnehmer sollen sich vorstellen, dass sie tatsächlich ein Spiel spielen, bei dem sie unbedingt gewinnen wollen (z. B. Fußball). Wiederholen Sie die Übung gerne nach einiger Zeit wieder mit ihrem Team. Sie werden sehen, dass die Gruppe nun viel schneller zu einem Ergebnis kommt.

3.3.8 Blindenfangen

Teilnehmer	10–30	**Schwierigkeit**	leicht
Dauer	15–20 min	**Energielevel**	niedrig
Teamstatus	für jeden Teamstatus	**Setup**	stehend im Kreis, großer freier Raum, zwei Tücher zum Verbinden der Augen

Ziel

Verantwortung übernehmen, aufeinander achtgeben, Aufmerksamkeit und Fokus trainieren, Vertrauen stärken

Anleitung

Zwei Teilnehmer treten in die Mitte des Raumes. Alle anderen Teilnehmer bilden einen großen Kreis um die beiden. Ein Teilnehmer in der Mitte bekommt nun die Rolle des Opfers und ein Teilnehmer die des Täters. Beiden werden die Augen verbunden.

Bevor die Übung beginnt, machen nun die im Kreis stehenden Teilnehmer noch einmal ordentlich Lärm und positionieren den Täter und das Opfer irgendwo im Inneren des Kreises mit genügend Abstand voneinander.

Ziel des Täters ist es nun, das Opfer blind zu fangen. Beide Teilnehmer können sich dabei mit verbundenen Augen frei im Kreis bewegen. Der Täter darf das Opfer dreimal um ein Zeichen bitten, indem er »Sag mal Piep!« ruft und das Opfer kurz »Piep« sagt.

Je größer der Raum ist, desto schwerer wird die Übung für den Täter. Die Teilnehmer im Kreis achten darauf, dass Täter und Opfer nicht in Hindernisse laufen und sich verletzen. Stoßen die beiden an die Kreisgrenzen, dann werden sie von den Teilnehmern im Kreis sanft wieder in Richtung Kreismitte gedreht. Nach dem dritten Zeichen hat der Täter noch eine Minute Zeit. Ansonsten hat das Opfer die Übung gewonnen. Wiederholen Sie die Übung mit anderen Teilnehmern.

Debriefing

- Wie haben sich Täter und Opfer in der Übung gefühlt? War es leicht oder schwer, sich blind durch den Raum zu bewegen? Was hat die Situation erschwert oder erleichtert?
- Wie haben sich die außenstehenden Teilnehmer gefühlt? Was haben sie beobachtet?
- In welchem Zusammenhang steht die Übung für die Teilnehmer zum Wert *Commitment* (z.B. aufeinander achtgeben und gemeinsam auf Täter und Opfer aufpassen)? An dieser Stelle können Sie auch gut eine Verbindung zu den Themen *Vertrauen* (blind vertrauen, Achtsamkeit) und *Fokus* (Ruhe und Fokus im Raum auf den Täter und das Opfer) herstellen.

Einsatzmöglichkeiten

- Teambuilding
- In längeren Workshops sorgt die Übung zwischendurch für Ruhe und Konzentration und stärkt das Gemeinschaftsgefühl.

Besonders auf Böden mit knarrenden Dielen oder in hallenden Räumen empfiehlt es sich für Opfer und Täter, die Schuhe auszuziehen. Sonst ist das Opfer sehr schnell gefangen. Vermeiden Sie zudem starke Außengeräusche und achten Sie darauf, dass sich die Teilnehmer im Kreis so leise wie möglich verhalten.

Unser Held auf Reisen: Ja, und …

Zu viert standen sie zusammen und führten eine ausgiebige Diskussion über Leidenschaft bei der Arbeit und wie Peter es schaffen könnte, auch bei seinen Kollegen das Feuer zu entfachen. COMMITMENT riet ihm zur Selbstreflexion: »Prüfe doch einmal, wie häufig du ›Nein‹ oder ›Ja, aber‹ sagst, und versuche es stattdessen mit einem ›Ja‹ oder ›Ja, und‹. Schau mal, was passiert und was sich dadurch verändert!«

Ohne Wenn und Aber nahm Peter sich den Vorschlag zu Herzen und fügte hinzu: »Ich könnte auch mal zum Thema Killerphrasen eine gemeinsame Session mit dem Team machen. Wieso, weshalb, warum wird die blockierende Haltung eingesetzt?«

Peter freute sich über diese Idee und erlangte Zustimmung der drei Helden durch ein anerkennendes Kopfnicken. COMMITMENT unterbrach den Moment, indem sie aufsprang und Peter einlud, sie ein Stück zu begleiten: »Komm, ich stelle dir VERTRAUEN vor!«

3.4 Sei vertrauenswürdig und vertrauensvoll

»Mit gutem Beispiel voranzugehen, ist nicht nur der beste Weg, andere zu beeinflussen – es ist der einzige.«

Albert Schweitzer, Arzt

Unser Held auf Reisen: Große Entdeckung

Sie waren zu viert ein Stück aus dem Park gegangen. Nach kurzer Zeit standen sie am Fuße eines kleinen Hügels, auf dem ein großer Baum stand. Seine Blätter leuchteten in sattem Grün, und es hätte schätzungsweise zehn Armlängen gebraucht, um seinen Stamm zu umfassen. Sie gingen den Hügel hinauf und entdeckten dort einen älteren Mann, der angelehnt am Baum saß und in einem altertümlich wirkenden Buch las. Peter war sofort klar, dass dies VERTRAUEN sein musste.

Als VERTRAUEN Peter und die anderen Helden entdeckte, stützte er sich auf seinen Gehstock und stand auf. Peter war von seiner Größe beeindruckt. VERTRAUEN überragte ihn um gut zwei Köpfe und musste sich zur Begrüßung herunterbeugen. Peter hörte VERTRAUEN mit ruhiger und sanfter Stimme sagen: »Schön, dass du da bist. Ich habe schon viel von dir gehört. Komm, setz dich zu mir.« Peter hatte schon aufgehört, sich zu wundern, dass jeder ihn mit seinem Namen ansprach. Alle setzten sich und lehnten sich mit dem Rücken an den Baum. Nur Peter saß VERTRAUEN direkt gegenüber und sie begannen, sich zu unterhalten.

Jeder Mensch hat eine eigene Grundeinstellung zum Thema Vertrauen. Diese wird vor allem in der Kindheit geprägt. Kinder starten mit einem Urvertrauen. Enttäuschungen erfahren sie, wenn die Eltern beispielsweise etwas ankündigen, das sie nicht einhalten, zu stark kontrollieren oder Anforderungen stellen, die nicht erreicht werden können und damit zu permanenten Misserfolgen führen. Auch wenn niemand da ist, der an einen glaubt und einen unterstützt, schwächt dies das Vertrauen. Beim Lesen werden Sie vielleicht feststellen, dass Sie diese Erfahrungen ebenfalls im Kontext von Arbeit gemacht haben. Unternehmen sollten einen permanenten Vertrauensvorschuss geben, der nicht gleich beim ersten Fehlverhalten aufgebraucht wird. Für die Zusammenarbeit in einem Team ist der Wert von großer Bedeutung.

Vertrauen ist der Schlüssel zu einem ehrlichen und offenen Miteinander. Wie Sie in Abschnitt 2.1.2, »Was zeichnet ein agiles Team aus?« erfahren haben, ist der Mangel an Vertrauen eine der häufigsten Dysfunktionen von Teams. Sie muss als Erstes überwunden werden, um eine solide Basis für die Zusammenarbeit zu schaffen. Unternehmen, Manager oder Führungskräfte geben gerne vor, ihren Mitarbeitern oder Teams zu vertrauen, verhalten sich dann aber gegensätzlich, indem sie diese einer ständigen Kontrolle unterziehen.

Fragen Sie sich selbst, in welchen Bereichen Ihrer Arbeit Sie sich unsicher fühlen, und teilen Sie Ihre Gedanken mit einem Kollegen. Sie können diesen Austausch auch unter den Teammitgliedern bei der nächsten Retrospektive anregen und den Zeitraum anpassen, z.B.: »Wo und wobei hast du dich im letzten Sprint unsicher gefühlt?«

Wo können Sie ganz Sie selbst sein? Woran liegt das? Was davon möchten Sie in Ihren Arbeitsalltag übernehmen, und welche Rahmenbedingungen müssen Sie dafür in Ihrem Unternehmen ändern?

Welche Fragen gehen Ihnen im Zusammenhang mit der eigenen Transformation im Unternehmen durch den Kopf? Wo kommt Misstrauen auf? Was hat das mit Ihnen persönlich zu tun, oder wie kann vertrauensvoller kommuniziert werden?

Die Frage ist, woher rührt dieses Misstrauen? Wir stellen Fachkräfte ein und trauen ihnen dann nicht zu, dass sie das Richtige im Sinne des Unternehmens tun. Vertrauen geht immer auch mit Kontrollverlust einher. Gesellschaftlich sind wir in Deutschland an ein System aus Überwachung, Steuerung und Kontrolle gewöhnt, und viele Unternehmen müssen sich erst einmal mit dem neuen Führungsansatz der Selbstorganisation auseinandersetzen.

Nicht selten bekommen wir von unseren Kundenprojekten zu hören, dass sich die Mitarbeiter Anweisungen von oben wünschen und ohne diese überfordert wären. Es ist Aufgabe von Managern oder Führungskräften, sich gemeinsam mit den Mitarbeitern mit dem Wert *Vertrauen* auseinanderzusetzen und überschaubare und greifbare Rahmenbedingungen für die Selbstorganisation zu schaffen.

Ines Papert, Extremsportlerin

Ines Papert ist Profibergsteigerin. Sie wurde viermal Weltmeisterin im Eisklettern und ist mehrfache Weltcup-Siegerin.

Beim Klettern ist Vertrauen die Basis für eine gemeinsame Seilschaft. Vertrauen in mich selbst und Vertrauen in meinen Partner. Schließlich gebe ich mein Leben in die Hände eines anderen. Jeder kleine Fehler am Berg kann tödlich enden. Während wir gemeinsam am Seil hängen, hinterfrage ich nicht, ob mein Kletterpartner zu 100% reaktionsbereit ist oder seinen Standplatz ordentlich aufgebaut hat. Würde ich dies bei einer schwierigen Route ständig tun, wäre ich nur noch damit beschäftigt und nicht in der Lage, an meine Leistungsgrenze zu gehen. Für eine gemeinsame Kletterroute muss ich meinem Kletterpartner also grundlegend vertrauen können. Dieses Vertrauen ist niemals am ersten Klettertag vorhanden. Ich muss meinen Partner kennenlernen und seine Fähigkeiten einzuschätzen lernen. Eine weitere Eigenschaft ist für mich dabei genauso wichtig wie Vertrauen: Zuverlässigkeit.

→

Mein Selbstvertrauen stärke ich durch Vorbereitung und hartes Training. Bei meinen Weltcupsiegen wusste ich immer schon ab dem Finale, dass ich das Rennen gewinne. Ohne diese feste Überzeugung hätte ich es dort nie bis zum Ziel geschafft. Ich erlebe häufig, dass besonders Frauen ihre eigenen Leistungen in den Schatten stellen und mir sagen: »Ich bewundere dich für deinen Mut, aber ich würde mir das nie zutrauen.« Ich empfehle ihnen, dass Wort *aber* aus ihrem Wortschatz zu streichen.

In meinen Augen können sich auch Mitarbeiter in Unternehmen nur dann vertrauen, wenn sie sich gut kennen und schätzen. Das kostet Zeit, und Zeit ist heute ein seltenes Gut. Aber es lohnt sich! Denn wie beim Klettern muss ich in einem Unternehmen gewisse Aufgaben aus den Händen geben. Nahezu niemand erreicht den Gipfel über eine schwierige Route alleine. Ich muss die Fähigkeiten meiner Partner kennen, und wir müssen sie gemeinsam einsetzen können. Aus dem Vertrauen ergibt sich der Erfolg.

Wenn unser Vertrauen einmal missbraucht wurde, dann fangen wir häufig an zu generalisieren. Haben wir eine schlechte Erfahrung in einem Gebiet gemacht, dann fallen z.B. verallgemeinernde Sätze wie »Denen kann ich das nicht zutrauen« oder »Nie wieder vertraue ich jemanden diese Aufgabe an!«. Nach einer Enttäuschung werden wir sensibler und misstrauischer.

Im Kontext von Arbeit erleben das nicht nur die direkt betroffenen Personen, sondern auch die Kollegen, mit denen unmittelbar zusammengearbeitet wird. Dieses Misstrauen, obwohl gar nicht selbst erlebt, geht dann auf andere Mitarbeiter über, die dann auch Misstrauen gegenüber der Situation oder einer Person entwickeln. In Unternehmen staut sich die Menge an schlechten Erfahrungen über die Jahre als Altlasten an, die generalisiert und weitergetragen werden [URL: Berner 2017].

Gerade im Zuge eines Veränderungsprozesses, wie es der aktuelle Wandel und die Einführung von Agilität sind, wirbeln diese Erfahrungen wieder auf. Das Ergebnis ist oft eine misstrauische Haltung dem Neuen gegenüber, die in Blockaden oder Starre mündet und sich durch ein Nicht-Bewegen-Wollen Einzelner ausdrückt.

Der Fehlerbogen

Aus dem Improtheater haben wir Ihnen bereits die Denkweise *Scheiter heiter* ans Herz gelegt. Sehr gerne setzen wir in diesem Zusammenhang den Fehlerbogen (engl. *failure bow*) ein. Anstatt sich bei einem Fehler klein zu machen, hebt man beide Hände in die Luft, streckt den Rücken durch und ruft freudig: »Ich habe einen Fehler gemacht!«

→

Aus dem Sport wird Ihnen der Fehlerbogen sicher bekannt sein. Gymnasten machen die Bewegung des Bogens nach jeder Übung, auch wenn sie Fehler gemacht haben. Das Schöne daran ist, dass der Fehler durch die Art und Weise, wie wir mit ihm umgehen, an Gewicht verliert. Der Fehlerbogen kann zu transformativem Lernen, also zu einer kritischen Selbstreflexion, führen und damit unsere physiologische Reaktion auf das Scheitern verändern, indem Selbstzweifel und Selbstverurteilungen gar nicht erst zustande kommen.

Die Technik kann angepasst werden. In einem Unternehmen stellten wir z.B. an einem zentralen Ort in der IT-Abteilung eine Glocke auf. Sobald jemand einen Fehler mit größeren Auswirkungen machte, ging er zu der Glocke und läutete sie. Im nächsten Moment versammelten sich alle, die das Klingeln gehört hatten, um die Person und teilten den Fehler, die eigentlichen Erwartungen und das, was sie persönlich bzw. das Unternehmen daraus lernen konnten, miteinander. Danach gingen alle wieder an ihren Platz zurück. Im Video zur Übung *El Figeliano* (siehe Übung 3.1.4, »El Figeliano«) haben wir das Fehlerfeiern eingebaut.

Beim Improtheater müssen auch Improspieler jedes Mal wieder über ihren Schatten springen. Was wird heute auf der Bühne passieren? Was, wenn ihnen nichts einfällt? Zum einen braucht es Selbstvertrauen. Selbstvertrauen darauf, dass im entscheidenden Moment schon irgendeine Idee kommt, und das Selbstvertrauen, mit Fehlern und dem Unperfekten umzugehen und weiterzumachen.

Viel wichtiger ist allerdings das Vertrauen in die Gruppe, denn zum Glück betritt ein Improspieler die Bühne niemals alleine. Improspieler können sich darauf verlassen, dass ein Mitspieler mit einer neuen Idee einspringt, wenn sie selbst in einer Szene ins Stocken geraten. Sie können sich darauf verlassen, dass ihnen bei einem Fehler sofort jemand zur Seite steht. Und sie können sich darauf verlassen, dass das Team gemeinsam für jede Herausforderung und jede noch so ausweglos erscheinende Situation eine Lösung findet.

Jeder, der Improtheater spielt – sei es auch nur für einige einfache Übungen aus diesem Buch –, muss unweigerlich auch Vertrauen schenken. Es ist hilfreich, dieses Risiko erst einmal in spielerischer Weise einzugehen, und anschließend unglaublich befreiend, zu merken, dass man tatsächlich vertrauen kann. Zumindest machen die Spieler diese Erfahrung beim Improtheater direkt und unmittelbar jedes Mal auf ein Neues. Denn auf der Bühne geht es immer irgendwie weiter.

In den Proben ist es wichtig, in Übungen für Vertrauen unter den Spielern zu sorgen und eine vertrauensvolle Arbeitsatmosphäre zu schaffen. Übungen aus dem Improtheater setzen einen Rahmen, in dem Vertrauen und Kontrollverlust ausprobiert und Unsicherheiten offen ausgesprochen werden können.

Wie in Abschnitt 2.1, »Agile Werte und Prinzipien« vorgestellt, ist Vertrauen die Klammer aller agilen Werte. Im Agilen Manifest steht geschrieben: »Errichte Projekte rund um motivierte Individuen. Gib ihnen das Umfeld und die Unterstützung, die sie benötigen, und vertraue darauf, dass sie die Aufgabe erledigen.«

Selbstorganisation erhöht die Motivation und das Engagement der Mitarbeiter und setzt Vertrauen voraus. Einerseits müssen die Mitarbeiter der Führungskraft und dem Management vertrauen können, dass sie bei ihrem Handeln jederzeit unterstützt und gefördert werden. Andererseits muss die Führungskraft Verantwortung abgeben und Vertrauen in die Mitarbeiter setzen.

Uwe Lübbermann, Premium

Uwe Lübbermann ist Gründer der Premium-Marke, die durch ihr Produkt »Premium-Cola« bekannt geworden ist. Im Interview mit Uwe blicken wir auf den Wert Vertrauen, der eine ganz besondere Rolle für das Unternehmen spielt.

Ihr verzichtet bewusst auf Verträge mit euren Partnern und auf Arbeitsverträge bei Premium. Wie kommt es zu so viel Vertrauen?

Ich glaube, 99% der Menschen sind gut, wenn sie respektvoll und wertschätzend behandelt werden. Als Unternehmer oder Mensch muss ich auf das 1% vorbereitet sein, das mir mit Misstrauen begegnet. Ich begegne diesem Misstrauen dadurch, dass ich meine formale Handlungsmacht teile. So muss ich nicht überwachen oder kontrollieren und erziele dadurch Vertrauen.

Dieses Vorgehen hat dazu geführt, dass wir nach 17 Jahren nicht einen Rechtsstreit hatten, obwohl unser Netzwerk mittlerweile aus über 1.700 Personen besteht. Keine Verträge mit Partnern und keine Arbeitsverträge zu haben, bedeutet, sich von den formalen Strukturen eines Unternehmens zu verabschieden und eine vertrauensvolle Partnerschaft auf Augenhöhe einzugehen.

Wurde das Vertrauen schon einmal missbraucht?

In den 17 Jahren haben wir uns von zwei Partnern getrennt, die mehr Wert auf Gewinnmaximierung gelegt haben als auf eine solide anhaltende Partnerschaft.

Warum habt ihr euch gegen Arbeitsverträge entschieden?

Unsere Organisationsstruktur bedingt einfach, dass wir uns den wandelnden Bedingungen laufend anpassen. Unser Orga-Team von zehn Personen lebt direkt von den erwirtschafteten Mitteln und übernimmt regelmäßige Tätigkeiten. Dann und wann kam das Thema *Rollenbeschreibungen* auf. Am Anfang hatten wir noch Rollenbeschreibungen. Über die Zeit haben wir jedoch gemerkt, dass diese viel zu starr sind und wir laufend die Beschreibungen anpassen müssen. Es ändert sich einfach zu vieles in kurzer Zeit: Lebensphasen, Krisen, Partner, Fähigkeiten, Märkte etc. Wir passen die Aufgaben entsprechend an und versuchen, auf all die Dinge einzugehen, sodass wir für unsere Mitarbeiter das persönliche Optimum erreichen, das zur jeweiligen persönlichen Situation passt.

→

Wie baut man so ein vertrauensvolles Miteinander auf?

In den Unternehmen, die ich berate – sei es eine Kommune, ein KMU oder ein Konzern –, habe ich drei Aspekte ähnlich vorgefunden:

1. Viele legen Wert auf den internen Austausch, vergessen dabei aber, über die eigene Organisation hinaus zu schauen und z.B. Partner oder Kunden mit einzubeziehen.
2. Je älter und größer eine Organisation ist, desto länger dauert der Wandel. Für viele ist es dann schon zu spät oder sie sind in einem dauerhaft schlechten Zustand, sodass sie auf der Strecke bleiben.
3. Es herrscht eine große Angst vor einem strukturellen Wandel. Als Mitarbeiter habe ich dann z.B. Angst, meine Privilegien oder meinen Status zu verlieren.

Beim letzten Punkt lautet mein Rat an Unternehmen: Ruft das Ziel aus, die bestehende Struktur so wenig wie möglich zu benutzen. Dies gibt den Unternehmen die Freiheit, alles Mögliche zu tun, und die Sicherheit, dass sie bei Bedarf auf Bestehendes zurückgreifen können.

Zwei wesentliche Faktoren sind für den Aufbau einer neuen vertrauensvollen Struktur wesentlich. Erstens muss ich schrittweise vorgehen und klein anfangen. Dies erreiche ich z.B. dadurch, dass ich mit einer Person oder einem Partner anfange. Vertrauen hat ja vor allem damit zu tun, dass ich voraussagen kann, wie sich mein Gegenüber verhält. Das heißt, meiner Ankündigung einem Mitarbeiter gegenüber muss auch eine Handlung folgen. Der zweite Faktor ist Zeit. Wenn ich erst einmal im Kleinen begonnen habe, Vertrauen aufzubauen, kann ich danach immer auf diese Beziehung verweisen. Wenn wir beispielsweise mit einem neuen Partner sprechen und er im ersten Moment nicht überzeugt ist, verweisen wir auf unser Partnernetzwerk, wo er sich Informationen einholen kann. Dieses Vertrauensnetzwerk spricht dann oft für den guten Ruf, der mit einer vertrauensvollen Beziehung zu einer Person begonnen hat. Mit diesem Netzwerk an Menschen, die dir vertrauen, bist du so wandlungsfähig und krisenfest, wie es nur sein kann.

Wer Improtheater spielt, der muss Vertrauen haben und schenken. In Übungen aus dem Improtheater kann das eigene Selbstvertrauen und das Vertrauen in das Team getestet und gestärkt werden. Als Trainer machen wir immer wieder die Erfahrung, dass allein die gemeinsame Erfahrung, über den eigenen Schatten zu springen und Improtheater auszuprobieren, den Zusammenhalt und das Vertrauen in Gruppen ungemein fördern kann. Übungen aus dem Improtheater setzen einen Rahmen, in dem Vertrauen und Kontrollverlust ausprobiert und Unsicherheiten offen ausgesprochen werden können.

Wir haben in diesem Kapitel Übungen zusammengestellt, in denen die Teilnehmer lernen, Verantwortung füreinander zu übernehmen. Im Umkehrschluss lernen die Teilnehmer also auch, darauf zu vertrauen, dass die anderen Teammitglieder auf sie achtgeben und sie in schwierigen Situationen nicht alleine lassen. Zudem stärken die Übungen das Gemeinschaftsgefühl sowie die allgemeine Achtsamkeit im Team für das Team.

Unser Held auf Reisen: Ganz durcheinander

Gemeinsam mit Product Ownerin Thekla hatte Peter eine Präsentation für den Kunden zur Vorstellung von Scrum vorbereitet. Zuvor hatten sie besprochen, wer welchen Part vor dem Kunden referieren sollte. Doch in der Präsentation ist Peter auf einmal so nervös und durcheinander, dass er, anstatt nur die Einleitung zu übernehmen, Theklas ersten Teil gleich mit präsentierte.

Irgendwann gerät Peter ins Stocken: Der Fehler ist ihm inzwischen aufgefallen und der lange Redeanteil wird ihm vor dem Kunden unangenehm. Verzweifelt schaut er zu Thekla rüber. Doch die lächelt nur entspannt und stellt, ohne mit der Wimper zu zucken, einfach Peters Teil vor. Anschließend referiert wieder Peter einen Part mit, der eigentlich Thekla zugeteilt war. Die ganze abgesprochene Reihenfolge war durcheinandergeraten.

Nach der Präsentation bedankt sich Peter bei Thekla: »Puh! Danke, dass du vor dem Kunden nichts gesagt und einfach mitgemacht hast. Das wäre mir echt peinlich gewesen!«

Thekla grinst. »Gar kein Problem. Beim Impro lernen wir in der Gruppe, uns gegenseitig jederzeit zur Seite zu stehen und unsere Mitspieler gut aussehen zu lassen.« Beide lachen.

3.4.1 Guided Tour

Teilnehmer	2–30	**Schwierigkeit**	leicht
Dauer	5–10 min	**Energielevel**	niedrig
Teamstatus	für jeden Teamstatus	**Setup**	frei im Raum, ausreichend Platz zur Verfügung stellen

Ziel

Vertrauen in den Partner stärken, anderen Sicherheit vermitteln, Achtsamkeit üben

Anleitung

Die Teilnehmer gehen zu zweit in Paaren zusammen. Beide Teilnehmer stellen sich gegenüber voneinander und berühren sich an einer Hand mit den Fingerspitzen des Zeigefingers. Ein Teilnehmer schließt nun die Augen und lässt sich von dem anderen Teilnehmer an der Fingerspitze durch den Raum führen: vorwärts, rückwärts, zu den Seiten, nach oben oder nach unten. Das Ziel der Übung ist es, dass der blinde Teilnehmer seinem Partner voll und ganz vertraut und, ohne etwas zu sehen, ein Gefühl für den Raum bekommt. Anschließend tauschen die beiden Teilnehmer die Rollen.

Variationen

- Anstatt nur die Fingerspitzen können die Teilnehmer auch beide Handflächen aneinanderlegen.

Debriefing

- Wie war es für die Teilnehmer, die Augen zu schließen?
- Wie war es für die Teilnehmer, den Partner durch den Raum zu führen?
- Wie haben die Teilnehmer Vertrauen aufgebaut? Was hat das Vertrauen verstärkt oder gemindert?

Einsatzmöglichkeiten

- Teambuilding, Teamworkshops
- Als Einstieg in eine Retrospektive

3.4.2 Alle, die ...

Teilnehmer	8–30	**Schwierigkeit**	leicht
Dauer	5–10 min	**Energielevel**	mittel
Teamstatus	für neue Teams	**Setup**	Stuhlkreis

Ziel

Ankommen, gegenseitiges Kennenlernen, mehr übereinander erfahren, etwas über sich preisgeben

Anleitung

Die Teilnehmer bilden einen Stuhlkreis. Ein Teilnehmer steht ohne Stuhl in der Mitte. Der Teilnehmer in der Mitte ruft nun einen Satz, der auf ihn selbst zutrifft und der mit »Alle, die auch ...« beginnt, z.B.: »Alle, die auch Angst vor Spinnen haben.« Alle Teilnehmer, auf die der Satz zutrifft, müssen nun aufstehen und sich einen neuen Platz suchen. Da es immer einen Stuhl zu wenig gibt, bleibt immer ein Teilnehmer in der Mitte stehen, der einen neuen »Alle, die ...«-Satz in die Runde wirft.

Variationen

- Retrospektive der Wahrheit: Als Einstieg in eine Retrospektive geben die Teilnehmer Sätze vor, die auf den jeweiligen Sprint zutreffen, z.B.: »Alle, die im letzten Sprint auch zu spät gekommen sind.«

Debriefing

- Wie war es für die Teilnehmer, in der Mitte zu stehen?
- Wie war es für die anderen, den Teilnehmer in der Mitte zu beobachten?
- Gab es Fragen, die komisch für die Teilnehmer waren? Warum?
- Gab es den Fall, dass kein Teilnehmer aufgestanden ist? Wie hat sich der Teilnehmer in der Mitte dabei gefühlt, und wie ist es dem Rest der Gruppe ergangen? Was war unangenehm? Wie konnte oder könnte das unangenehme Gefühl beseitigt werden?
- Was hat Spaß gemacht? Was haben die Teilnehmer übereinander gelernt?

Einsatzmöglichkeiten

- Als Einstieg in Workshops zum Ankommen (»Alle, die heute Morgen auch noch müde sind.«, »Alle, die heute Morgen auch noch nicht gefrühstückt haben.«, »Alle, die sich auch auf den Workshop freuen.«)
- Als Einstieg in eine Retrospektive
- Teambuilding

Gerade in Teams, die sich schon länger kennen, können auch heikle oder vermeintlich peinliche Sätze in den Raum gegeben werden. So kommen eventuell Probleme im Team zur Sprache und die Teammitglieder erfahren Neues übereinander. In diesem Fall ist natürlich besonders wichtig, im Anschluss der Übung darüber zu sprechen.

3.4.3 Ich, Du, Wir

	Teilnehmer	5–12	**Schwierigkeit**	leicht
	Dauer	5–10 min	**Energielevel**	mittel
	Teamstatus	für jeden Teamstatus	**Setup**	frei im Raum, ausreichend Platz zur Verfügung stellen
Video	agile-werte-leben.de/uebungen/vertrauen/ich-du-wir			

Ziel

Zusammenarbeit üben, Aufmerksamkeit schärfen, aktivieren und gleichzeitig für Ruhe und Konzentration sorgen

Anleitung (nach Dr. Nico Becherer)

- **1. Runde**
  Alle Teilnehmer laufen durcheinander durch den Raum. Ein Teilnehmer beginnt, indem er einen Impuls an einen anderen Teilnehmer weitergibt. Er zeigt beim Laufen auf einen anderen Teilnehmer, schaut ihm in die Augen und sagt »Du!«. Nun hat dieser Teilnehmer den Impuls und gibt ihn wiederum nach beliebiger Zeit an einen anderen Teilnehmer weiter, indem er auf diesen zeigt und »Du!« ruft. Der Impuls wird von Teilnehmer zu Teilnehmer weitergegeben, während alle weiter durch den Raum laufen.
- **2. Runde**
  Neben dem weitergegebenen »Du!« kann der Impuls nun auch durch ein »Ich!« von einem anderen Teilnehmer geklaut werden. Der Teilnehmer geht dafür auf den Teilnehmer zu, bei dem der Impuls gerade ist, macht mit den Händen eine an sich reißende Bewegung und ruft »Ich!«. Nun hat er den Impuls. Er kann ihn entweder aktiv an einen anderen Teilnehmer mit einem »Du!« weitergeben oder er wird ihm durch ein »Ich!« wiederum von jemandem geklaut.
- **3. Runde**
  Neben dem »Du!« und »Ich!« wird zusätzlich ein »Wir!« etabliert, um den Impuls durch den Raum zu schicken. Dafür geht der Teilnehmer mit dem Impuls auf einen anderen Teilnehmer zu, beide reichen sich die Hände und sagen gleichzeitig »Wir!«. Der Impuls wird hier weder abgegeben noch genommen, sondern gemeinschaftlich übertragen. Alle drei Übertragungsformen sind nun in dieser Runde erlaubt: Ich, Du und Wir.

Debriefing

- Worum ging es für die Teilnehmer in der Übung? Was haben sie beobachtet?
- Wie war es für die Teilnehmer, den Impuls auf unterschiedliche Arten zu übertragen? Was ist leichtgefallen und was schwer? Warum? Jeder Teilnehmer wird dabei eine unterschiedliche Wahrnehmung haben. Einigen Teilnehmer fällt es z.B. besonders schwer, den Impuls mit einem »Ich!« an sich zu reißen. Warum ist das so? Welche Übertragungsart hat den Teilnehmern am besten gefallen?
- Wie verändert sich die Stimmung im Raum durch das »Ich!«, »Du!« oder »Wir!«? Was haben die Teilnehmer beobachtet?
- War es für die Teilnehmer einfach oder schwer, im Blick zu behalten, wo sich der Impuls gerade befindet? Was hat dabei geholfen?

Einsatzmöglichkeiten

- Teambuilding, Teamworkshops
- Als kurzes Warm-up
- Retrospektive

Vom Spieleerfinder Dr. Nico Becherer haben wir folgenden Hinweis erhalten: Fordern Sie die Teilnehmer aktiv dazu auf, den Impuls wirklich emotional zu übertragen: mit einem fordernden »Ich!«, einem freudigen »Du!« oder einem wirklich gemeinschaftlichen »Wir!«. So werden die unterschiedlichen Stimmungen der verschiedenen Arten, den Impuls zu übertragen, besonders deutlich.

3.4.4 Reklamation

Teilnehmer	4–15	**Schwierigkeit**	mittel bis fortgeschritten
Dauer	5–10 min/Runde	**Energielevel**	niedrig
Teamstatus	für bestehende Teams	**Setup**	kleine Bühnenfläche im Raum für zwei Personen, die anderen Teilnehmer sitzen

Ziel

Zusammenarbeit üben, auf den Partner vertrauen, gutes Zuhören, Improvisieren lernen

Anleitung

Zwei Teilnehmer gehen auf die Bühne, die anderen Teilnehmer nehmen auf Stühlen davor als Zuschauer Platz. Teilnehmer A übernimmt die Rolle eines Verkäufers, Teilnehmer B die eines Kunden. Teilnehmer A verlässt nun den Raum. Gemeinsam überlegen alle anderen Teilnehmer, was Teilnehmer A reklamieren möchte. Es kann sich dabei um einen realen oder auch einen sehr fantasievollen Gegenstand handeln, z.B. um einen Staubsauger für schlechte Träume.

Wurde der zu reklamierende Gegenstand festgelegt, wird Teilnehmer A wieder in den Raum gerufen. Er hat nun eigentlich gar keine Ahnung, was er zu reklamieren hat, darf sich dies jedoch nicht anmerken lassen. Teilnehmer B, der den Verkäufer spielt und dem der Gegenstand bekannt ist, hilft ihm im Spiel durch kleine Hinweise. Die Übung wird so lange gespielt, bis Teilnehmer A den Gegenstand im Zusammenspiel erraten hat.

Beispiel

Aus unserem Beispiel »Staubsauger für schlechte Träume«:

A: Kommt mit einem ganz kleinen Gegenstand in den Laden und legt ihn auf die Verkaufstheke. *»Ich muss das leider zurückgeben, es funktioniert nicht.«*

B: *»Oh, normalerweise führen wir diesen Artikel in viel größerer Ausführung. Aber ich sehe, das ist unsere XXS-Sonderedition. Was ist denn das Problem?«*

A: *»Er passt nicht auf meinen Kopf.«*

B: *»Na, na, Sie sollen das Gerät ja auch nicht auf Ihren Kopf setzen, das ist gar nicht nötig. Es reicht, wenn Sie es neben das Bett stellen. Haben Sie das Gerät denn mal angestellt?«*

A: *»Ja, aber es ist nichts passiert.«*

B: *»Natürlich muss Ihnen bewusst sein, dass die XXS-Sonderedition auch nur die ganz kleinen beseitigt. Bei größeren empfehle ich Ihnen die Maxi-Version.«*

Variationen

- Der verrückte Erfinder: Statt einer Reklamation steht in dieser Variante eine neue Erfindung im Fokus. Teilnehmer A spielt einen Fernsehjournalisten, der den Erfinder Teilnehmer B vor dem Publikum zu seiner neuen Erfindung interviewt. Teilnehmer B verlässt den Raum, während die anderen Teilnehmer festlegen, was er erfunden hat.
- Der Zu-spät-Kommer: Die Szene spielt in einem Büro. Teilnehmer A spielt eine Führungskraft und Teilnehmer B einen Mitarbeiter, der zu spät zur Arbeit kommt. Teilnehmer B verlässt den Raum, während die anderen Teilnehmer festlegen, warum er zu spät zur Arbeit gekommen ist.

Debriefing

- Machen Sie nach jedem Spielerpaar eine kleine Reflexionsrunde und bündeln Sie am Ende der Übung alle Ergebnisse noch einmal zusammenfassend.
- Wie ging es den beiden Teilnehmern auf der Bühne bei der Übung? Wie hat Teilnehmer A die Situation erlebt, wie hat Teilnehmer B sie erlebt?
- Was haben die Zuschauer beobachtet?
- Hat sich Teilnehmer A gut von Teilnehmer B unterstützt gefühlt? Was hat ihm geholfen? Wie haben die Zuschauer die Situation empfunden?
- Funktioniert die Zusammenarbeit gut, dann entsteht auf der Bühne ein flüssiges Spiel. Teilnehmer A und Teilnehmer B arbeiten Hand in Hand zusammen und die Zuschauer merken fast gar nicht, dass Teilnehmer B eigentlich gar keine Ahnung hat, obwohl natürlich einige absurde Situationen entstehen. Durch die Hinweise lässt Teilnehmer A seinen Partner in einem guten Licht erscheinen und Teilnehmer B kann auf seine Hilfe vertrauen.

- Wie kann diese Idealsituation geschaffen werden?
- Was begünstigt die Zusammenarbeit?
- Wie kann Teilnehmer A Teilnehmer B am besten unterstützen?
- Wie kann das auf den Arbeitsalltag übertragen werden?

Einsatzmöglichkeiten

- Teambuilding
- In Teamworkshops zu allen möglichen Themen (Zusammenarbeit, Kommunikation etc.)

3.4.5 Team auf hoher See

Teilnehmer	6–20	**Schwierigkeit**	leicht
Dauer	3–5 min	**Energielevel**	mittel
Teamstatus	für jeden Teamstatus	**Setup**	freier Raum

Ziel

Aufeinander achtgeben, Zusammenarbeit üben, Aufmerksamkeit schärfen

Anleitung

Die Teilnehmer stellen sich vor, dass der Raum als Scheibe auf dem Wasser treibt. Die Scheibe muss überall gleichmäßig belastet sein, sonst kippt sie und versinkt im Wasser. Die Teilnehmer stehen allerdings nicht still, sondern befinden sich die ganze Zeit in Bewegung. Dabei müssen sie darauf achten, dass sich zu keiner Zeit eine einseitige Belastung ergibt. Die Teilnehmer müssen sich also immer gleichmäßig auf der Scheibe verteilen.

Debriefing

- Machen Sie diese Übung einfach als Warm-up ohne großes Debriefing. Fragen Sie im Anschluss höchstens einmal kurz, was die Teilnehmer in der Übung beobachtet haben.

Einsatzmöglichkeiten

- Als Warm-up vor Teammeetings
- Zum Projektstart als Einstimmung auf die anstehende Zusammenarbeit

3.4.6 Der freie Fall

Teilnehmer	2–20	Schwierigkeit	leicht
Dauer	5–10 min	Energielevel	niedrig
Teamstatus	für bestehende Teams	Setup	freier Raum

Ziel

Vertrauen aufbauen, Kontrolle abgeben, aufeinander achtgeben

Anleitung

Je zwei körperlich ähnliche Teilnehmer (Größe/Gewicht) finden sich zu Paaren zusammen. Im ersten Schritt probieren beide einmal alleine aus, wie weit sie sich nach vorne oder hinten lehnen können, ohne umzukippen oder ihren festen Stand mit beiden Füßen auf dem Boden zu verlieren. Im zweiten Schritt ist nun der eine Teilnehmer dafür verantwortlich, den anderen Teilnehmer aufzufangen. Teilnehmer A stellt sich mit beiden Füßen fest auf dem Boden hin, macht seinen Körper steif und lässt sich zunächst nach hinten und dann nach vorne kippen. Er kann dabei sogar die Augen schließen. Teilnehmer B stützt Teilnehmer A, bevor dieser umkippt. Beide Teilnehmer probieren aus, welcher Abstand und welche Zeitverzögerung bis zum Auffangen für beide Partner angenehm ist. Anschließend tauschen die Teilnehmer die Rollen.

Variationen

- Fallenlassen im Kreis: Alle Teilnehmer bilden einen engen Kreis. Ein Teilnehmer stellt sich mit festem Stand in die Mitte, macht seinen Körper steif, schließt die Augen und lässt sich langsam in eine beliebige Richtung fallen. Die Teilnehmer an der entsprechenden Kreisseite fangen ihn rechtzeitig auf und schieben ihn vorsichtig in eine andere Richtung, wo er wieder von den Teilnehmern im Kreis gestützt wird.

Debriefing

- Wie haben die Teilnehmer die Übung in den unterschiedlichen Rollen wahrgenommen? Was war einfach und was war schwer?
- Wie groß darf der Abstand zwischen den beiden Teilnehmern bzw. zwischen Teilnehmer und Kreis sein? Wann war für die Teilnehmer ein kritischer Punkt erreicht (sowohl beim Fallenlassen als auch beim Auffangen)? Für die einen Teilnehmer war dieser Punkt bestimmt früher, für die anderen später erreicht. Wie verändert sich die Situation mit geschlossenen Augen?

- Was hat dem Teilnehmer, der sich fallen lässt, geholfen, seinem Partner bzw. den anderen Teilnehmern zu vertrauen? Wie hat sich das Vertrauen gegebenenfalls im Laufe der Übung gesteigert?

Einsatzmöglichkeiten

- Teambuilding, in thematisch passenden Team-Workshops
- Fallenlassen im Kreis: in Workshops zum Thema *Commitment*

Weisen Sie unbedingt darauf hin, dass der Teilnehmer beim Fallenlassen seinen Körper ganz steif machen muss. Manchen Teilnehmern fällt das sehr schwer. Einige Teilnehmer verlieren auch ihren festen Stand und machen vor Schreck einen Schritt zurück oder nach vorne. In beiden Fällen funktioniert die Übung nicht mehr. Ermutigen Sie die Teilnehmer und geben Sie Hilfestellung. Es ist außerdem sehr angenehm, wenn der Partner bzw. die Teilnehmer im Kreis beim Auffangen leicht nachgeben. So fällt der andere Teilnehmer sanft und wird nicht so abrupt gestoppt.

3.4.7 Roboter

Teilnehmer	12–50	**Schwierigkeit**	leicht
Dauer	ca. 10 min	**Energielevel**	hoch
Teamstatus	für jeden Teamstatus	**Setup**	freier Raum

Ziel

Führen und geführt werden, Zusammenarbeit üben, Achtsamkeit schärfen, Spaß haben

Anleitung (nach Dr. Nico Becherer)

Der Großteil der Teilnehmer übernimmt die Rolle von Robotern. Die Roboter gehen im langsamen Tempo immer geradeaus. Wenn sie gegen einen anderen Teilnehmer, einen Gegenstand oder eine Wand stoßen, dann bleiben sie davor stehen und rufen laut: »Möp!«

Je nach Gruppengröße wird eine bestimmte Anzahl von Teilnehmern bestimmt, die für die Roboter verantwortlich sind und diese steuern müssen. Das Ziel der steuernden Teilnehmer ist es, zu verhindern, dass die Roboter irgendwo gegenstoßen, indem sie diese rechtzeitig leicht an der Schulter in eine andere Gehrichtung schieben.

Variationen

Spielen Sie das Spiel in zwei Runden:

- Wie oben beschrieben mit Führungskräften
- In der zweiten Runde organisieren sich die Roboter selbst, d.h., sie geben sich selbst eine Einstellung, mit der sie reagieren, wenn sie auf ein Hindernis stoßen.
- Vergleichen Sie die beiden Runden anschließend miteinander und diskutieren Sie mit dem Team über Führung und Selbstorganisation.

Debriefing

- Was haben die Teilnehmer in der Übung beobachtet?
- Wie war es, die Rolle als Roboter zu übernehmen? Wie war es, die Roboter zu führen?
- Wie haben sich die steuernden Teilnehmer organisiert? Wann ist die Zusammenarbeit gut gelungen, und wann ist die Situation vielleicht aus dem Ruder gelaufen?
- Was braucht gute Führung? Wie gelingt Selbstorganisation? Welche Rolle spielt Vertrauen dabei?

Einsatzmöglichkeiten

- In Teamworkshops zum Thema *Zusammenarbeit*, *Führung* oder *Selbstverantwortung*
- Zur Veranschaulichung und als Hilfe zum Auflösen von Bottleneck-Situationen im Team bzw. im Unternehmen
- Als Warm-up

»Passen Sie die Anzahl der steuernden Teilnehmer gerne noch einmal an, wenn Sie sehen, dass diese über- oder unterfordert sind«, sagt Übungsgeber Dr. Nico Becherer. Das Ziel ist es übrigens, dass die Teilnehmer sich selbst untereinander organisieren. Einige legen einfach drauflos, andere bestimmen vorher, für welchen Bereich des Raumes jeder Verantwortung übernimmt. Machen Sie diesbezüglich keine Vorgaben, sondern beobachten Sie, was passiert. Bestimmen Sie in großen Gruppen einen Teilnehmer, der die Übung nur von außen beobachtet und seine Beobachtungen anschließend mit allen teilt.

3.4.8 Warum bist du zu spät?

Teilnehmer	10–15	**Schwierigkeit**	mittel
Dauer	ca. 10 min	**Energielevel**	mittel
Teamstatus	für jeden Teamstatus	**Setup**	Bühnenfläche im Raum für sechs Personen; die anderen Teilnehmer sitzen

Ziel

Sich auf Unbekanntes einlassen und improvisieren lernen, Körpersprache trainieren und interpretieren lernen, Zusammenarbeit verbessern, Spaß haben

Anleitung

Sechs freiwillige Teilnehmer betreten die Bühne. Vier Teilnehmer übernehmen die Rolle von Mitarbeitern, ein Teilnehmer übernimmt die Rolle des Bosses, und ein Teilnehmer spielt den Mitarbeiter, der zu spät zur Arbeit erscheint.

Der Boss und der verspätete Mitarbeiter verlassen den Raum, und die vier Mitarbeiter überlegen gemeinsam mit den zuschauenden Teilnehmern einen Grund für das Zuspätkommen. Beispielsweise hat der Kollege auf dem Weg eine Prinzessin vor einem dreiköpfigen Drachen gerettet.

Sobald eine Entscheidung getroffen wurde, dürfen der Boss und der verspätete Mitarbeiter wieder den Raum betreten (sie kennen den Grund für das Zuspätkommen also nicht) und die Szene beginnt. Die vier Mitarbeiter sitzen dabei frontal zum Publikum auf Stühlen und tun so, als ob sie an einem Computer arbeiten. Der Boss steht davor mit dem Rücken zu den Mitarbeitern, sodass er diese nicht sehen kann. Der verspätete Mitarbeiter nimmt einen Platz ein, von dem aus er sowohl den Boss als auch die anderen Mitarbeiter sehen kann.

Während der Boss und der verspätete Mitarbeiter miteinander spielen und diskutieren, stellen die arbeitenden Mitarbeiter pantomimisch den Grund für das Zuspätkommen für den Zuspätgekommenen dar.

Der Boss darf sich jederzeit in der Szene umdrehen. Wenn er einen der Mitarbeiter dabei erwischt, dass er nicht arbeitet, dann feuert er ihn lautstark, und dieser Mitarbeiter muss den Raum verlassen.

Das Spiel endet entweder damit, dass der Zuspätgekommene den Grund seines Fehlverhaltens errät, oder damit, dass der Boss alle Mitarbeiter gefeuert hat.

Variationen

- Anstatt einen Grund für das Zuspätkommen zu suchen, wird ein Grund dafür gesucht, warum ein Mitarbeiter heute früher Schluss machen möchte.

Debriefing

- Wie ist es den Spielern auf der Bühne ergangen? Wie dem Boss, dem Zuspätgekommenen und den arbeitenden Mitarbeitern? Was fiel leicht und was fiel schwer?
- Was haben die Zuschauer beobachtet?
- In welchem Zusammenhang steht die Übung für die Teilnehmer mit dem Thema *Vertrauen*? Muss ein Mitarbeiter sich für sein Zuspätkommen rechtfertigen? Und wenn ja, vor wem und in welchen Fällen? Wie wird das im Team gehandhabt? In der Übung unterstützen die Mitarbeiter sich gegenseitig. Der Boss steht alleine da. Wie ist das im Arbeitsalltag? Was wünschen sich die Teilnehmer?

Einsatzmöglichkeiten

- In Workshops zum Thema *Zusammenarbeit*, *Kommunikation* und *Körpersprache*
- Teambuilding

Je absurder die Gründe für das Zuspätkommen sind, desto lustiger wird die Übung!

Unser Held auf Reisen: Schlüsselmoment

Peter unterhielt sich eine ganze Weile mit VERTRAUEN, und der alte, weise Superheld brachte das Thema noch einmal klar auf den Punkt: »Klare Kommunikation und Transparenz: Nichts schafft und erhält Vertrauen so sehr, wie regelmäßig und offen miteinander zu sprechen.«

Peter sah im Augenwinkel, dass OFFENHEIT und MUT zustimmend nickten. Peter fasste das Gespräch zusammen: »Ich brauche mehr Mut, um unangenehme Themen anzusprechen. Genau das wird sogar von meiner Rolle als Scrum Master verlangt. Wenn ich nicht mit gutem Beispiel vorangehe, dann wird Vertrauen nicht gedeihen. Nicht in meine Rolle, nicht im Team und nicht bei meinem Vorgesetzten. Ich möchte noch authentischer und wertstiftender werden. Das, was ich sage und fühle, soll auch in Handlungen resultieren, die für alle nachvollziehbar sind. Egal in welcher Situation, ob trivial oder kompliziert. Meine Kollegen sollen sich auf mich verlassen können.«

»So soll es geschehen«, entgegnete VERTRAUEN mit seiner ruhigen Stimme, und er fügte hinzu: »Ich wünsche dir viel Glück dabei. Ich bin mir sicher, dass du das erreichen kannst, wenn du auch anerkennst, dass jeder seinen eigenen Standpunkt hat, und die Meinungen und Ängste anderer auch von dir gehört werden.«

Peter wurde klar, dass er nun einen weiteren wichtigen Schlüssel für seine aktuellen Herausforderungen im Arbeitsalltag erhalten hatte.

3.5 Sei fokussiert und folge dem Geschehen

> *»It often baffles people when I say this was never about speed. Agile is about slowing down. Not to plan, but to think and explore. Not to figure out how to meet the deadline, but to make sure we build the right thing. Not to take on more, but to take on less.«*
>
> *Thorbjørn Sigberg, Agile Coach*

Unser Held auf Reisen: Timeboxing

Peter merkte, wie er sich immer wohler in seiner Haut fühlte und richtig enthusiastisch wurde. Während er mit den anderen dasaß und sich selbstzufrieden dem Moment hingab, schlug COMMITMENT vor: »Wollen wir ihm nicht langsam FOKUS vorstellen?«

Die anderen Helden zeigten ihre Zustimmung und Peter blickte nur verdutzt drein.

COMMITMENT rief laut: »Fokus, jetzt!« Und im nächsten Moment tauchte aus dem Nichts neben ihm ein Mann von kleiner Statur im schwebenden Schneidersitz auf. Als wenn das noch nicht genug wäre, glitt dieser nun einmal zwischen allen hin und her, begrüßte sie und kam vor Peter zum Halten.

Peter fragte sich, wie das nur möglich sein konnte, und bekam vom FOKUS prompt die Antwort: »Durch Fokus!« Alle Helden lachten laut los.

»Lass uns beginnen, ich habe nur eine kurze Timebox!«, sagte FOKUS und lächelte Peter an.

Konzentration erfordert den Willen, etwas zu tun. Sie ist ein aktiver Prozess des Denkens und keine Zufälligkeit. Entsprechend kann Fokus aus sich selbst heraus und von außen gesteuert werden. Um aus sich heraus ein Ziel zu erreichen, benötigt es die Zielstrebigkeit und die Bereitschaft, sich mit dem Ziel auseinandersetzen zu wollen.

In Scrum-Teams sorgt das Rahmenwerk für den Fokus. Ein Team fokussiert sich auf das Ziel des Sprints im Blick, um wertschöpfende Ergebnisse zu liefern: Ergebnisse, die den bestmöglichen Nutzen für den Kunden haben.

Durch das Rahmenwerk Scrum wird es den Teams möglich, Kontrolle über das eigene Sprint-Ziel zu bewahren und zum Beispiel in jedem Stand-up den Fortschritt zu überprüfen und den Fokus auf die Zielerreichung erneut zu setzen.

Die Teamarbeit in Scrum hilft, den Fokus zu behalten, indem z.B. die Arbeit gemeinschaftlich erledigt wird. Im besten Fall sind durch den gemeinsamen Fokus dann nur wenige Aufgaben parallel in Arbeit, um unnötige Verschwendung zu vermeiden (z.B. angefangene Arbeit, die nicht am Ende des Sprints fertig wird).

Das gesetzte Sprint-Ziel gibt dem Team den klaren Fokus auf die nächstwichtigen Aufgaben. Bei der Komplexität von Aufgaben, die ein Scrum-Team bewältigt, hilft Fokus auch dabei, Unsicherheiten zu überwinden, indem man anerkennt, was das Team aktuell weiß. Darüber hinaus unterliegen die Events von Scrum alle einer Timebox (klar definierter Beginn und Ende eines Meetings), sodass es eine klare Begrenzung für die notwendige Abstimmung gibt. Nicht zuletzt liefert Scrum durch seine Rollen auch eine klare Aufgabenverteilung, sodass hier keine Reibungsverluste entstehen.

Bernhard Daenzer,
Fluglotse TWR&APP ZRH, Schweizerische Flugsicherung skyguide

Fokus ist für den Beruf des Fluglotsen ein essenzielles Thema. Die Schwierigkeit ist, die Übersicht zu behalten und sich nicht zu sehr im Detail zu verlieren. Durch die vielen Bildschirme und akustischen Kanäle (beispielsweise Funk, Telefon, Kollegen) muss ich viele Inputs auf einmal aufnehmen, priorisieren und sortieren. Um das große Ganze sehen zu können, verschiebe ich deshalb permanent meinen Fokus. Einerseits brauche ich ein extrem hohes Verantwortungsbewusstsein, andererseits muss ich auch mal Fünfe gerade sein lassen können.

Wir Fluglotsen arbeiten immer nur zwei Stunden fokussiert am Stück, dann legen wir eine Pause zum Krafttanken ein. Es fühlt sich manchmal an wie ein endloses Computerspiel mit dem Unterschied, dass sehr real Piloten und Passagiere davon abhängig sind. Oft komme ich in einen echten Flow, sodass sich die zwei Stunden wie zehn Minuten anfühlen.

Das ständige Verschieben meines Fokus und das hohe Konzentrationslevel erzeugen einen permanenten Stresspegel. Fluglotsen müssen deshalb in guter körperlicher und mentaler Verfassung sein. Im Beruf gibt es zwar eine gewisse Routine, aber dann kommen die zehn Tage im Jahr, wo alles sehr unerwartet passiert und unberechenbare Spezialfälle und Probleme zu meistern sind. Sei es ein Missverständnis mit dem Piloten, ein technisches Problem mit einem Flugzeug oder mit den Flugsicherungssystemen, ein Kollege, der ausfällt, oder schlechtes Wetter. In diesen Fällen kommt es wirklich auf das Funktionieren des einzelnen Fluglotsen und des ganzen Teams an. Sobald du in eine reaktive Arbeitsweise gelangst, erhöht sich der Druck enorm und es wird fast unmöglich, den vorausschauenden Überblick zu behalten.

Einen Ausdruck, welchen wir häufig verwenden, ist, dass wir konstantes *Planning by Replanning* betreiben. Übertragen auf ein agiles Entwicklungsteam, bedeutet dies, dass jederzeit die Bereitschaft gegeben sein muss, die Planung zu revidieren und die Fakten zu akzeptieren, die zu dieser Veränderung führen. Dabei versuchen wir, Spezialfälle von vornherein generisch abzudecken. Dabei ist jedoch wichtig, nicht 10.000 Ausnahmen von der Regel zu machen. Unsere Aufgabe ist, das extrem hohe Sicherheitsniveau, welches wir in der Zivilaviatik erreicht haben, zu schützen und es jederzeit, trotz und während negativer externer Einflüsse, hoch zu halten.

Wichtig im Zusammenhang mit Fokus – und ein häufig verwendeter Begriff im agilen Kontext – ist *Flow*. »Flow bezeichnet das als beglückend erlebte Gefühl eines mentalen Zustandes völliger Vertiefung (Konzentration) und restlosen Aufgehens in einer Tätigkeit (Absorption), die wie von selbst vor sich geht …« [URL: Flow 2019].

Wir sind per Definition im Flow, wenn wir nicht über- oder unterfordert mit einer Aufgabe sind und diese frei ausüben können. Im Flow zu sein ist somit der ideale Zustand beim Bearbeiten einer Aufgabe.

In der aktuellen Arbeitswelt gibt es jedoch viele Einflüsse, die das In-den-Flow-Kommen eines Einzelnen oder eines Teams verhindern: Social Media, störende Geräuschpegel oder ständige Unterbrechungen durch Meetings jeglicher Art.

Ein wesentlicher Faktor ist jedoch oft das Multitasking. Die Bearbeitung von zu vielen Dingen gleichzeitig ist einer der Schwerpunkte, wenn es um das Coaching von Teams geht. Obwohl zahlreiche Studien von Naturwissenschaftlern und Arbeitspsychologen beweisen, dass Multitasking nicht zielführend ist und zu schlechteren Ergebnissen führt, die auch noch länger dauern, tun sich Unternehmen, Teams und Mitarbeiter schwer damit, Aufgaben zu priorisieren.

So, wie Scrum-Teams sich nur auf das Sprint-Ziel konzentrieren sollen, so ist es auch für Improspieler wichtig, sich auf nur eine Handlung zu fokussieren. Ganz klassisch bedeutet Fokus im Improtheater, dass die Aufmerksamkeit auf der Bühne auf bestimmte Figuren gelenkt wird, deren Spiel gerade für die Zuschauer im Mittelpunkt stehen soll. Durch Präsenz, Stimme, Ausstrahlung oder Bühnenposition kann man sich den Fokus nehmen oder ihn auch von anderen erhalten, indem diese z.B. nur noch ganz leise reden und in den Hintergrund treten. Improspieler müssen darauf achten, dass der Fokus immer nur auf einem Geschehen liegt. Das ist gerade in Szenen mit vielen Personen eine Herausforderung. Schnell kann es ansonsten passieren, dass alle durcheinanderreden und der Zuschauer kein einziges Wort mehr versteht.

Fokus auf der Bühne

Ein Spieler betritt bei der Probe die Bühne und setzt sich auf eine Bank. Unruhig wackelt er auf dem Po hin und her, unschlüssig, wie er sich richtig hinsetzen soll. Zwei weitere Personen betreten die Bühne und beginnen ein lautes Gespräch über den ständig zu spät kommenden Bus. Von der Seite spricht ein anderer Spieler den Mann auf der Bank an: »Entschuldigen Sie, haben Sie meine Frau gesehen?«

»Stopp!« Ein Gruppenmitglied aus dem Off unterbricht die Szene. »Der Anfang hat mir gefallen. Ich hätte noch minutenlang dem Mann auf der Bank beim Finden der richtigen Sitzposition zuschauen können. Und vor allem: Warum ist er so nervös? Stattdessen rückte das Gespräch über den Bus in den Vordergrund. Und warum die Frage nach der Frau? Soll die etwa auch noch in dieser überladenen Szene vorkommen? Euch fehlte völlig der Fokus. Ist euch das gar nicht aufgefallen?«

Fokus hat allerdings noch auf weiteren Ebenen eine hohe Priorität. Improspieler sollten sich jeweils nur auf eine Handlung und einen Handlungsstrang konzentrieren, diesen ausspielen und nicht zu viele neue Figuren einführen.

So kann das Finden der richtigen Sitzposition im oben genannten Beispiel zunächst allein sehr unterhaltsam für das Publikum sein. Im Folgenden sollte es in der Szene um den Mann gehen: Warum sitzt er auf der Bank? Warum ist er so nervös und unruhig? Wartet er auf etwas? Auf wen? Die anderen Spieler müssen wachsam sein, was im jetzigen Moment auf der Bühne passiert. Sie bauen darauf auf und unterstützen die Geschichte. Dafür ist es auch wichtig, nicht vorauszuplanen oder das eigene Handeln sowie das der anderen ständig zu bewerten (Findet das Publikum das lustig? War das intelligent von mir?), denn dies führt weg von dem, was gerade in der jeweiligen Situation passiert.

Improtheater entsteht im Zusammenspiel mit den Ideen, Handlungen und Äußerungen der anderen Mitspieler und des Publikums. Um hundertprozentig darauf einzugehen, müssen die Schauspieler konzentriert im Hier und Jetzt bleiben. Dabei ist die Wahrnehmung sowohl nach außen als auch nach innen wichtig, denn hier entstehen neue Impulse und Ideen.

Diese geforderte Aufmerksamkeit ist auch für die Teamarbeit in Unternehmen sehr wertvoll. Wenn Teammitglieder achtsam mit sich und anderen umgehen, sich in Empathie üben, Kommunikationsvorgänge wachsam beobachten und Schwierigkeiten wahrnehmen und ansprechen, dann steigern sich damit auch das Wohlbefinden und damit die Motivation und Produktivität im Team.

Versuchen Sie in einem der nächsten Meetings, vollkommen im Hier und Jetzt zu bleiben. Legen Sie sich dafür selbst einige Strategien zurecht. Drehen Sie z.B. Ihr Mobiltelefon um oder nehmen Sie es gar nicht erst mit. Wenn Sie mit Ihren Gedanken abschweifen, dann kneifen Sie sich in den Arm und fokussieren Sie sich wieder auf das aktuelle Gespräch im Meeting.

Hören Sie aufmerksam zu, indem Sie sich Notizen oder Zeichnungen zu dem Gesagten machen. Tauchen Sie voll und ganz in das Meeting ein. Folgen Sie den Worten Ihrer Kollegen, denken Sie ihre Gedanken weiter, beobachten Sie, achten Sie auf Zwischentöne und bleiben Sie im Moment. Sie werden merken: Nach dem Meeting fühlen Sie sich weniger gestresst und ausgelaugt als sonst.

Kreativität auf Knopfdruck, schnelle Reaktionen, aufmerksames Wahrnehmen und Zuhören – Improvisationstheater fordert Höchstleistung vom Gehirn. Wir haben gelernt: Das funktioniert nur mit absolutem Fokus auf das aktuelle Geschehen. Sobald der Kopf sich noch mit etwas anderem beschäftigt, geht die Aufmerksamkeit auf der Bühne verloren. Gleichermaßen sorgt der Fokus auf eine Handlung für klare Storys und für Spannung für das Publikum.

Die Übungen in diesem Kapitel fördern die Konzentration und stärken die Wahrnehmung für das Hier und Jetzt, sowohl bezogen auf jeden einzelnen selbst als auch auf das ganze Team. Gleichzeitig helfen die Übungen den Teilnehmern, sich auf eine Handlung zu fokussieren und diese mit höchster Genauigkeit durchzuführen. Dementsprechend haben wir Ihnen viele ruhige, konzentrationsfördernde Übungen in diesem Kapitel zusammengestellt.

Zen-Geschichte

Es war einmal ein Paar von Akrobaten. Der Lehrer war ein armer Witwer und die Schülerin war ein junges Mädchen namens Meda. Die Akrobaten traten jeden Tag auf der Straße auf, um sich etwas zu essen zu verdienen. Ihre Aufführung bestand darin, dass der Lehrer eine hohe Bambusstange auf seinem Kopf balancierte, während das kleine Mädchen langsam nach oben kletterte. Einmal an der Spitze angekommen, blieb sie dort, während der Lehrer hin und her ging.

Beide Darsteller mussten den kompletten Fokus und das Gleichgewicht wahren, um Verletzungen zu vermeiden. Eines Tages sagte der Lehrer zu der Schülerin: »Hör mal, Meda, ich werde dich beobachten und du wirst mich beobachten, damit wir uns gegenseitig helfen können, Konzentration und Gleichgewicht zu bewahren und einen Unfall zu vermeiden. Dann werden wir bestimmt genug verdienen, um zu essen.«

Aber das kleine Mädchen war weise und antwortete: »Lieber Meister, ich denke, es wäre besser für jeden von uns, uns selbst zu beobachten. Sich um sich selbst kümmern bedeutet, sich um uns beide zu kümmern. Auf diese Weise bin ich mir sicher, dass wir Unfälle vermeiden und genug zum Essen verdienen werden.«

3.5.1 Team-Countdown

Teilnehmer	5–12	**Schwierigkeit**	leicht
Dauer	5–10 min	**Energielevel**	niedrig
Teamstatus	für neue Teams	**Setup**	stehend im Kreis

Ziel

Konzentration in der Gruppe stärken, Achtsamkeit schärfen, aufeinander achtgeben, nonverbale Kommunikation trainieren

Anleitung

Alle Teilnehmer stellen sich Schulter an Schulter in einen engen Kreis. Die Teilnehmer schauen sich nicht an, die Blickrichtung jedes Teilnehmers geht nach unten auf den Boden.

Das Ziel der Übung ist es, gemeinsam von 20 auf 1 herunterzuzählen. Ein beliebiger Teilnehmer beginnt mit 20, ein nächster Teilnehmer sagt die 19 usw. Es gibt weder eine feste Reihenfolge, welcher Teilnehmer wann spricht, noch einen festen Zählrhythmus.

Wichtig: Zwei Teilnehmer dürfen nicht zur gleichen Zeit sprechen. Geschieht dies, dann müssen die Teilnehmer erneut bei der Nummer 20 starten und von Beginn an herunterzählen.

Debriefing

- Was haben die Teilnehmer bei der Übung beobachtet? Wobei kann die Übung ihrer Meinung nach im Arbeitsalltag helfen?
- Wie wurde das Ziel der Übung letztendlich erreicht? Wie hat die Zusammenarbeit gut funktioniert? Im Laufe der Zeit wird die Gruppe meist immer ruhiger und konzentrierter, was der Übung sehr zugutekommt. Manchmal entwickeln sich auch nonverbale Abstimmungen, z.B. ein lautes Einatmen des Teilnehmers vor dem Nennen der Zahl.
- Wie hat die Übung die Stimmung oder die Arbeitsatmosphäre verändert?

Einsatzmöglichkeiten

- Als stärkende und fokussierende Gruppenübung vor wichtigen Präsentationen. Einige Improvisationsgruppen spielen diese Übung z.B. gerne vor ihren Auftritten.
- Als Warm-up bzw. Cool-down vor Meetings, die Konzentration und Zusammenarbeit erfordern
- In Team-Workshops

Am Anfang ergibt sich bei der Übung häufig eine »Das schaffen wir doch nie«-Stimmung. Ermutigen Sie das Team und rufen Sie erneut zu absoluter Ruhe und Konzentration auf. Seien Sie versichert: Jedes Team kann das Ziel dieser Übung erreichen!

3.5.2 Wer hat den Fokus?

	Teilnehmer	5–12	**Schwierigkeit**	leicht
	Dauer	5–10 min	**Energielevel**	mittel
	Teamstatus	für bestehende Teams	**Setup**	freier Raum
Video	agile-werte-leben.de/uebungen/fokus/wer-hat-den-fokus			

Ziel

Fokus geben und Fokus nehmen üben, Konzentration und Wahrnehmung stärken, aufeinander achtgeben

Anleitung

Alle Teilnehmer stellen sich kreuz und quer verteilt im Raum auf. Ein beliebiger Teilnehmer fängt nun an, durch den Raum zu laufen. Alle anderen bleiben stehen. Irgendwann stoppt der laufende Teilnehmer und bleibt stehen. So nahtlos wie möglich fängt nun ein anderer Teilnehmer an, durch den Raum zu laufen, bis er ebenfalls wieder stehen bleibt und ein anderer Teilnehmer mit dem Laufen beginnt. Es läuft immer nur ein Teilnehmer und hat damit den Fokus im Raum.

Als Steigerung der Übung ist es möglich, den Fokus nicht nur durch das Stehenbleiben abzugeben, sondern jeder Teilnehmer kann sich auch den Fokus selbst nehmen, indem er einfach anfängt zu laufen. Der bereits laufende Teilnehmer muss das so schnell wie möglich bemerken und selbst stehen bleiben. Der laufende Teilnehmer gibt den Fokus also entweder ab, indem er stehen bleibt, oder er muss stehen bleiben, weil sich ein anderer Teilnehmer den Fokus durch das Loslaufen nimmt. Wieder läuft immer nur ein Teilnehmer im Raum.

Der Übungsleiter sagt nun an, wie viele Personen sich im Raum bewegen sollen. Bei »Fünf!« laufen immer fünf beliebige und wechselnde Teilnehmer durch den Raum, während sich der Rest der Teilnehmer nicht bewegt. Der Fokus kann durch Stehenbleiben abgegeben oder durch Loslaufen genommen werden. Hauptsache, alle Teilnehmer bleiben aufmerksam und es laufen immer nur jeweils fünf Teilnehmer durch den Raum, bis der Übungsleiter eine neue Zahl ansagt.

Alle Teilnehmer gehen gemeinsam durch den Raum. Stoppt ein Teilnehmer, dann stoppen alle Teilnehmer so schnell wie möglich. Alle Teilnehmer stehen still, bis ein Teilnehmer wieder losläuft und alle Teilnehmer es ihm so schnell wie möglich nachtun. Von außen soll der Eindruck entstehen, als wenn die Teilnehmer gleichzeitig und ohne Absprache gemeinsam stoppen und gemeinsam wieder loslaufen.

Debriefing

- Was haben die Teilnehmer während der Übung beobachtet? Wie haben sich die einzelnen Teilnehmer in der Übung gefühlt? Ist die Übung leicht- oder schwergefallen? Warum?
- Gab es einzelne Personen, die sich immer wieder schnell den Fokus genommen haben, und andere, die vielleicht nie zum Zuge gekommen sind? Gab es vielleicht sogar Kämpfe um den Fokus? Beispiel: Zwei Teilnehmer laufen gleichzeitig los, obwohl gerade nur eine Person durch den Raum laufen sollte. Ein Teilnehmer muss nun nachgeben. Welcher war das? Wie hat er sich dabei gefühlt? Wie sieht die reale Situation in der Gruppe aus? Gibt es ähnliche Kämpfe vielleicht auch im Arbeitsalltag? Geben immer die gleichen Personen nach? In diesem Zusammenhang können Sie die Übung auch mit dem Wert *Respekt* in Verbindung bringen.

Einsatzmöglichkeiten

- Vor Meetings aller Art, um die Konzentration und Wahrnehmung für die Gruppe zu schärfen
- Retrospektive
- Um Schwierigkeiten und Machtgefälle im Team zu verdeutlichen und darüber mit dem Team zu diskutieren

Idealerweise beobachten Sie die Übung von außen, um Fokuskämpfe wahrzunehmen, hinterher anzusprechen und mit dem Team darüber zu diskutieren.

3.5.3 Drei Veränderungen

Teilnehmer	2–50	**Schwierigkeit**	leicht
Dauer	ca. 10 min	**Energielevel**	niedrig
Teamstatus	für alle Teams	**Setup**	in Paaren, frei verteilt im Raum

Ziel

Achtsamkeit und Wahrnehmung für den Partner schärfen, Aufmerksamkeit trainieren, den anderen kennenlernen

Anleitung

Die Teilnehmer finden zu zweit in Paaren zusammen. Beide Teilnehmer stellen sich gegenüber voneinander auf und schauen sich gegenseitig 30 Sekunden aufmerksam an. Ein Teilnehmer dreht sich dann um, während der andere Teilnehmer drei Dinge an sich verändert. Er zieht z.B. das Hemd aus der Hose, nimmt seine Uhr ab oder öffnet den Zopf seiner Haare. Ist er mit den Veränderungen fertig, dreht sich der andere Teilnehmer wieder um und muss die drei Veränderungen seines Partners entdecken. Anschließend werden die Rollen getauscht.

Debriefing

- Ist es in den Paaren gelungen, die Veränderungen am Partner zu bemerken? Was hat dabei geholfen? Was war schwierig?
- Bestimmt ist die Übung – unabhängig davon, wie schwer es sich die Teilnehmer gegenseitig gemacht haben – einigen Personen leichter und anderen schwerer gefallen. Woran lag das? Wie achten die unterschiedlichen Teilnehmer im Berufsalltag auf ihre Kollegen? Worauf achten sie in ihrer Umwelt? Wie nehmen sie

die Umwelt wahr? Wie ist die Meinung im Team: Worauf sollte geachtet werden? Was ist wichtig und was vielleicht auch irrelevant für die Zusammenarbeit? Worauf sollte der Fokus bei der Arbeit liegen?

Einsatzmöglichkeiten

- Teambuilding
- Retrospektive
- In Workshops zum Thema *(Selbst/Fremd-)Wahrnehmung* und *Achtsamkeit*

3.5.4 1-2-3-Konzentration!

Teilnehmer	2–50	**Schwierigkeit**	leicht
Dauer	5–8 min	**Energielevel**	mittel
Teamstatus	für jeden Teamstatus	**Setup**	in Paaren, frei verteilt im Raum

Ziel

Konzentration steigern, Geist und Körper aufwärmen, Spaß haben

Anleitung

Die Teilnehmer finden zu zweit in Paaren zusammen und stellen sich gegenüber voneinander auf. Zusammen beginnen sie nun in Dauerschleife jeweils bis drei zu zählen.

A: *1*

B: *2*

A: *3*

B: *1*

A: *2*

Nach einiger Zeit ersetzt ein Teilnehmer die Eins durch eine von ihm frei gewählte Geste, z.B. schlägt er die Hände über dem Kopf zusammen. Die Übung wird mit dieser Geste fortgesetzt.

A: Schlägt die Hände über dem Kopf zusammen.

B: *2*

A: *3*

B: Schlägt die Hände über dem Kopf zusammen.

A: *2*

Schrittweise werden nun auch die anderen Zahlen durch in jedem Zweierteam frei gewählte Gesten ersetzt, sodass am Ende nur noch drei Gesten in Dauerschleife wiederholt werden.

Variationen

- Geben Sie eine thematische Vorgabe für die Gesten, auch ergänzt durch ein Geräusch, z.B. typische Gesten und Ausrufe oder Geräusche des Teams.

Debriefing

- Die Übung entfaltet ohne ausführliches Debriefing eine gute Wirkung. Sie weckt die Teilnehmer aus dem Suppenkoma, macht Spaß und fördert ganz nebenbei die Konzentration.

Einsatzmöglichkeiten

- Als Warm-up vor und in Meetings aller Art, gut geeignet auch als kurzes Warm-up für Großgruppen (Sitzen die Teilnehmer z.B. in Reihen auf Stühlen, dann stehen sie einfach auf und wenden sich für die Übung ihrem Sitznachbarn zu.)
- Als Warm-up vor einer Retrospektive

3.5.5 Türöffner

Teilnehmer	2–16	**Schwierigkeit**	mittel bis schwer
Dauer	10–15 min	**Energielevel**	niedrig
Teamstatus	für jeden Teamstatus	**Setup**	in Paaren, frei verteilt im freien Raum; braucht etwas mehr Platz

Ziel

Aufmerksamkeit und Achtsamkeit für eine Handlung stärken, detaillierte Beobachtung und Wahrnehmung üben, Zusammenarbeit, kontinuierliche Anpassung und Verbesserung trainieren

Anleitung

Die Teilnehmer finden zu zweit in Paaren zusammen. Das Ziel der Übung ist es, pantomimisch so genau und detailliert wie möglich eine Tür zu öffnen. Die Teilnehmer spielen sich das pantomimische Türöffnen gegenseitig vor, beobachten sich dabei und korrigieren und verbessern sich kontinuierlich. Gerne kann dabei auch mal eine reale Tür geöffnet werden, um den Vorgang genauer zu analysieren und ihn anschließend wieder pantomimisch im Raum durchzuführen. Die Teilnehmer beschäftigen sich voll und ganz mit dem Vorgang des Türöffnens, nehmen ihn auseinander und gehen ihm auf den Grund. Anschließend führt jeder, der möchte, das pantomimische Türöffnen einmal vor der ganzen Gruppe vor. Wichtig: Nach jedem Türöffnen klatscht die Gruppe laut für die Vorführung!

Variationen

- Das Türöffnen bietet sich an, da die Handlung sehr alltäglich ist und auf den ersten Blick einfach erscheint. Auch besteht in jedem Raum die Möglichkeit, tatsächlich einmal eine reale Tür zu öffnen, um die Handlung zu analysieren.
- Selbstverständlich können Sie die Übung aber mit jeder beliebigen Handlung durchführen, z.B. eine Flasche öffnen und daraus trinken. Vielleicht beschäftigt sich Ihr Unternehmen auch mit einem bestimmten Produkt, mit dem eine pantomimische Handlung möglich ist und mit dem es spannend wäre, diese Handlung zu analysieren.

Debriefing

- Wie ist es den einzelnen Teilnehmerpaaren in der Übung ergangen? War die Übung überraschend, z.B. schwerer oder einfacher als erwartet? Welche Erkenntnisse sind spannend für alle Teilnehmer? Welche dieser Erkenntnisse sind auch für den Berufsalltag hilfreich?
- Bei der Vorführung am Ende: Was haben die anderen Teilnehmer beobachtet? Wurden unterschiedliche Türen geöffnet? Welche? Was war besonders beachtenswert?

Einsatzmöglichkeiten

- Retrospektive
- Teambuilding, Teamworkshops
- In Workshops rund um ein bestimmtes Produkt, z.B. zur generellen Einstimmung auf ein Produkt oder als Vorbereitung für User-Tests

Vom Schwierigkeitsgrad her ist die Übung eigentlich einfach. Gerade Teilnehmern, die Rollenspielen skeptisch gegenüberstehen, die noch gar keine Erfahrung mit Methoden aus dem Improtheater haben oder die generell weniger experimentierfreudig sind, mag die Übung aber erst einmal merkwürdig und sinnlos vorkommen. Der Sinn ergibt sich meist erst beim Ausprobieren.

3.5.6 Fokusszenen

Teilnehmer	4–16	**Schwierigkeit**	mittel bis schwer
Dauer	15–20 min	**Energielevel**	niedrig
Teamstatus	für bestehende Teams	**Setup**	kleine Bühnenfläche im Raum für zwei Personen; die anderen Teilnehmer sitzen

Ziel

Fokus im Szenenspiel trainieren, Minimal-Viable-Scenes (MVS, analog zum Minimal Viable Product) üben, schnelle Ideen entwickeln, Kreativität und Schlagfertigkeit verbessern, Storytelling trainieren

Anleitung

Zwei freiwillige Teilnehmer gehen auf die Bühne, die anderen Teilnehmer nehmen als Zuschauer davor auf Stühlen Platz. Auf der Bühne werden nun Szenen gespielt, in denen nur drei Sätze gesprochen werden dürfen. Spieler A beginnt mit einem Satz, Spieler B ergänzt einen Satz und Spieler A beendet die Szene mit einem dritten Satz.

Innerhalb der drei Sätze wird möglichst viel in der Szene definiert und etabliert. Die Zuschauer sollen im Anschluss genau beschreiben können, um wen es in dieser Szene geht, wo die Szene spielt und was das Thema der Szene war.

Optional können Sie vor dem Szenenspiel auch eine klare Struktur vorgeben: Spieler A definiert den Ort, an dem die Szene spielt; Spieler B definiert, wer die Personen der Szene sind und in welcher Beziehung sie zueinander stehen, und Spieler A etabliert ein Thema oder einen Konflikt der Szene.

Beispiel

A: *»Seit sie die neue Autobahn gebaut haben, ist es hier in unserem Garten gar nicht mehr schön.«*

B: *»Ach, Schmusebärchen, nimm' doch einfach dein Hörgerät raus. Dann ist es genauso ruhig wie früher.«*

A: *»Mit so was ist jetzt Schluss, ich rufe die Nachbarn zur Rebellion auf und wir besetzen die Autobahn!«*

Variationen

- Spielen Sie die Szenen als mögliche User Storys. Innerhalb der Szene muss klar definiert werden: Wer tut was und mit welchem Grund?

Debriefing

- Fragen Sie nach jeder Runde zuerst die Zuschauer: Was haben sie in der Szene gesehen? Wo spielte die Szene? Um wen ging es? Was war das Thema? Fragen Sie anschließend die Spieler, ob das mit ihrer Intention übereinstimmte. Wenn nicht: Woran lag das? Was könnte in der Szene noch optimiert werden?
- Wie ist die Zusammenarbeit auf der Bühne gelungen? Was funktionierte gut?
- Würden die Zuschauer diese Szene gerne weiter anschauen? Wodurch wurden die Szenen interessant und spannend (z.B. durch spannende Charaktere, durch eine Beziehung zwischen den Charakteren oder durch einen interessanten Konflikt)?
- Welche Erkenntnisse aus der Übung können auf den Berufsalltag wie übertragen werden?

Einsatzmöglichkeiten

- User-Story-Workshops
- In Workshops zum Thema *Kommunikation* und *Storytelling*

3.5.7 Der Summkreis

Teilnehmer	8–20	**Schwierigkeit**	leicht
Dauer	5 min	**Energielevel**	niedrig
Teamstatus	für jeden Temstatus	**Setup**	freier Raum

Ziel

Aufmerksamkeit und Wahrnehmung fördern, Gruppengefühl stärken, für eine ruhige und konzentrierte Stimmung sorgen

Anleitung

Alle Teilnehmer stehen irgendwo frei im Raum und schließen die Augen. Der Übungsleiter führt jeden Teilnehmer nun kurz in eine neue Position, die Teilnehmer öffnen dabei nicht die Augen. Sobald jeder einen Startplatz im Raum hat, beginnt die eigentliche Übung: Alle Teilnehmer beginnen leise zu summen. Nur, indem sie auf das Summen achten, sollen die Teilnehmer nun mit geschlossenen Augen einen Kreis im Raum bilden. Sobald sie der Meinung sind, dass der Kreis komplett ist, hören sie mit dem Summen auf und öffnen die Augen.

Variationen

- Entweder dürfen sich die Teilnehmer in der Übung berühren, z.B. sich für den Kreis an den Händen fassen (einfacher) oder Berührungen sind nicht erlaubt (schwerer). Spielen Sie gerne auch beide Varianten nacheinander und sprechen Sie hinterher mit der Gruppe über die Unterschiede.

Debriefing

- Ist tatsächlich ein Kreis entstanden? Was haben die Teilnehmer in der Übung wahrgenommen? Gerne können Sie für die Übung auch jemanden bestimmen, der das Geschehen von außen mit offenen Augen verfolgt und der Gruppe anschließend erzählt, was er beobachtet hat.
- Was hat bei der Übung geholfen (z.B. Ruhe, Konzentration, genaues Zuhören)? Was davon wollen die Teilnehmer für den heutigen Tag, die heutige Woche oder den nächsten Sprint mitnehmen?
- Wie war es für die Teilnehmer, die Augen zu schließen und sich nur auf das Hören zu konzentrieren?

Einsatzmöglichkeiten

- Vor Teammeetings oder auch Teampräsentationen, um die Konzentration und Wahrnehmung für die Gruppe zu schärfen
- Als Einstieg in eine Retrospektive

Unser Held auf Reisen: Klares Ziel

Die Unterhaltung mit FOKUS verging für Peter wie im Fluge. FOKUS beantwortete zielgerichtet seine Fragen und gab dazu noch hilfreiche Tipps, die er auf der Arbeit verwenden konnte.

Peter beschloss, mit seinem Vorgesetzten Frederik darüber zu sprechen, dass der Aktionismus, der von der Geschäftsführung ausgeht, nichts mit Agilität zu tun hat: Die Unternehmensleitung ist einfach nicht klar in der Ausrichtung und fängt dann an, in den operativen Tagesablauf einzugreifen und die Teams durch ihre ad hoc getroffenen Entscheidungen zu überrumpeln. Als Ergebnis werden Ziele nicht erreicht und Cathleen proklamiert dann wieder, alles liefe so langsam. Das muss aufhören.

»Ich stelle mich vor mein Team. Frederik soll mich und das Team dabei unterstützen, dass wir klare Ziele erhalten und nicht laufend unterbrochen werden. Und wir fangen dann gleich mal bei Cathleen an.« Peter hatte diese Gedanken nicht ausgesprochen und blickte nach dem Gedanken zuerst FOKUS und dann allen anwesenden Helden der Reihe nach in die Augen. Alle lächelten zufrieden und nickten zustimmend.

Peter fragte verschmitzt: »Na, wen lerne ich jetzt kennen?«

3.6 Sei respektvoll und experimentiere mit deinem Status

»Meine Pünktlichkeit drückt aus, dass mir deine Zeit so wertvoll ist wie meine eigene.«

Helga Schäferling, Sozialpädagogin

Unser Held auf Reisen: Bob Marley

Es verging nicht viel Zeit, da vernahm Peter Musik – erst leise und dann lauter werdend. Es war Reggae-Musik. »Get up, stand up, stand up for your rights!« schallte es immer lauter den Hügel herauf. Den Titel hatte Peter schon lange nicht mehr gehört. Ihm kam kurz der Gedanke, dass er sich für das morgendliche Stand-up im Team gut als Muntermacher verwenden ließe.

Peter ahnte, dass die Musik mit seinem nächsten Gesprächspartner zu tun hatte. Mit schwingendem Schritt und einem großen Lächeln auf dem Gesicht kam RESPEKT ganz entspannt und in fast fließenden Bewegungen den Hügel hinauf. Die Stimmung war beeindruckend, denn hinter ihm ging gerade die Sonne wie ein Feuerball unter und in Peter stieg ein gewisses wärmendes Gefühl von Verbundenheit mit seinen neuen Freunden auf.

RESPEKT war eine illustre Erscheinung. Er begrüßte Peter mit einem »Yo, Mann. Alles easy?« und drückte die Stopp-Taste auf seinem Ghettoblaster.

Peter konnte nur bejahen: »Ja, auf jeden Fall. Bei dir auch?«

RESPEKT setzte sich zu den anderen unter den Baum, und sie begannen sich zu unterhalten.

Respekt ist ein sehr facettenreicher Wert, der Achtung, Anerkennung, Toleranz, Höflichkeit und Wertschatzung in sich trägt. Respekt hat aber auch mit Prestige, Angst und Autorität zu tun. Gerade aus diesem Grund ist Respekt auch ein wesentlicher Baustein im Wertegefüge.

Haben Sie sich schon einmal gefragt, wann und wofür Sie selber respektiert werden wollen? Von wem ist Ihnen der Respekt am wichtigsten? Die bewusste Auseinandersetzung mit uns selbst hilft uns auch hier, unsere Umgebung wertschätzend und respektvoll zu behandeln.

Die eigene Grundhaltung, wie eine offene wertschätzende Art, aktives Zuhören, das Anerkennen von Meinungen, Bedürfnissen und Unterschieden, das Loben oder Danke-Sagen führen dazu, dass andere sich respektiert fühlen.

Dr. Catharina Vogt, RespectResearchGroup

Die Arbeits- und Organisationspsychologin Catharina Vogt ist Teil der »RespectResearchGroup« an der Universität Hamburg. Im Rahmen ihrer Studien erforscht sie unter anderem die motivierende Wirkung respektvoller Führung auf Mitarbeiter.

Mein Gegenüber zu respektieren bedeutet, es wahrzunehmen und in seinem Wert anzuerkennen. Allerdings spreche ich erst dann wirklich von Respekt, wenn mein Gegenüber diesen auch als solchen wahrgenommen hat. Respektvoll gemeint ist also nicht automatisch respektvoll gemacht. Überspitzt gesagt, muss ich mein Gegenüber regelmäßig fragen, ob der beabsichtigte Respekt auch angekommen ist. Respekt hat dabei zwei Dimensionen: horizontal und vertikal.

Horizontaler Respekt ist das bedingungslose Beachten meines Gegenübers, das ihm aufgrund seiner Menschenwürde zusteht. Demgegenüber ist vertikaler Respekt an Bedingungen geknüpft. Ich zolle ihn nur, wenn ich etwas an meinem Gegenüber wertschätzen kann, zum Beispiel seine Expertise oder seine Leistung.

Führungskräfte, die horizontal respektvoll handeln, vermitteln ihren Mitarbeitern, dass sie dazugehören, in ihren Bedürfnissen ernst genommen werden und nicht Menschen zweiter Klasse sind.

Führungskräfte, die vertikal respektvoll handeln, vermitteln ihren Mitarbeitern, dass sie kompetent sind und dass ihre fachliche Meinung, Expertise und Leistung geschätzt wird.

Beide Arten respektvoller Führung signalisieren Mitarbeitern zudem, dass sie eigenverantwortlich handeln können und nicht jeden Schritt im Arbeitsalltag mit ihrer Führungskraft abstimmen müssen. Das ist besonders wichtig, damit die Mitarbeiter in der Lage sind, Eigeninitiative zu zeigen.

Die Forschung zeigt, dass horizontaler Respekt der Führungskraft vor allem zu sogenanntem organisationsdienlichem Verhalten (*organizational citizenship*) motiviert, zum Beispiel dazu, neue Kollegen zu unterstützen. Vertikaler Respekt der Führungskraft führt dagegen vor allem dazu, dass die Mitarbeiter ihre Arbeit bestmöglich erledigen wollen.

Führungskräfte sollten deshalb beide Arten der respektvollen Führung beherrschen, um ein gutes Miteinander am Arbeitsplatz zu schaffen, aber auch, um gute Leistungen zu honorieren und zu fördern.

Selbst wenn sich nicht jeder Mitarbeiter immer vertikalen Respekt verdient hat, sollte doch immer genug Zeit für horizontalen Respekt sein. Zum einen ist Mitarbeitern der horizontale Respekt ihrer Führungskraft wichtiger als der vertikale Respekt, zum anderen stärkt horizontaler Respekt die Arbeitsplatzzufriedenheit und wirkt Kündigungsabsichten entgegen.

Agile Zusammenarbeit bedeutet Teamarbeit auf Augenhöhe. Gegenseitiger Respekt ist dafür eine Grundvoraussetzung. Jede Person und ihre Arbeit ist wertvoll und wird gleichermaßen anerkannt – mit allen ihren Schwächen und Fehlern. Einzelne dürfen nicht herabgewürdigt werden, weder im Team noch vom Management. Jedes Teammitglied bringt unterschiedliche Hintergründe, Berufswege, Erfahrungen und Charaktereigenschaften mit. Ein respektvoller Umgang bedeutet, dass jedes Teammitglied gleichermaßen anerkannt ist, einbezogen wird und dabei unterschiedliche Fähigkeiten, Meinungen und Standpunkte honoriert werden.

In der Regel geht agiles Arbeiten auch mit flachen Hierarchien einher. Bei unseren Kunden beobachten wir oft, dass sich gerade dann, wenn klassische Hierarchien wegfallen, plötzlich Machtkämpfe abspielen und einige Mitarbeiter umso stärker den Macker raushängen lassen, nach dem Motto: Wenn ich mich nicht mehr durch einen Titel beweisen kann, dann muss ich das eben anders tun. Woran liegt das?

Stellen Sie sich gegenüber von einer anderen Person auf. Während Sie auf einer Stelle stehen bleiben, geht die andere Person nun so lange auf Sie zu, bis der Abstand unangenehm für Sie wird. Versuchen Sie, der anderen Person allein durch Ihren Gesichtsausdruck zu verstehen zu geben, dass diejenige stoppen und sich Ihnen nicht weiter nähern soll. Tauschen Sie anschließend die Rollen.

Machen Sie diese kleine Übung auch gerne in Paaren mit einem ganzen Team. Wo lag der persönlich als angenehm empfundene Abstand für jeden? Wie variierte dieser von Person zu Person und warum war das so? Sicherlich ist der Abstand stark davon abhängig, wie gut man die andere Person kennt und wie das Verhältnis zu ihr ist. Wurden die Gesichtsausdrücke zum Anhalten richtig interpretiert? Was haben Sie noch beobachtet?

Ein Prinzip aus dem Improtheater öffnete uns die Augen, nämlich das Prinzip *Status*:

> *»Im Alltagsleben stellen Menschen unbewusst immer ein Statusverhältnis her, indem jeder sich in eine bestimmte Position bringt (hoch oder niedrig), bis sie zu einer ›Verständigung‹ kommen – wenn sie das nicht erreichen, werden sie sich nie zusammen wohlfühlen.«* [Johnstone 2010]

Johnstone versteht Status unabhängig vom sozialen Status. Status besteht aus Dominanz- und Unterwerfungssignalen und tritt immer im Zusammenspiel mit anderen Menschen auf. Ein Vorgesetzter kann durchaus einen niedrigen Status haben, unsicher sein und seinen Mitarbeitern unterlegen sein, während ein Sachbearbeiter mit einem hohen Status dominant auftreten kann.

Wir suchen einander regelrecht nach Statussignalen ab, weil wir uns sonst z.B. beim Aufeinandertreffen vor einer Tür gegenseitig umrennen würden. Derjenige mit dem tieferen Status lässt der Person mit dem höheren Status den Vortritt an der Tür. In jeder Situation wird der Status neu definiert und kann von uns durch unser Auftreten, unsere Präsenz und unsere (Körper-)Sprache bestimmt werden – je nachdem, was im Moment nützlicher und erfolgreicher erscheint.

Indem Improspieler für sich selbst einen Status auf der Bühne definieren, stellen sie Beziehungen zwischen den Charakteren her, verändern diese und treiben die Geschichte voran.

Im Berufsalltag hilft ein Verständnis von Status dabei, das Miteinander im Team zu verbessern. Es gibt keinen richtigen und keinen falschen Status. Für eine respektvolle Teamarbeit ist es aber wichtig, dass Statusspiele und -kämpfe erkannt und vermieden werden und sich die Teammitglieder in Statusflexibilität üben.

So kann es zum Beispiel helfen, sich dem Status seines Gegenübers in einem Gespräch anzupassen. Diskussionen auf Augenhöhe entstehen dann, wenn jeder einmal Kontra gibt, aber auch bereit ist, nachzugeben. Genauso verschafft man sich mit Statusflexibilität auch Respekt im Team, ohne dabei unsympathisch zu wirken.

Übertragen Sie einer Person im Team, die normalerweise einen niedrigen Status einnimmt, die Verantwortung für ein Meeting oder eine bestimmte Aufgabe. Oder fragen Sie die Person des Öfteren als Erste, was sie zu einem Thema denkt, und lassen Sie sie beim täglichen Stand-up, einer Retrospektive oder einem anderen Meeting als Erste zu Wort kommen, um ihren Status im Team anzuheben.

In Improgruppen sowie in agilen Teams ist Zusammenarbeit auf Augenhöhe entscheidend für den gemeinsamen Erfolg. Gerade wenn feste Hierarchien wegfallen, ist es wichtig, dass kein unausgesprochenes Machtgefälle im Team entsteht und dass jeder unabhängig von seinem persönlichen Status gleichermaßen respektiert wird.

In den Übungen, die wir in diesem Kapitel ausgewählt haben, trainieren die Teilnehmer den respektvollen und wertschätzenden Umgang miteinander und lernen, ihr Handeln zu reflektieren und spielerisch Grenzen auszutesten. In speziellen Statusübungen können sie mit ihrem eigenen Status experimentieren und Neues ausprobieren. Die Teilnehmer lernen, Statussignale auch im Berufsalltag richtig zu identifizieren, ihre Wirkung zu beobachten und selbst flexibler den eigenen Status zu variieren und der jeweiligen Situation anzupassen. Die Übungen sind vor allem für bestehende Teams geeignet und brauchen in der Regel eine ausführlichere Reflexion.

3.6.1 Exkurs: Hoch- und Tiefstatus

»Du kannst dich größer machen, als du bist, du kannst dich kleiner machen, als du bist, beide Male bist du nicht du selbst.«

Helga Schäferling, Sozialpädagogin

In Proben war Johnstone aufgefallen, dass seine Schauspielschüler auf der Bühne oft langweilige Szenen spielten und keine authentischen Beziehungen zwischen den Charakteren entstanden.

Im Alltag hatte Johnstone beobachtet, dass im menschlichen Miteinander immer auch Statusfragen gestellt werden: Wer macht wem Platz? Wer hält wem die Tür auf? Wer grüßt wen zuerst? In jeder auch noch so kurzen Beziehung gibt es immer einen Stärkeren (Hochstatus) und einen Schwächeren (Tiefstatus).

Viele Menschen denken beim Begriff *Status* zuerst an einen Berufsstatus, z.B. Abteilungsleiter und Sachbearbeiter, oder an Statussymbole wie ein teures Auto oder einen Anzug von Armani.

Tatsächlich gibt es aber noch eine zweite Dimension von Status, die sich im situativen Verhalten von Personen zeigt. Johnstone sagt dazu:

»Der Begriff ›Status‹ kann verwirrend sein, es sei denn, wir verstehen darunter das, was wir tun, nicht das, was wir sind; das heißt, ein König kann gegenüber einem Sklaven Tiefstatus spielen, und der Sklave kann gegenüber dem König Hochstatus spielen.« [Johnstone 2010]

Nehmen Schauspieler auf der Bühne einen Status ein und verändern ihn passend zur Szene und ihrem Gegenüber, dann werden die Handlungen sofort realistischer und flüssiger.

Unser Held auf Reisen: Aus dem Weg!

Peter und Thekla durchqueren in der Mittagspause eine überfüllte Einkaufspassage. Immer wieder wird Peter von der Seite angerempelt und muss anderen ausweichen. Er stöhnt genervt.

»Wir probieren jetzt mal was aus!«, sagt Thekla. »Richte dich mal ganz groß auf, nimm die Schultern zurück, Brust raus, fokussiere einen Punkt in der Ferne und gehe zielstrebig und selbstsicher darauf zu. Das verschafft dir Respekt.«

Peter ist skeptisch, macht aber, was Thekla ihm geraten hat. In wenigen Minuten und ohne weitere Zwischenfälle erreicht er das Ende der Passage. Dieses Mal sind ihm alle Passanten wie von Geisterhand ausgewichen.

Erstaunt schaut er Thekla an: »Sag bloß, das hast du auch im Improtheater gelernt?«

Thekla zwinkert mit den Augen: »Ja, klar! Im Impro ist der Status einer Person ganz wichtig.«

Status wird auf einer Skala von 1 (ganz niedrig) bis 10 (ganz hoch) definiert. Betritt ein Schauspieler mit einem Status von 8 die Bühne, dann ist es sinnvoll, als Mitspieler zunächst einen niedrigeren Status, z.B. eine 4, einzunehmen, damit in der Szene nicht nur Statusgerangel, sondern auch eine Handlung zustande kommt.

Auf der Bühne wie im realen Leben kann sich der Status in einer Situation immer wieder verändern. Bewegt sich der eine nach oben, geht der andere nach unten und umgekehrt. Diese Dynamik bezeichnet Johnstone als *Statuswippe*. Status entsteht immer in Bezug auf einen anderen Menschen. Das heißt, man nimmt sich Status nicht nur, man bekommt ihn auch.

Jeder Mensch hat einen Lieblingsstatus, mit dem wir uns am wohlsten fühlen. Für einige Menschen ist das ein höherer Status, für andere Menschen ein niedrigerer Status (vgl. Tabelle 3–2). Wichtig ist, dass generell kein Status schlechter und besser ist als ein anderer. Der Status kann in unterschiedlichen Kontexten auch variieren, z.B. ein Niedrigstatus in der Familie und ein Hochstatus im Beruf.

Typische Signale für Hochstatus	Typische Signale für Tiefstatus
■ Gerade Körperhaltung, Schultern zurück ■ Sicherer, aufrechter Gang ■ Fester Stand ■ Viel Raum einnehmen, z. B. durch einen breiten Sitz oder große Körpergesten ■ Blickkontakt halten ■ Jemanden berühren (z. B. das bei Politikern typische Schulterklopfen beim Händeschütteln) ■ Klare Sätze ■ Laut und langsam sprechen ■ Natürliche Stimmlage ■ In sich ruhen ■ Kopf beim Sprechen stillhalten ■ Klarer Fokus ■ Ruhige und gleichmäßige Atmung ■ Viel Zeit beanspruchen, andere warten lassen	■ Eingezogene Schultern ■ Arme verschränken, Beine verschränken ■ Wenig Raum einnehmen ■ Kein Augenkontakt ■ Auf der Stelle hin und her trippeln ■ Sich selbst im Gesicht anfassen ■ Nicht wissen, wohin mit den Händen ■ Bruchstückhafte Sätze, viele *Ähs*, sich verhaspeln, nuscheln ■ Leise Sprache, höher als die eigene Stimmlage ■ Auf den Boden schauen ■ Zu schnell sein: zu schnelle Bewegungen, zu schnell sprechen etc. ■ Nervös lachen ■ Sich der anderen Person anpassen ■ Hektische, flache Atmung

Tab. 3–2 *Unterschiede Statussignale*

Überlegen Sie, wo auf einer Skala von 1 bis 10 Ihr persönlicher Lieblingsstatus liegt. Tauschen Sie sich dazu gerne mit Freunden oder Kollegen aus. Legen Sie nun bewusst einen anderen Status fest, mit dem Sie sich in einer bestimmten Situation ausprobieren wollen, z.B. in der nächsten Kaffeepause, an einem Frühstücksbüffet oder auch im nächsten Meeting. Beobachten Sie, was passiert und wie sich das Verhalten der anderen Menschen Ihnen gegenüber verändert.

Der Status wird bestimmt durch eine Reihe verbaler und nonverbaler Signale, wie Sprache, Körpersprache, Gestik oder Mimik. Oft senden wir diese Statussignale unbewusst aus und bemerken deshalb die Reaktionen der anderen darauf nicht. Wundert sich z. B. ein Teamleiter, warum er nicht ernst genommen wird, kann es helfen, seine Statussignale zu hinterfragen. Sendet er vielleicht unbewusst Signale aus, die dazu führen, dass er vom Team nicht genügend respektiert wird?

Gerade in flachen Hierarchien häufen sich Statuskämpfe, denn die persönliche Macht und der Einfluss können nicht mehr durch eine Position behauptet werden. Einige Menschen legen aber durchaus großen Wert darauf. Nicht selten sind Widerstände bei Umstrukturierungen, z. B. bei der Einführung agiler Arbeitsmethoden, auf Angst vor Statusverlust zurückzuführen.

Unser Held auf Reisen: Unklare Rolle

Bei der Einführung und Durchführung von Scrum beobachtet Peter besonders bei seinem direkten Scrum-Master-Kollegen Björn immer wieder große Ablehnung. Björn ist ebenfalls seit über zehn Jahren im Unternehmen und arbeitete zuvor wie Peter als Senior Projektmanager. Allerdings äußert Björn sich wiederholt lautstark im gemeinsamen Meeting so: »Unsere Projekte laufen doch einwandfrei. Ich verstehe nicht, warum wir jetzt jeden Tag unsere Zeit damit verplempern sollen, jedem im Detail zu erzählen, was man gerade macht. Es ist doch gut, wenn einer den Überblick behält und die Aufgaben verteilt.«

»Seht ihr das auch so?«, fragt Peter die anderen Kollegen. Schweigen, hier und da ein verhaltenes Nicken und Schulterzucken.

Da Björn sich auch außerhalb der Meetings immer wieder in den Teams mit lauten Sprüchen und persönlichen Erfolgsgeschichten aufspielt, sucht Peter das direkte Gespräch mit ihm nach dem Meeting. Dabei erfährt Peter, dass Björn um seine anerkannte Rolle als Senior Projektmanager fürchtet. Peter merkt, wie Björn versucht, sich an der alten Position und den damit verbundenen Aufgabenfeldern festzuklammern. Als Projektmanager aus Leidenschaft hatte Björn gern alle Fäden in der Hand und war dabei sehr respektiert im Team. Nun, in seiner Rolle als Scrum Master, fühlt Björn sich unglücklich und unsicher. Unbewusst fühlt er sich in seinem Status bedroht. Dabei ist ihm bisher gar nicht aufgefallen, dass er sich so dominant verhält, da keiner der Kollegen sich traut, ihm direktes Feedback zu geben oder ihm zu widersprechen.

Peter nimmt sich viel Zeit mit Björn und kann ihn sogar zu einem kleinen Experiment bewegen. Er schafft dies, indem er Björn offen spiegelt, welche Konsequenzen sein Verhalten auf das Team hat und dass auch das Ansehen der anderen Scrum Master darunter leidet. Björn erklärt sich bereit, sich in den nächsten Meetings etwas mehr zurückzunehmen, sodass die Teammitglieder mehr zu Wort kommen.

Einige Tage nach dem gemeinsamen Gespräch kommt Björn Peter auf dem Flur entgegen. Er bleibt kurz stehen, um Peter seine Erleichterung mitzuteilen: »Es ist gut angekommen, dass ich mich nur auf die Moderation konzentriert und aus den Themen rausgehalten habe. Ich habe von einigen aus dem Team direkt positive Rückmeldung erhalten und wurde sogar darum gebeten, ihnen auch weiterhin mit Rat und Tat zur Seite zu stehen.« Peter freute sich über seinen kleinen Erfolg und klopfte sich gedanklich selbst auf die Schulter.

Statusgerangel kann Prozesse aufhalten und die Kooperation im Team gefährden. Trifft ein Teammitglied A mit Hochstatus auf ein Teammitglied B mit Tiefstatus, wird die Verantwortung wahrscheinlich ganz bei A liegen und B wird kaum Ideen beisteuern. Wenn sich Teammitglieder mit einem hohen Status alleine um Tools, z.B. um die Pflege des Velocity Charts, kümmern, dann geben Teammitglieder mit einem niedrigen Status die Verantwortung schnell ab und zeigen kein Interesse mehr. Kollegen mit Hochstatus blockieren neue Ideen häufig, während Kollegen mit Tiefstatus dazu neigen, diese unhinterfragt hinzunehmen.

Bei zwei Teammitgliedern mit Hochstatus ist Streit vorprogrammiert, und zwei Teammitglieder mit Tiefstatus werden sich beide vor Verantwortung drücken. In beiden Fällen herrscht Stillstand. Jörg Preußig, Trainer für Projektmanagement, Kommunikation und Improvisationstechnik, visualisiert das Verhalten mit seinem Statusquadrat (siehe Abbildung 3–1) und empfiehlt, dass sich gerade selbstverantwortliche Teams im mittleren Bereich des Diagramms befinden sollten [Preußig 2011].

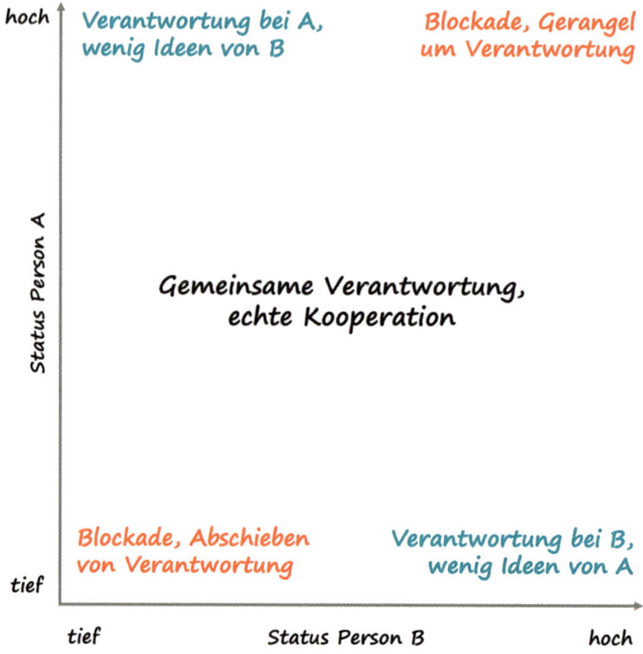

Abb. 3–1 *Statusquadrat – Status und Kooperation von Preußig*

Es ist wichtig, Statusverhalten im Team wahrzunehmen, zu reflektieren und die Stausflexibiliät der Teammitglieder zu stärken. Damit ist gemeint, dass alle Teammitglieder Selbstbewusstsein zeigen, ihre persönliche Meinung äußern und durchsetzen und Verantwortung übernehmen. Sie müssen sich aber genauso gut auch mal zurückhalten können. Jeder ist in Lage, sich in sein Gegenüber hineinzuversetzen, den Status je nach Situation zu verändern und auf Augenhöhe zu sein. Hoch- und Tiefstatus bringen jeweils verschiedene Vor- und Nachteile mit sich, auf die wir in der Tabelle 3–3 verweisen.

Vorteile von Hochstatus	**Vorteile von Tiefstatus**
■ größere Autorität ■ höheres Durchsetzungsvermögen ■ höhere Glaubwürdigkeit ■ Andere hören einem zu und nehmen einen ernst.	■ Das Gegenüber erhält viel Raum, sich zu entfalten. ■ Das Selbstbewusstsein des anderen wird gestärkt. ■ empathische und sympathische Wirkung
Nachteile von Hochstatus	**Nachteile von Tiefstatus**
■ Andere sind eingeschüchtert, trauen sich nicht mehr, etwas zu sagen. ■ Status anderer wird weiter gesenkt. ■ unsympathische Wirkung ■ Eigene Aussagen werden von anderen nicht mehr hinterfragt. ■ Niemand macht mehr etwas eigeninitiativ, man muss alles selbst in die Hand nehmen. ■ mehr Konkurrenzverhalten bei anderen mit Hochstatus ■ keine Informationen, kein Feedback von anderen	■ Keiner sieht und hört einen. ■ Keiner nimmt einen ernst; die Glaubwürdigkeit ist gering. ■ weniger Durchsetzungsvermögen ■ weniger Autorität

Tab. 3–3 *Gegenüberstellung der Vor- und Nachteile bei Hoch- bzw. Tiefstatus*

Des Weiteren unterscheiden wir zwischen *innerem Status* und *äußerem Status*. Ersterer beschreibt, wie wir uns wirklich fühlen, Letzterer, was wir nach außen demonstrieren. Somit gibt es insgesamt vier Statustypen:

- **Innen und außen Hochstatus**
  Wirkt sicher, aber nicht besonders sympathisch. Bringt Überlegenheit zum Ausdruck und will Respekt um jeden Preis.
- **Innen und außen Tiefstatus**
  Will sympathisch wirken und von allen gemocht werden. Durchaus ein netter Teamplayer, aber wenig selbstbewusst. Übernimmt deshalb ungerne Aufgaben und Verantwortung.
- **Innen Tiefstatus und außen Hochstatus**
  Arroganter Macker, der weder Respekt noch Sympathie erhält. Wird heimlich belächelt und von niemanden ernst genommen. Fühlt er sich in seinem Status bedroht, wird er sofort nervös.

- **Innen Hochstatus und außen flexibler Status**
  Ist selbstsicher und kann sich perfekt jeder Situation anpassen. Genießt wahren Respekt und ist gleichzeitig sympathisch: ein wahrer Charismatiker.

Jedes Teammitglied sollte darin gestärkt werden, denn letzten Zustand zumindest innerhalb des Teams zu erreichen. Nur so entstehen gemeinsame Ideen, wahre Kooperation, geteilte Verantwortung, Zusammenarbeit auf Augenhöhe und ein respektvolles Miteinander. Erreicht wird dies durch eine offene Arbeitsatmosphäre, Vertrauen, Feedback und Wertschätzung.

Nehmen Sie sich einige Minuten Zeit und beobachten Sie das Statusverhalten Ihrer Kollegen, z.B. bevor ein Meeting startet. Wie verhalten sich die unterschiedlichen Personen? Wer hat welchen Status? Wodurch äußert sich das? Warum? Wie betreten die Kollegen den Raum? Wie sitzen sie? Wie viel Platz beanspruchen sie?

Nehmen Sie sich vor einer Situation, bei der ein hohes Selbstbewusstsein wichtig ist, etwas Zeit, sich mit Hochstatussignalen durch den Raum zu bewegen. Wählen Sie die Signale, die sich für Sie richtig anfühlen und die zu Ihnen passen. Vergessen Sie dann alles wieder. Im Unterbewusstsein wird Ihr Verhalten noch ganz von selbst nachwirken.

3.6.2 Schlag & Fertig

Teilnehmer	6–30	**Schwierigkeit**	mittel
Dauer	ca. 10 min	**Energielevel**	niedrig
Teamstatus	für bestehende Teams	**Setup**	frei im Raum laufend, ausreichend Platz zur Verfügung stellen

Ziel

Sich auf sein Gegenüber einlassen, wertschätzenden Umgang und eskalierende Kommunikation trainieren, Schlagfertigkeit üben und Kreativität anregen

Anleitung

Alle Teilnehmer laufen durcheinander kreuz und quer durch den Raum. Treffen zwei Teilnehmer zufällig aufeinander, wirft ein Teilnehmer dem anderen etwas Beliebiges vor, z.B.: »Warum hast du das Fenster nicht geschlossen?«

- **1. Runde**
  Der andere Teilnehmer hat dafür einen bösen Grund, vielleicht möchte er sogar die Weltherrschaft erlangen. Beispiel: »Damit die Killermücken zum Fenster reinfliegen und euch alle aussaugen! Wuhahaha!«

- **2. Runde**
  Der andere Teilnehmer reagiert ehrlich und wahrhaftig, es gibt weder einen guten noch einen vorgeschobenen Grund für das vermeintliche Fehlverhalten, z.B. »Oje, zieht es für dich? Ich habe ganz vergessen, das Fenster wieder zu schließen.«
- **3. Runde**
  Der andere Teilnehmer hatte einen richtig guten Grund für das Verhalten. Er wollte seinem Gegenüber einen Gefallen damit tun, z.B. »Du hast gerade so blass ausgesehen. Ich dachte, ein bisschen frische Luft tut dir gut.«

Spielen Sie jede Runde nacheinander einige Minuten. Nach jedem kurzen Satzwechsel zwischen zwei Teilnehmern, laufen die Teilnehmer weiter und suchen sich einen neuen Partner. Immer startet ein unterschiedlicher Teilnehmer mit einem Vorwurf und der andere Teilnehmer reagiert mit einer Begründung.

Variationen

- Sprint-Vorwürfe: Lassen Sie das Team vorher kurz über den letzten Sprint nachdenken. Was könnten reale (gerne etwas übertriebene) Vorwürfe und Argumente für ein bestimmtes Verhalten aus dem letzten Sprint sein? Lassen Sie das Team dann selbst entscheiden, welche der drei Runden sie als Variation spielen wollen.

Debriefing

- Von Runde zu Runde wird die Übung schwerer. Insbesondere in der letzten Runde müssen sich die Teilnehmer auf ihr Gegenüber einlassen, sich überlegen, wie sie dem Partner eine Freude machen können und eine respektvolle Antwort finden. Mögliche Learnings: Jedes Verhalten kann gute Gründe haben und die eigene Einstellung prägt die Situation.
- Wie haben die Teilnehmer die unterschiedlichen Runden wahrgenommen? Was war leicht und was war schwer? Wie hat sich die Stimmung zwischen den Teilnehmern in den Runden verändert?
- Wie wurden die Antworten des Gegenübers empfunden? In den unterschiedlichen Runden? Innerhalb einer Runde? Welche Antworten wurden als besonders gut empfunden? Warum?
- Was lernen die Teilnehmer aus der Übung für den respektvollen Umgang miteinander? Wie wird im Team generell mit Vorwürfen umgegangen und was könnte gegebenenfalls noch besser laufen? Was waren weitere Learnings?

Einsatzmöglichkeiten

- Als Einstieg in eine Retrospektive
- Teambuilding
- In Workshops zum Thema *Kommunikation und Gesprächsführung*

3.6.3 Persona Perfekt

Teilnehmer	3–20	**Schwierigkeit**	leicht
Dauer	10–15 min	**Energielevel**	mittel
Teamstatus	für jeden Teamstatus	**Setup**	stehend (ggf. sitzend) im Kreis, auch an Tischen möglich

Ziel

Klischees und Vorurteile hinterfragen, Zusammenarbeit üben, kollektive Kreativität

Anleitung

Die Teilnehmer stehen oder sitzen, idealerweise in einem Kreis. Gemeinsam wird eine imaginäre Person erfunden und reihum von jedem Teilnehmer mit immer mehr Details und Eigenschaften ausgestattet. Ein Teilnehmer beginnt mit einem beliebigen Namen, z.B.: »Das ist Manuela.« Der nächste Teilnehmer im Kreis fügt einen Satz über Manuela hinzu, z.B.: »Manuela ist verheiratet und hat zwei Kinder im Erwachsenenalter.« Jeder Teilnehmer ergänzt ein Detail oder eine Eigenschaft über Manuela, z.B. »Manuela verbringt ihre Nachmittage gerne in ihrem Kleingarten in der Nachbarschaft« oder »Manuela arbeitet als Altenpflegerin«.

Die Übung wird so lange fortgeführt, bis jemand eine Aussage über Manuela trifft, die von einem anderen als nicht passend empfunden wird, z.B.: »Manuela fährt Kettcar.« Dann ruft die Person laut »Nein!« und die Gruppe beginnt die Übung von vorne mit einem neuen Namen.

Variationen

- Empfindet jemand eine Aussage als nicht passend, ruft er ebenfalls laut »Nein!«. Anstatt die Runde von vorne mit einer komplett neuen Person zu starten, wird jetzt allerdings ein alternativer Vorschlag gemacht. Die Übung wird so lange fortgeführt, bis die entwickelte Person von allen Teilnehmern als vollständig und rund empfunden wird.

Debriefing

- Die Übung verleitet die Teilnehmer dazu, Personen zu entwickeln, die viele Klischees und Vorurteile enthalten. Diskutieren Sie anschließend über diese und hinterfragen Sie sie. Wie haben sich die Personen gefühlt, die vermeintlich falsche Aussagen getroffen haben? Eventuell kommt das Team zu dem Schluss, dass diese Aussagen eigentlich doch passend waren, weil reale Menschen häufig voller Gegensätze und Überraschungen stecken. Der Teilnehmer mit der verworfenen Aussage hat sich in dem Fall also über festgefahrene Meinungen hinweggesetzt.
- Was haben die Teilnehmer während der Übung bemerkt? Wie hat die Zusammenarbeit funktioniert?
- Warum wurden bestimmte Aussagen als nicht passend empfunden? Wurden sie von allen oder nur von einzelnen Teilnehmern als nicht passend empfunden? Waren sie deshalb falsch?
- Wie waren die entwickelten Personen? Waren sie realistisch?

Einsatzmöglichkeiten

- Retrospektive
- Als Warm-up vor dem Entwickeln von Personas oder vor User-Story-Workshops

3.6.4 Verfolgungsjagd

	Teilnehmer	8–20	**Schwierigkeit**	mittel
	Dauer	5–10 min	**Energielevel**	mittel
	Teamstatus	für bestehende Teams	**Setup**	laufend im Raum, ausreichend Platz zur Verfügung stellen
Video	agile-werte-leben.de/uebungen/respekt/verfolgungsjagd			

Ziel

Beobachtung schulen, Grenzen austesten und überschreiten, miteinander und über sich selbst lachen können

Anleitung

Alle Teilnehmer gehen kreuz und quer frei durch den Raum. Immer wieder beginnt ein Teilnehmer einen anderen Teilnehmer zu verfolgen. Dabei ahmt der Verfolger die Gangart und das Verhalten des Verfolgten bis hin zur maßlosen Übertreibung nach. Er achtet dabei aber darauf, dass der Verfolgte davon nichts bemerkt. Denn: Fühlt sich ein Teilnehmer selbst verfolgt, dann dreht er sich blitzschnell um und überprüft seinen Verdacht. Befindet sich hinter ihm tatsächlich ein Verfolger, dann schaut dieser ganz unschuldig, stoppt die Verfolgung und läuft in eine andere Richtung weiter.

Die Teilnehmer entscheiden selbst, wann sie jemanden verfolgen und wen sie verfolgen. Dabei kann es natürlich passieren, dass sie bei der Verfolgung ebenfalls von jemandem verfolgt werden. Auch kann ein Teilnehmer gleichzeitig von mehreren anderen Teilnehmern verfolgt werden. Es gibt diesbezüglich keine festen Regeln.

Variationen

- Fanlauf: Sprechen Sie von *Fans* statt von *Verfolgern*. Die Fans wollen ihr Idol so gut wie möglich kopieren und ahmen deshalb dessen Gangart nach. Die Übung bekommt dadurch einen positiven Hintergrund und eignet sich besser für Teams, die vielleicht noch nicht so lange zusammenarbeiten oder bei denen Sie es kritisch einschätzen, wenn sich die Teilnehmer verfolgen und gegebenenfalls auch gegenseitig auf die Schippe nehmen.

Debriefing

- Am besten funktioniert die Übung, wenn alle im Team ein gutes und offenes Verhältnis haben. Dann ist es nämlich auch erlaubt, sich im Spiel mal über den anderen lustig zu machen und gemeinsam mit ihm darüber zu lachen. Ist das nicht der Fall und stellt sich vielleicht sogar in der Übung heraus, dass Teilnehmer sich unbehaglich fühlen, dann gehen Sie feinfühlig vor. Nehmen Sie sich Zeit, mit dem Team darüber zu reden, und nutzen Sie die Übung, um im Team über die eventuell vorhandenen Schwierigkeiten zu sprechen.
- Hat die Übung den Teilnehmern Spaß gemacht? Fanden es einige Teilnehmer vielleicht unangenehm, verfolgt zu werden oder andere zu verfolgen? Warum?
- Was hat die Übung mit Respekt zu tun? Wie bleiben die Verfolgungsjagden trotzdem respektvoll und warum (z.B. weil sich das Team gut kennt, weil jeder über jeden lachen kann)?
- Was für Gruppendynamiken haben die Teilnehmer beobachtet? So bilden sich z.B. in der Übung immer wieder Verfolgungsketten. Die Teilnehmer erfahren dadurch, wie sich Strukturen in chaotischen Zusammenhängen bilden oder wie sich Mitglieder von Gruppen aneinander angleichen. Was haben die Teilnehmer noch beobachtet?

Einsatzmöglichkeiten

- Retrospektive
- Teambuilding
- Als Warm-up für Teams, die sich untereinander schon gut kennen

Beobachten Sie die Gruppe bei der Übung genau und nehmen Sie wahr, wenn sich einzelne Teilnehmer unwohl fühlen oder gar von anderen Teilnehmern wirklich verletzt werden. Generell sollten Sie das Team so gut kennen, dass Sie die Übung nicht durchführen, wenn eine erhöhte Gefahr dafür besteht (akutes Ausgrenzen im Team, extremes Machtgefälle etc.). Sollte doch ein Zwischenfall eintreten, dann unterbrechen Sie die Übung und bringen Sie die Situation zur Sprache. Wichtig: Die Übung soll Spaß machen und niemanden zur Schau stellen oder ihn beleidigen!

3.6.5 Der Raum gehört mir!

	Teilnehmer	5–20	**Schwierigkeit**	leicht
	Dauer	10–15 min	**Energielevel**	mittel
	Teamstatus	für jeden Teamstatus	**Setup**	stehend im Kreis
Video	agile-werte-leben.de/uebungen/respekt/der-raum-gehoert-mir			

Ziel

Status ausprobieren und reflektieren, den eigenen Status kennenlernen, Wahrnehmung schärfen, Training für Körpersprache und Stimme

Anleitung

Alle Teilnehmer stehen im Kreis oder Halbkreis. Jeder Teilnehmer wählt für sich selbst einen beliebigen Status zwischen 1 und 10, ohne diesen den anderen Teilnehmern mitzuteilen. Irgendein Teilnehmer beginnt, indem er in die Mitte des Kreises tritt und in dem von ihm gewählten Status den Satz »Der Raum gehört mir!« sagt. Dabei passt er seine Körpersprache und Stimme dem gewählten Status an. Die anderen Teilnehmer müssen den Status anschließend erraten. Die Übung wird so lange fortgesetzt, bis jeder Teilnehmer einmal vorne in der Kreismitte stand.

Variationen

- Status-Stand-up: Jeder zieht vor dem Stand-up eine Karte, auf der ein Status zwischen 1 und 10 steht, in dem er das heutige Stand-up macht. Im Anschluss müssen die anderen Teammitglieder wieder raten, welcher Status das wohl bei jedem einzelnen war.
- Den eigenen Status reflektieren lernen: Die Teilnehmer sagen den Satz »Der Raum gehört mir!« ganz neutral, so wie sie ihn von sich aus mit ihrer normalen Stimme und Körperhaltung sagen würden. Anschließend geben die anderen Teilnehmer eine Statuseinschätzung und reflektieren gemeinsam, welche Beobachtungen zu dieser Einschätzung geführt haben.

Debriefing

- In der Regel wird ein frei gewählter Status von Teilnehmern mit einem generell niedrigeren Status von den anderen Teilnehmern niedriger eingeschätzt, als der entsprechende Teilnehmer es selbst gedacht hätte. Umgekehrt wird ein Teilnehmer mit generellem Hochstatus oft höher eingestuft, als er es selbst in der Übung beabsichtigt hatte. Viele Teilnehmer erleben durch die Einschätzung der anderen deshalb einen kleinen Aha-Effekt. Erforschen und entdecken Sie das Thema *Status* durch diese Übung gemeinsam!
- Wie haben sich die Teilnehmer in der Kreismitte gefühlt? Was haben die anderen Teilnehmer beobachtet?
- Wurde der Status in der Regel richtig oder falsch eingeschätzt? War der Teilnehmer in der Kreismitte überrascht von der Einschätzung der anderen? Was hat zu größeren Abweichungen geführt?

Einsatzmöglichkeiten

- Retrospektive
- Stand-up
- Teambuilding, Teamworkshops
- Als Einstieg in das Thema *Status*
- Workshops zum Thema *Präsenz*, *Stimme* oder *Körpersprache*

3.6.6 Status-Marathon

	Teilnehmer	4–30	**Schwierigkeit**	leicht
	Dauer	ca. 10 min	**Energielevel**	mittel
	Teamstatus	für jeden Teamstatus	**Setup**	laufend im Raum, ausreichend Platz zur Verfügung stellen
Video	agile-werte-leben.de/uebungen/respekt/status-marathon			

Ziel

Unterschiedliche Status ausprobieren und die Wirkung von Status reflektieren, Neues ausprobieren, Körpersprache trainieren

Anleitung

Alle Teilnehmer gehen kreuz und quer frei durch den Raum. Der Übungsleiter gibt jeweils einen Status zwischen 1 und 10 vor, in dem die Teilnehmer sich durch den Raum bewegen sollen. Jeder Status wird einige Zeit ausgespielt, bis der Übungsleiter einen neuen Status nennt. Im ersten Schritt läuft jeder Teilnehmer für sich durch den Raum, im zweiten Schritt können die Teilnehmer auch untereinander in Kontakt treten.

Variationen

- Die Teilnehmer werden zur Hälfte in As und Bs eingeteilt. Der Übungsleiter nennt für A und B zwei unterschiedliche Status. In dieser Variante treten die Teilnehmer gleich in Kontakt miteinander.
- Geben Sie einen Status vor, in dem eine bestimmte Situation gemeistert werden soll, z.B. das nächste Stand-up oder ganz einfach die nächste Mittagspause.

Debriefing

- Wie wurden die unterschiedlichen Status beim Raumlauf von den Teilnehmern verdeutlicht? Was waren typische Verhaltensweisen für die verschiedenen Status? Gerne können Sie auch nach jedem angesagten Status eine kurze Reflexionsrunde einbauen und gemeinsam mit dem Team typische Signale für Tiefstatus und Hochstatus erarbeiten und festhalten.
- Wie war es für die Teilnehmer, unterschiedliche Status einzunehmen? Welcher Status war vielleicht ungewohnt? Was war überraschend? Welche neuen Erkenntnisse haben die Teilnehmer gewonnen? Haben die einzelnen Teilnehmer einen Lieblingsstatus? Warum? Gibt es einen Status, den ein Teilnehmer mal in einer bestimmten realen Situation ausprobieren möchte?

- Welche Status sind im Berufsalltag zu beobachten? Gibt es bestimmte Personen, die den Teilnehmern beispielhaft für einen bestimmten Status einfallen? Warum ist das so und wie wirkt sich das aus?
- Wie hat sich die Stimmung im Raum mit den verschiedenen Status verändert? Warum?
- Wie war es für die Teilnehmer, auf Teilnehmer mit dem gleichen Status zu treffen? Was hat zu Konflikten und Problemen geführt? Wo gibt es diese auch im Arbeitsalltag?
- Für die Variation mit As und Bs: Was haben die Teilnehmer beim Aufeinandertreffen der verschiedenen Status beobachtet? Wie haben sich die As und Bs jeweils gefühlt? Was hat zu Konflikten und Problemen geführt? Wo gibt es diese auch im Arbeitsalltag?

Einsatzmöglichkeiten

- Vor einer Retrospektive
- Teambuilding, Teamworkshop
- Als Einstieg in das Thema *Status*
- Workshops zum Thema *Präsenz*, *Stimme* oder *Körpersprache*

Besonders spannend ist es zu beobachten, wenn Teilnehmer einen für sich sehr ungewohnten Status einnehmen und ausprobieren. Sprechen Sie Ihre Beobachtungen gerne bei nächster Gelegenheit in einem persönlichen Gespräch an und fragen Sie die Mitarbeiter, was diese für den Arbeitsalltag aus dieser Erfahrung nutzen können.

3.6.7 Statusreihen

Teilnehmer	2–20	**Schwierigkeit**	mittel
Dauer	15–25 min	**Energielevel**	mittel
Teamstatus	für bestehende Teams	**Setup**	Teilnehmer stehen sich in zwei Reihen gegenüber, z. B. auf einem Flur

Ziel

Tief- und Hochstatus ausprobieren und die Wirkung von Status reflektieren, Neues ausprobieren, Körpersprache und Stimme trainieren

Anleitung

Die Teilnehmer werden in zwei Gruppen aufgeteilt. Die beiden Gruppen stehen sich so gegenüber, dass jeder Teilnehmer von Angesicht zu Angesicht einem anderen Teilnehmer gegenübersteht.

- **1. Runde**
  Eine Gruppe bekommt einen Hochstatus, die andere Gruppe einen Tiefstatus. Ein beliebiger Teilnehmer aus der Hochstatusreihe tritt nun auf seinen Gegenüber zu und fordert ihn in seinem Hochstatus auf, eine frei gewählte Handlung auszuführen, z.B. den Boden zu putzen. Der andere Teilnehmer gehorcht und führt die Handlung im Tiefstatus aus. Wenn alle Teilnehmer aus der Reihe ihr Gegenüber einmal zu einer Handlung aufgefordert haben, dann wird die Übung mit wechselnden Rollen wiederholt: Die Tiefstatus-Reihe erhält Hochstatus und umgekehrt.
- **2. Runde**
  Beide Gruppen haben einen Status von 5. Die Übung wird nach dem gleichen Prinzip wiederholt, d.h., erst fordern die Teilnehmer aus der einen Reihe ihr Gegenüber zu einer Handlung auf und dann wechseln die Seiten. Sowohl die Aufforderung als auch die Durchführung der Handlung erfolgt in einem neutralen Status von 5. Der Teilnehmer, der die Aufforderung erhält, darf selbst entscheiden, ob er die Handlung tatsächlich ausführen möchte oder wie seine Reaktion darauf seinem Status gemäß noch aussehen könnte, z.B. indem er seinem Gegenüber vorschlägt, gemeinsam zu putzen, weil es dann schneller geht.

Variationen

- Je nach Zeit können Sie die Übung auch auf die erste Runde verkürzen.

Debriefing

- Braucht es Statussignale, um jemanden zu etwas aufzufordern oder um etwas zu bitten? Wann vielleicht ja und wann nicht? Wie verändert sich die Situation, wenn das Machtgefälle wegfällt? Welche vielleicht neuen Möglichkeiten haben sich ergeben? Welche Reaktionen wären noch möglich, wenn einem jemand mit Hochstatus im Arbeitsalltag begegnet? Wie können die Erkenntnisse auf den Arbeitsalltag übertragen werden?
- Wie war die Übung in der ersten Runde für die Teilnehmer? Wie haben sich die Teilnehmer in den jeweiligen Rollen gefühlt?
- Was waren typische Merkmale für den Hoch- und für den Tiefstatus?
- Wie war die zweite Runde für die Teilnehmer? Was war anders? Wie hat sich die Stimmung im Raum verändert?

Einsatzmöglichkeiten

- Teambuilding, Teamworkshops
- Als Vertiefung des Themas *Status*
- Workshops zu den Themen *Präsenz*, *Gesprächsführung*, *Stimme* und *Körpersprache*

3.6.8 Hoch zur Chefetage

Teilnehmer	4–15	**Schwierigkeit**	mittel
Dauer	5–10 min	**Energielevel**	niedrig
Teamstatus	für bestehende Teams	**Setup**	kleine Bühnenfläche im Raum für zwei Personen, die anderen Teilnehmer sitzen davor

Ziel

Beobachtung schulen, typische Körpersprache für Hoch- und Tiefstatus kennenlernen und analysieren, sich in andere hineinversetzen lernen.

Anleitung

Zwei freiwillige Teilnehmer gehen auf die Bühne. Die beiden Teilnehmer einigen sich, wer den Chef und wer den Mitarbeiter spielen möchte. Alle anderen Teilnehmer nehmen als Zuschauer auf Stühlen Platz. Die Spieler auf der Bühne bekommen als Vorgabe folgende Vorgeschichte: Der Chef hat gerade in einem Gespräch seinen Mitarbeiter entlassen, weil dieser einen großen Fehler gemacht hat. Nun betreten beide den Aufzug. Es wird nicht mehr geredet. Beide fahren einfach für einige Zeit zusammen Aufzug. Die Zuschauer beobachten die Körpersprache der Spieler. Zwei weitere freiwillige Teilnehmer können die Szene mit der gleichen Vorgabe noch einmal wiederholen.

Variationen

- Natürlich können noch ganz andere Personen den Aufzug betreten, z.B. zwei Kollegen mit einem festgelegten Status, die sich zuvor gestritten haben, oder Mitarbeiter und Chef, aber diesmal wurde der Mitarbeiter gerade befördert. Überlegen Sie zusammen mit dem Team. Vielleicht fallen Ihnen auch reale Situationen aus dem Arbeitsalltag ein. Nach wie vor sollte in der Szene nicht geredet werden, damit der Fokus auf der Körpersprache bleibt.

Debriefing

- Was haben die Zuschauer an der Körpersprache der beiden Spieler beobachtet? Was für einen Status hatten die Spieler jeweils? Durch welche Signale hat sich das gezeigt?
- Wie war die Stimmung im Aufzug? Wie könnte die Stimmung verändert werden? Gibt es alternative Handlungsmöglichkeiten für die Spieler? Probieren Sie diese gegebenenfalls noch einmal in einem Szenenspiel aus, z.B. mit einem selbstbewussten Mitarbeiter, der sowieso seinen Job kündigen wollte. Wie verändert sich dadurch die Situation?
- Falls die Szene von mehreren Teilnehmern gespielt wurde: Gab es Unterschiede in den Szenen? Welche?
- Gibt es ähnliche Situationen und Machtverhältnisse im eigenen Unternehmen? Wenn ja, welche? Wie werden diese von den Teilnehmern empfunden? Gibt es Veränderungsbedarf und -möglichkeiten? Welche?

Einsatzmöglichkeiten

- Teamworkshops
- Als Vertiefung des Themas *Status*
- Workshops zu den Themen *Präsenz* und *Körpersprache*

3.6.9 Status-Switch

	Teilnehmer	4–15	**Schwierigkeit**	fortgeschritten
	Dauer	15–20 min	**Energielevel**	niedrig
	Teamstatus	für bestehende Teams	**Setup**	kleine Bühnenfläche im Raum für zwei Personen, die anderen Teilnehmer sitzen
Video	agile-werte-leben.de/uebungen/respekt/status-switch			

Ziel

Beobachtung schulen, typische Signale für Hoch- und Tiefstatus austesten und analysieren, sich ausprobieren, Szenenspiel üben

Anleitung

Zwei freiwillige Teilnehmer gehen auf die Bühne. Alle anderen Teilnehmer nehmen als Zuschauer auf Stühlen Platz. Die Spieler improvisieren nun eine kleine Szene mit einer frei gewählten, bekannten Situation, z.B. ein Bewerbungsgespräch oder das Zusammentreffen von Kollegen vor dem Kaffeeautomaten. Teilnehmer A hat einen Hochstatus und Teilnehmer B hat einen Tiefstatus. Im Laufe der Szene soll sich die Situation nun allerdings so verändern, dass ein Statuswechsel stattfindet, d.h., Teilnehmer A hat am Ende der Szene einen Tiefstatus und Teilnehmer B einen Hochstatus. Gründe dafür könnten z.B. sein, dass sich im Laufe des Bewerbungsgesprächs herausstellt, dass der Bewerber eigentlich viel qualifizierter ist als der Gesprächsführer oder dass der Teilnehmer im Hochstatus seinem Kollegen im Tiefstatus aus Versehen den Kaffee über den Anzug kippt. Der Statuswechsel soll sich im Spiel der Teilnehmer ergeben.

Spielen Sie gerne mehrere unterschiedliche Szenen mit verschiedenen Teilnehmern.

Debriefing

- Nach jeder Runde geben die Teilnehmer erst einmal nur eine kurze Rückmeldung: Wie haben sich die Spieler auf der Bühne gefühlt? Was haben die Zuschauer wahrgenommen?
- Nach allen Durchläufen können Sie dann noch ausführlicher über die Übung sprechen:
- Welche Statussignale wurden in den Szenen beobachtet? Was sind typische Signale für Tief- und Hochstatus?
- Wie hat sich die Szene durch den Statuswechsel verändert? Wodurch hat sich der Statuswechsel ergeben? War er realistisch?
- Gibt es ähnliche Situationen auch im Berufsalltag? Wie wechseln wir unseren Status im alltäglichen Leben, innerhalb bestimmter Situationen oder vielleicht auch in verschiedenen Rollen (als Mitarbeiter, als Mutter, als Sohn etc.)? Was können wir daraus für unsere Zusammenarbeit im Team lernen?
- Wie können wir flexibler in unserem Status werden? Wie können z.B. Teammitglieder mit einem niedrigen Status gestärkt werden? Sollten Teammitglieder mit Hochstatus in bestimmten Situationen auch mal in den Tiefstatus gehen?

Einsatzmöglichkeiten

- Als Vertiefung des Themas *Status*
- Workshops zu den Themen *Präsenz*, *Gesprächsführung*, *Stimme* und *Körpersprache*

Oft setzen sich die Teilnehmer in den Szenen wegen des Statuswechsels unter Druck. Sagen Sie gerne noch einmal an, dass sich der Wechsel ganz langsam im Laufe der Szene ergeben soll. Ganz plötzliche Statuswechsel wirken eher unnatürlich. Die Spieler sollen sich auf der Bühne entspannen und einfach abwarten, was die Situation in der Szene mit ihnen macht und welche Wirkung sie ganz von selbst entfaltet.

Unser Held auf Reisen: Positive Schwingungen

Peter, der sich eigentlich immer für offen und wertschätzend gehalten hatte, bekam auch von RESPEKT noch viele Denkanstöße. »Vielen Dank!« sagte Peter zu RESPEKT und fügte hinzu: »Immer positiv denken, ich habe verstanden.«

»Ya man, positive intent and thinking ist wichtig!«, fügte RESPEKT auf seine coole und charmante Art und Weise hinzu. Er hatte Peter nahegelegt, dass er seinen Status nicht unter den anderer stellen solle, auch wenn es Hierarchien in Peters Unternehmen gäbe. Diese Menschen führten auch nur eine Rolle aus. Für ihn sei es wichtig, zu verstehen, welche Aspekte für die jeweilige Rolle der Marketingleiterin Cathleen oder seines Vorgesetzten Frederik relevant sind. Welche Ängste haben die beiden? Was können sie verlieren oder was wollen sie erreichen? Peter müsse damit aufhören, die Dinge zu verteufeln, wenn es schwierig wird. Schließlich müsse auch er die Erwartung seines Teams erfüllen.

Die Sonne war zu einem orangen Halbkreis geschrumpft und war kurz davor, am Horizont zu versinken. Die Dämmerung schuf eine beeindruckende Atmosphäre. Peter vernahm einiges Surren und Gezirpe und war schon gespannt, ob er gleich noch jemanden kennenlernen würde.

3.7 Sei kommunikativ und erzähle Geschichten

»The techniques of the theater are the techniques of communicating.«

Viola Spolin, Schauspiellehrerin

Unser Held auf Reisen: Lagerfeuergeschichten

»Ja, mich!« hörte Peter im nächsten Moment und zuckte wegen der plötzlichen und lauten Antwort direkt neben ihm zusammen. Vor ihm stand ein grün gekleideter Held mit riesigen Ohren und einer Maske.
»Hi, ich bin KOMMUNIKATION. Schön, dich kennenzulernen. Habe ja schon eine Menge von dir gehört. Das kommt wohl, weil ich so große Ohren habe, was?« KOMMUNIKATION stupste Peter laut lachend in die Seite.

Die anderen in der Runde lachten auch. Peter wusste nicht genau, ob sie über den Spruch von KOMMUNIKATION lachten oder über Peters verkniffenen und überraschten Gesichtsausdruck. Er nahm im selben Moment wahr, dass auf einmal alle in einem Kreis um ein Feuer saßen.

KOMMUNIKATION sagte: »Setz dich doch! Hast du Lust auf eine Lagerfeuergeschichte?«

Eine von Google durchgeführte Studie, um das perfekte Team zu finden, kam zu dem Ergebnis, dass gut funktionierende und erfolgreiche Teams über ein erhöhtes Kommunikationsaufkommen verfügten. Sprachen die Teamkollegen über anstehende Aufgaben, dann hatte am Ende jeder in diesen Teams ungefähr den gleichen Redeanteil. Übernahmen dagegen Einzelne oder nur wenige das Wort, dann sank die kollektive Intelligenz der Gruppe stark.

Ein weiterer wichtiger Faktor für die Zusammenarbeit in Teams ist die soziale Sensibilität. In gut funktionierenden Teams ist diese überdurchschnittlich hoch, d.h., die Teammitglieder nehmen verbale wie nonverbale Hinweise (z.B. den Gesichtsausdruck oder die Stimmlage) anderer Personen schnell wahr und ziehen daraus Rückschlüsse auf deren Empfinden [URL: Aristoteles 2016].

Kommunikation ist die Basis menschlichen Zusammenlebens. In jeder zwischenmenschlichen Beziehung gibt es bewusste und unbewusste Kommunikation. Frank Sauer, Coach und Experte für Wertearbeit, liefert im Interview mit uns eine gute Definition für Kommunikation:

»Kommunikation ist ein lebendiges Konstrukt aus Wahrnehmung, Dialog, Diskussion und Feedback. Sie erzeugt Austausch, Verständnis, Erkenntnisse oder Inspiration. Kommunikation besteht immer aus einem Sender und einem Empfänger, wobei der Empfänger die Kommunikation erst durch adäquates Feedback vollendet. Gute Kommunikation enthält mindestens die Werte Interesse und Aufmerksamkeit. Wirksame und auch sinnstiftende Kommunikation beinhaltet darüber hinaus Sorgfalt, Respekt, Toleranz, Freundlichkeit, Offenheit, Geduld, Aufgeschlossenheit und Klugheit. Kommunikation ist somit ein lebendiges, aktives Wertesystem.«

Neben dem reinen mündlichen und schriftlichen Austausch von Informationen spielen vor allem auch immer die Körpersprache, die Stimme und die Intonation eine entscheidende Rolle dabei, wie eine gesendete Botschaft vom Empfänger interpretiert wird.

Jörg Schumann, Coach und Consultant

Der Diplom-Psychologe Jörg Schumann arbeitete mehrere Jahre als Consultant in großen Managementberatungen und ist heute als Geschäftsführer und Coach bei Human Experts tätig.

Mein Lieblingswitz über Kommunikation ist ein Bilderwitz: Ein offenbar frisch verliebtes Pärchen steht auf einer sonnigen Blumenwiese im Abendrot, beide einander zugewandt, jeder hält den anderen mit beiden Händen fest. Sie sagt: »Hör mal: die Grillen.« Er erwidert: »Ich rieche nichts.« Ein herrliches Missverständnis. Man versteht sofort: Während sie mit ihrer Aufmerksamkeit beim Grillengezirpe ist, dachte er an eine grillende Menschengruppe, konnte aber keine ausmachen.

Wir können darüber lachen und die beiden sicher auch, wenn sich das Missverständnis klärt, denn den beiden geht es gut: Sie lieben sich, sie nehmen sich Zeit füreinander. In der Verliebtheit sind sie ganz gewiss, dass der andere einem nur Gutes will, genau wie man selbst für den anderen nur das Beste möchte.

Doch unter Stress und in Zeitnot ist dies bei Missverständnissen ganz anders: Da wird dem anderen schnell etwas unterstellt, was allein die eigene Weltsicht bestätigt, aber wenig damit zu tun hat, was das Gegenüber wirklich motivierte. Man vergisst: Das Missverständnis ist der Regelfall, das Verständnis ist die Ausnahme. Als Coach erfahre ich dies regelmäßig, wenn ich die Protokolle lese, die mir meine Coachees nach unseren Stunden zumailen: Erstaunlich, was ich gesagt haben soll und wie hilfreich dies offenbar war. Dabei bin ich sicher, dass ich diese Äußerungen nie gemacht habe! Aber offenbar waren sie so nötig, dass sie gehört worden sind, und so lerne ich dazu, mich auf den anderen immer besser einzustellen.

Deswegen ist es so elementar wichtig, nachzufragen: »Habe ich dich richtig verstanden, du meinst …?« Es ist kein Zufall, dass Piloten und Flugkapitäne wortwörtlich die Anweisungen des Towers wiederholen: Seitdem es diese Regel gibt, gibt es deutlich weniger Unfälle.

Da die Lebenswelten einzelner Menschen in der modernen Welt immer mehr auseinanderdriften und sich Erfahrungen und Vokabular immer stärker unterscheiden, werden wir in Zukunft noch viel öfter nachfragen müssen, was der andere verstanden hat und was er genau gemeint hat. Das braucht Zeit, Liebe und guten Willen. Dann können wir auch über Missverständnisse lachen und haben die Chance auf ein echtes Verstehen.

Individuen und Interaktionen stehen im agilen Manifest ebenso im Vordergrund wie die *Kommunikation von Angesicht zu Angesicht*. In Scrum-Teams ist es nicht nur wichtig, über alles zu sprechen und eine schnelle Klärung zu suchen, wenn es einmal heiß hergegangen ist, sondern vor allem auch, das direkte Gespräch zu suchen.

Eine niedergeschriebene Anforderung, oft in Form einer User Story verfasst, sollte nur so viel Information erhalten, dass Verhandlungsspielraum vorhanden ist. Ein klassischer Fehler beim Verfassen von Anforderungen ist es, die Anforderungen schriftlich so zu spezifizieren, dass anscheinend gar keine Kommunikation mehr notwendig ist [RöpstorffWiechmann 2015].

Dieses Vorgehen erkennen wir vor allem bei unerfahrenen Teams oder bei Teams, in denen es teaminterne Probleme gibt und versucht wird, der Kommunikation auszuweichen. Gerade hier können wir aus dem Improtheater lernen, da Kommunikation hier wesentlich ist und Körpersprache und Intonation im freien Spiel ausprobiert werden können.

Sonjas Reise

Bei einem Improauftritt betritt der Charakter Sonja die Bühne. Bereits in der ersten Szene erfahren die Zuschauer, dass Sonja eine erfolgreiche Geschäftsfrau ist. Jeden Tag hetzt sie von Meeting zu Meeting, trifft wichtige Entscheidungen und wenn sie abends um 20 Uhr nach Hause kommt, dann setzt sie sich noch mal an den Schreibtisch. Eines Tages läuft Sonja auf der Straße eine alte Freundin entgegen: »Ich plane gerade eine Weltreise. Willst du nicht mitkommen? Das war doch immer dein Traum.« Sonja lehnt ab, keine Zeit!

Nächste Szene beim Arzt. Sonja erfährt, dass sie schwer krank ist. Die Ärzte geben ihr noch höchstens ein Jahr zum Leben. Kurzentschlossen packt Sonja die Koffer und ruft ihre Freundin an.

Die Zuschauer folgen gebannt der Geschichte. Was wird Sonja auf ihrer Reise erleben? Wird die Reise sie verändern? Kann sie vielleicht sogar ihre Krankheit besiegen?

Improspieler sind Meister im Storytelling. Aus dem Stegreif erzählen sie gemeinsam Geschichten, die das Publikum fesseln, mitreißen und begeistern. Wie machen die Schauspieler das? Sie beschäftigen sich in den Proben mit der Struktur von guten Geschichten. In diesem Buch sprechen wir immer wieder von der Heldenreise. Dabei handelt es sich um ein ursprünglich von Joseph Campbell, Professor und Autor für Mythologie, erforschtes Grundmuster von Geschichten, das wir heute z. B. in Star Wars, Harry Potter, Herr der Ringe oder in vielen Disney-Filmen finden [Campbell 2015].

In Kürze hat die Heldenreise folgende wichtige Stationen:

- Der Held in seiner gewohnten Welt
- Der Ruf zum Abenteuer
- Der Held verweigert sich dem Ruf.
- Die alte Welt bricht zusammen, der Held muss handeln und macht sich auf die Reise.
- Der Held besteht erste Prüfungen und trifft dabei auf Freunde und Feinde.
- Der Held hat eine Konfrontation mit seinem größten Gegner und erlebt eine Niederlage.
- Der Held lernt dazu, besteht weitere Prüfungen, erhält Hilfe von einem Mentor und wächst in seinem Wissen und Können.
- Der Held trifft in einem großen Finale auf den Gegner: Sieg oder Niederlage?
- Der Held kehrt verändert und mit gereifter Persönlichkeit in seine alte Welt zurück.

Die Heldenreise ist natürlich nur eine mögliche Struktur und Hilfe für das Storytelling im Improtheater. Viele Geschichten und einzelne Szenen lassen sich auch in drei Akten zusammenfassen: Das Publikum sieht eine Routine, es entsteht ein Konflikt und der Konflikt wird wieder gelöst.

In jedem Fall lohnt es sich für Unternehmen, einen Blick auf den Aufbau von guten Geschichten zu werfen – ob für das Marketing, die nächste Präsentation, den nächste Agentur-Pitch oder für die Wissensvermittlung. Storytelling hilft auch bei der Definition von Personas und Zielgruppen sowie beim Entwerfen von User Storys. Zum einen docken gute Geschichten an Erinnerungen und Erfahrungen der Zuschauer an und bieten eine Projektionsfläche für deren Emotionen, Wünsche und Träume. Dafür lernen Improspieler, sich schnell in neue Figuren und ihre Lebenswelt hineinzuversetzen. Zum anderen müssen die Geschichten auf der Bühne – genau wie gute User Storys – einfach sein, sonst ließen sie sich nicht aus dem Stegreif improvisieren. Einfache Geschichten haben wenige, klar definierte Protagonisten, einen Handlungsstrang und folgen einer einfachen Handlungsstruktur.

Erzählen Sie sich mit einem Kollegen Drei-Satz-Geschichten nach dem Prinzip »Routine – Konflikt – Lösung«. Einer beginnt mit einem Satz zu einer Routine, der zweite ergänzt einen Konflikt und der erste liefert wiederum eine Lösung für den Konflikt. Jeder darf jeweils nur einen Satz hinzufügen.

Zum Beispiel:

A: *»Jeden Morgen kauft Claus Brötchen beim Bäcker.«*

B: *»Heute morgen hatte der Bäcker leider geschlossen.«*

A: *»Also ging Claus wieder nach Hause und backte zum ersten Mal in seinem Leben selbst Brötchen.«*

Noch ein anderer Aspekt des Storytellings im Improtheater ist gerade für agile Unternehmen entscheidend: Die Geschichten entstehen in Gruppenarbeit. Damit das funktioniert, müssen sich die Spieler in guter Kommunikation untereinander üben. Sie müssen sich die Bälle zuwerfen, sich zuhören, klar in ihren Aussagen sein, aufeinander eingehen, sich gegenseitig hinterfragen und die Ideen der anderen weiterdenken. Es ist für sie wichtig, immer voll und ganz im Moment und aufmerksam bei ihrem Gegenüber zu sein.

Gute Improspieler nehmen nicht nur die gesprochenen Worte der anderen auf, sondern auch das, was subtil zwischen den Zeilen gesagt wird, und achten genau auf Tonfall, Gestik und emotionalen Gehalt der Nachrichten. Das ist auf der Bühne genauso schwer wie im alltäglichen Leben. Denn während unser Gegenüber spricht, neigen wir dazu, nachzudenken, zu bewerten und bereits vorauszuplanen, was wir selbst als Nächstes sagen wollen. Dann sind wir allerdings nur mit uns persönlich beschäftigt und es entsteht kein echtes Zusammenspiel und damit keine echte Zusammenarbeit.

Im Improtheater gibt es kein festes Skript, keine festen Rollen und in der Regel kein Bühnenbild und keine Kostüme. Die Schauspieler selbst, ihre Interaktion, ihre Kommunikation und ihre Zusammenarbeit bestimmen allein den Erfolg auf der Bühne. In den Proben bereiten sich die Schauspieler durch Übungen darauf vor.

Ein Blick in die Welt der Liberating Structures

Liberating Structures haben Sie bereits im Kasten »Mad Tea Party« auf Seite 41 kennengelernt. Eine weitere Liberating Structure nutzt Improtheater, um die Teilnehmer auf neue Denkweisen aufmerksam zu machen. Beim *Improv Prototyping* geht es um das Finden von neuen Lösungen für Herausforderungen des Arbeitsalltags durch Improvisation [McCandless 2014].

Im Szenenspiel begegnen Spieler und Beobachter der Herausforderung noch einmal spielerisch. Die initiale Szene beschreibt den aktuellen Stand aus Sicht der Teilnehmer. Das Schöne: Derjenige, der die Szene vorstellt, ist Regisseur und die anderen sind die Darsteller. Nach einer kurzen Zeiteinheit von drei bis fünf Minuten reflektieren alle das Gesehene und versuchen, Lösungen für eine bessere Herangehensweise zu finden. Danach wird die Szene erneut mit den dazu gewonnenen Erkenntnissen gespielt. Dies wird so lange durchgeführt, bis es einen oder mehrere prototypische Ansätze gibt, die in der Praxis ausprobiert werden können.

Mit dieser Liberating Structure werden drei Wissensebenen aktiviert: explizites, verborgenes und latentes Wissen. Explizit teilen die Teilnehmer das Wissen, das sie zu einer bestimmten Situation mitbringen. Indem sie die Handlung der improvisierten Szene beobachten, decken sie verborgenes Wissen auf. Beim gemeinsamen Weiterentwickeln der Szene zapfen die Teilnehmer latentes Wissen an. Für uns ist diese Übung ein schönes Beispiel dafür, wie Improtheater in den Arbeitsalltag integriert und auf neue Weise experimentiert, geübt und verändert werden kann.

→

Wir setzen Improv Prototyping ein, um

- mit Scrum Mastern verschiedene schwierige Situationen mit ihren Entwicklungsteams durchzuspielen und ein alternatives Verhalten anzuwenden,
- eine Sprint-Retrospektive anders zu starten und das Erfahrene direkt als Verbesserung für den nächsten Sprint mitzunehmen oder
- das beobachtete Verhalten von Teams in Events, z.B. im Stand-up, spielerisch zu reflektieren.

Wie wir erfahren haben, müssen Improspieler Meister der Kommunikation sein. Im Improtheater wie auch in Unternehmen spielt Kommunikation in allen Bereichen und für alle Werte eine wichtige Rolle.

Dementsprechend vielfältig sind auch die Übungen in diesem Kapitel. Viele Übungen regen zum Austausch, zu Diskussionen und zu einer offenen Kommunikation unter den Teilnehmern an. Einige Übungen trainieren die klare Kommunikation zwischen Sender und Empfänger, und in wieder anderen Übungen experimentieren die Teilnehmer mit ihrem Ausdruck und ihrer Körpersprache. Lassen Sie sich und Ihr Team von der Vielfalt rund um das Thema Kommunikation überraschen und inspirieren.

Jörg Schumann, Coach und Consultant

Eine meiner liebsten Übungen zum Thema Kommunikation ist die Stille-Post-Geschichte. Ich lese einem Teilnehmer meiner Seminare eine kleine, recht einfache Geschichte von ca. einer Minute vor. Mein Gegenüber muss nur zuhören und bekommt dann die Aufgabe, diese Geschichte einem Dritten weiterzuerzählen, der außerhalb des Raumes war. Dieser hört nun die wiedererzählte Geschichte und erzählt das Verstandene dann einem vierten.

Spätestens nach dem vierten Weitererzählen ist von der Geschichte kaum noch etwas über: Die Handlung ist völlig anders, die Hauptdarsteller vertauscht, der Sinn ins Gegenteil verkehrt, die Geschichte wird immer absurder und grotesker, und das Ganze endet in einem großen Gelächter der Teilnehmer, die versuchen, sich einen Reim darauf zu machen. Man muss das selbst erlebt haben, um zu verstehen, was selbst bei einer so einfachen Übung passiert wie dem Nacherzählen einer Mini-Geschichte in einem belanglosen Rahmen. Wie viel schwieriger ist es dann, komplexere Inhalte durch ein Unternehmen zu transportieren, das strotzt von Eigeninteressen und Vorerfahrungen und taktischem Kalkül?

3.7.1 Stand up & Clap your Hands

	Teilnehmer	5–20	**Schwierigkeit**	leicht
	Dauer	3 min	**Energielevel**	mittel
	Teamstatus	für jeden Temstatus	**Setup**	stehend im Kreis
Video	agile-werte-leben.de/uebungen/kommunikation/standup			

Ziel

Warm-up, gemeinsamen Rhythmus finden, klare Kommunikation üben, Aufmerksamkeit stärken

Anleitung

Die Teilnehmer stehen im Kreis und gucken sich aufmerksam an. Ein beliebiger Teilnehmer beginnt, indem er einen Impuls als ein gemeinsames Klatschen weitergibt. Dafür nimmt er mit einem anderen Teilnehmer deutlich Augenkontakt auf und klatscht mit ihm zusammen gleichzeitig in die Hände. Nun muss der andere Teilnehmer den Impuls weitergeben, indem er ebenfalls Augenkontakt mit einem weiteren Teilnehmer aufnimmt und gemeinsam mit ihm in die Hände klatscht. Versuchen Sie, einen gleichmäßigen Rhythmus für das Klatschen zu finden, und steigern Sie zunehmend das Tempo.

Variationen

- Anstatt gemeinsam zu klatschen, wird ein Klatschen von einer einzelnen Person zu einem anderen Teilnehmer »geworfen« und auf diese Weise von Teilnehmer zu Teilnehmer weitergegeben. Auch hier ist Rhythmus und Geschwindigkeit wichtig. Nach einiger Zeit tauschen die Teilnehmer das Klatschen gegen imaginäre Wurfgegenstände aus, z.B. einen kleinen Ball, einen Luftballon oder eine Feder. Jeder Teilnehmer entscheidet sich neu für die Art des Gegenstandes und verdeutlicht pantomimisch, um was es sich jeweils handelt.

Debriefing

- Setzen Sie diese Übung als schnelles Warm-up ohne Debriefing ein. Sie verbessert ganz von selbst die Aufmerksamkeit und Kommunikation zwischen den Teilnehmern.

Einsatzmöglichkeiten

- Als schnelles Warm-up vor Meetings aller Art, gerne auch zwischendurch, wenn mal die Luft raus ist
- Vor dem Stand-up

3.7.2 Gromolo

	Teilnehmer	4–30	Schwierigkeit	leicht bis mittel
	Dauer	ca. 10 min	Energielevel	mittel
	Teamstatus	für jeden Teamstatus	Setup	stehend im Kreis
Video	agile-werte-leben.de/uebungen/kommunikation/gromolo			

Ziel

Beobachtung schulen, klaren Ausdruck trainieren, Stimme und Körpersprache einsetzen

Anleitung

Die Teilnehmer bilden einen Kreis. Ein beliebiger Teilnehmer tritt in die Mitte und erzählt unterstützt von Mimik und Gestik etwas in Gromolo, einer frei vom Teilnehmer erfundenen Kauderwelsch-Sprache. Sobald er fertig ist, tritt ein anderer freiwilliger Teilnehmer in die Kreismitte und übersetzt mit der gleichen Mimik und Gestik, was sein Vorredner gerade gesagt hat oder was er als mögliche Übersetzung vermutet. Wiederholen Sie die Übung beliebig lange mit unterschiedlichen freiwilligen Teilnehmern.

Variationen

- Starten Sie eine Retrospektive in Gromolo. Wie würden die Teilnehmer den letzten Sprint auf Gromolo beschreiben?
- Starten Sie ein Stand-up in Gromolo. Was hat die Teilnehmer gestern blockiert?

Debriefing

- Welche Erkenntnisse haben die Teilnehmer in der Kreismitte und die Zuschauer im Kreis gemacht? Was wurde beobachtet?
- War das Gromolo leicht zu übersetzen? Was hat für eine klare Übersetzung geholfen? Was war schwierig?

- Die Übung führt dazu, dass die Gromolo-Redner automatisch eine größere Körpersprache verwenden und ihre Stimme lauter und klarer einsetzen. Die Zuschauer müssen währenddessen ganz genau zuhören und beobachten. Was davon kann auf den Berufsalltag übertragen werden?

Einsatzmöglichkeiten

- Retrospektive
- Workshops zu den Themen *Präsenz*, *Stimme* und *Körpersprache*

Gromolo oder Gibberisch ist eine Spielsprache aus dem Improvisationstheater, bei der im Moment frei erfundene, sinnlose Worte so aneinandergereiht werden, dass sie wie Sätze einer fremden Sprache klingen. Wie sich dieses Gromolo anhört, ist den Spielern komplett frei überlassen. Für Anfänger kann das Gromolo auch nur aus den Lauten La La La bestehen. Wichtig ist, Tonlage, Mimik und Gestik so klar einzusetzen, dass der Inhalt des Gesagten trotzdem so nachvollziehbar wie möglich bleibt.

3.7.3 Flurfunk

Teilnehmer	8–15	**Schwierigkeit**	mittel
Dauer	ca. 10 min	**Energielevel**	niedrig
Teamstatus	für bestehende Teams	**Setup**	laufend im Raum

Ziel

Beobachtung schulen, Diskussionen über das Wirken von Kommunikation anregen, Reflexion über Einstellungen und Stimmungen im Unternehmen

Anleitung

Diese Übung kann nur einmal mit einer Gruppe durchgeführt werden, denn der Übungsleiter muss vor den Teilnehmern ein wenig schwindeln. Keine Sorge: Der Aha-Effekt ist später umso größer.

Der Übungsleiter macht folgende Ansage: Eine Person unter euch ist in der folgenden Übung ein Übeltäter. Worin dieses Übel besteht, ist für die Übung nicht relevant. Der entsprechende Teilnehmer ist ganz einfach ein Übeltäter. Aufgabe der anderen Teilnehmer ist es, allein durch Blickkontakt beim Herumlaufen herauszufinden, wer dieser Übeltäter sein könnte.

Zur Bestimmung des Übeltäters drehen sich alle Teilnehmer mit dem Rücken und geschlossenen Augen zum Übungsleiter. Der Übungsleiter geht die Reihe ein paar Mal auf und ab und gibt vor, dem entsprechenden Übeltäter leicht auf die

Schulter zu klopfen. Anschließend laufen alle Teilnehmer durch den Raum und beobachten sich mit Augenkontakt.

Die Übung wird noch einmal mit einem neuen Übeltäter wiederholt. Erst danach sollen die Teilnehmer ihre Vermutung abgeben, wer die Übeltäter in den beiden Runden gewesen sein könnten.

Das Besondere der Übung: In der ersten Runde tippt der Übungsleiter niemandem auf die Schulter, d.h., tatsächlich gibt es gar keinen Übeltäter. In der zweiten Runden tippt der Übungsleiter jedem auf die Schulter, d.h., alle sind der Übeltäter. Beobachten Sie, wie sich die Stimmung im Raum in den beiden Runden verändert. In der Regel ist die erste Runde ganz ruhig und in der zweiten Runde sind alle nervös und es wird viel gelacht und gekichert.

Nach den zwei Runden gibt jeder Teilnehmer zunächst seine Vermutung zu den Übeltätern ab, gerne mit Begründungen. Manchmal hat ein Teilnehmer auch schon einen Verdacht, z.B. dass es mehrere Übeltäter gab oder keinen. Lösen Sie die Situation als Übungsleiter anschließend auf.

Debriefing

- Wie geht es den Teilnehmern nach der Auflösung? Was haben sie bei der Übung beobachtet? Haben sie die unterschiedliche Stimmung in den beiden Runden wahrgenommen?
- Falls ein Teilnehmer bereits einen richtigen Verdacht vor der Auflösung geäußert hat: Wie ist er zu dem Schluss gekommen?
- Wie haben sich die in der ersten Runde falsch beschuldigten Teilnehmer gefühlt? Gab es vielleicht Teilnehmer, die besonders oft beschuldigt wurden? Warum war das so?
- Welche Erkenntnisse aus der Übung nehmen die Teilnehmer für die Zusammenarbeit im eigenen Unternehmen mit? Gibt es ähnliche Situationen auch im Berufsalltag? Welche? Wie transparent ist die Kommunikation im eigenen Unternehmen? Ist Flurfunk vielleicht gang und gäbe? Wie verbreiten sich Gerüchte im Unternehmen und welche Auswirkung haben diese für die Zusammenarbeit? Wie wirken sich vorhandene Einstellungen, vorausgesetzte Vermutungen oder unausgesprochene Themen auf die Stimmung im Unternehmen aus?

Einsatzmöglichkeiten

- Teamworkshops
- Retrospektive

3.7.4 Ihr habt die Wahl

Teilnehmer	6–20	**Schwierigkeit**	leicht bis mittel
Dauer	ca. 30 min	**Energielevel**	mittel
Teamstatus	für bestehende Teams	**Setup**	kleine Bühnenfläche, die anderen Teilnehmer sitzen oder stehen davor, größere Gruppen können in Kleingruppen aufgeteilt werden

Ziel

Schwierige (Kommunikations-)Situationen reflektieren, Handlungsalternativen aufdecken, Neues ausprobieren, kollegialen Rat erhalten

Anleitung (angelehnt an das Forumtheater von Augusto Boal [BoalSpinuThorau1982])

Ein freiwilliger Teilnehmer berichtet den anderen Teilnehmern von einer schwierigen Situation, die ihm misslungen ist oder in der er sein Ziel nicht erreicht hat. Beispiel: Er hat im Jahresgespräch die gewünschte Gehaltserhöhung nicht erhalten. Die Situation sollte den anderen Teilnehmern so genau wie möglich geschildert werden: Wer ist die Hauptperson? Wer sind die Gegenspieler (z.B. die Führungsperson)? Was ist das Anliegen der Hauptperson, in dem Moment, wo die Situation schiefgeht (z.B. mehr Gehalt oder die Führungsperson nicht verärgern)? Was möchte der entsprechende Teilnehmer von seinen Kollegen wissen? (Zum Beispiel: »Wie hätte ich meine guten Leistungen vor der Führungsperson noch besser hervorheben können?«) Erst anschließend an die Beschreibung stellen die anderen Teilnehmer eventuelle Rückfragen.

Der Situationsgeber wird nun zum Regisseur. Er bestimmt, welche Teilnehmer die Situation einmal szenenhaft nachspielen. Er kann die Szene dabei noch einmal verändern, falls etwas fehlte oder anders war.

Bei einem erneuten Durchlauf dürfen die restlichen Teilnehmer eingreifen. Sobald die Situation ihrer Meinung nach auf die schiefe Bahn gerät, rufen sie laut: »Stopp, neue Wahl!«

Entweder Sie lösen nun selbst einen der Teilnehmer aus der Szene ab und probieren die Handlungsalternative direkt im Spiel aus oder Sie leiten die spielenden Teilnehmer dazu an. Es kann jederzeit wieder »Stopp, neue Wahl!« gerufen werden oder es können auch mehrere Handlungsalternativen ausprobiert und wieder verworfen werden.

Wichtig ist, dass die Handlungsalternativen tatsächlich im Spiel getestet werden und dass die anderen Teilnehmer beobachten, wie sich die Situation dadurch verändert. Im Idealfall wird die Übung so lange fortgesetzt, bis die Hauptfigur der Szene ihr Ziel erreicht und die Situation positiv und mit neuen Erkenntnissen verlässt.

Die Übung kann gerne mit weiteren Teilnehmern und neuen Situationsvorgaben wiederholt werden.

Variationen

- Falls es neben dem Situationsgeber oder dem Regisseur und den spielenden Teilnehmern keine weiteren Zuschauer mehr gibt, kann der Regisseur auch die spielenden Teilnehmer selbst fragen, wie sie die Situation verändern würden. Anschließend testen sie ihre Vorschläge in der Szene aus.
- In einer einfachen, rein spielerischen Variante kann die Übung als frei erfundenes Szenenspiel abgewandelt werden: Zwei freiwillige Teilnehmer spielen eine beliebige, imaginäre Szene, gerne mit einer Vorgabe zu Ort oder Beziehung von den zuschauenden Teilnehmern. Sobald ein Zuschauer mit der gesehenen Szene nicht zufrieden ist, ruft er ebenfalls »Stopp, neue Wahl!« und die Spieler müssen in der Handlung ein paar Sekunden zurückspringen und eine alternative Handlungsmöglichkeit ausprobieren.

Debriefing

- Während der Übung stimmen sich die Teilnehmer permanent untereinander ab und diskutieren miteinander: Was haben die Teilnehmer in der Situation beobachtet? Welche Handlungsalternativen gibt es? Erzielen diese tatsächlich die erwünschte Wirkung? Wie kann die Situation positiv verändert werden? Welches Feedback haben die anderen Teilnehmer noch für den Situationsgeber? Das Ziel der Übung ist es, dass der Teilnehmer anhand der misslungenen Situation neue Erkenntnisse gewinnt, sein eigenes Verhalten in der Situation reflektiert und für die Zukunft Ratschläge und alternative Handlungsmöglichkeiten für sich mitnimmt.

Einsatzmöglichkeiten

- Teamworkshops
- Kollegiale Beratung im Team
- Workshops zum Thema *Gesprächsführung*

Die Übung erfordert in jedem Durchlauf genügend Zeit zum Ausprobieren und Diskutieren. Beobachten Sie die Teilnehmer aufmerksam und werden Sie als Moderator aktiv. Vielleicht führen Sie die Methode generell in Ihrem Unternehmen als Tool für die kollegiale Beratung ein. In einem regelmäßigen und festen Rahmen, z.B. einmal im Monat, hat ein Mitarbeiter dann die Möglichkeit, in einem festen Personenkreis (gerne teamübergreifend) eine Situation zu schildern und durch das Szenenspiel von seinen Kollegen Rat und Handlungsalternativen zu erhalten.

3.7.5 Mystereeting

Teilnehmer	6–15	**Schwierigkeit**	leicht
Dauer	20–30 min	**Energielevel**	niedrig
Teamstatus	für jeden Teamstatus	**Setup**	freier Raum, DIN-A4-Blatt und Kreppband

Ziel

Sich (besser) kennenlernen, miteinander in Kontakt treten, Informationen sammeln und Fragen stellen trainieren

Anleitung

Jeder Teilnehmer schreibt einen einzelnen Begriff, einen Namen oder eine Zahl auf ein DIN-A4-Blatt, der oder die für ihn eine persönliche Bedeutung hat oder hinter dem oder der eine persönliche Geschichte steht.

Beispiel:

- Zettel mit einer 2
  Eine Teilnehmerin hatte in ihrem Leben schon zwei Ehemänner.
- Zettel mit *Boiling Rabbit*
  Ein Teilnehmer spielt für sein Leben gerne *League of Legends* und benutzt dort diesen Spielernamen.

Jeder Teilnehmer klebt sich den Zettel mit Kreppband auf die Brust. Nun gehen die Teilnehmer durch den Raum und begegnen einander. Jeder Teilnehmer darf jedem anderen drei Fragen zu seinem Zettel stellen. Die Fragen dürfen nur mit *Ja* oder *Nein* beantwortet werden. Ziel ist es, mit den drei Fragen so viel wie möglich über den Begriff, den Namen oder die Zahl herauszufinden. Wenn jeder Teilnehmer mit jedem Teilnehmer gesprochen hat, dann kommen alle in einem großen Kreis zusammen und tragen zusammen, was sie gemeinsam über jeden einzelnen Teilnehmer herausgefunden haben. Anschließend lüftet der entsprechende Teilnehmer jeweils das Geheimnis um seinen Zettel.

Variationen

- Erlauben Sie mehr als drei Fragen und setzen Sie stattdessen ein Zeitlimit, wie lange jeder mit jedem Teilnehmer sprechen darf. Eventuell können Sie auch einen thematischen Rahmen für die Geheimnisse setzen, z.B. Geheimnisse im Unternehmen oder Geheimnisse des letzten Projekts.
- In Remote-Teams klebt sich jeder einen Zettel an die Stirn und reihum müssen die anderen Teilnehmer mit Ja- und Nein-Fragen erraten, was sich hinter dem Begriff oder der Zahl verbirgt. Wie viele Fragen braucht das Team?

Debriefing

- Die Ziele der Übung sind in erster Linie die Diskussion und das Aufdecken der Geheimnisse sowie ein besseres Kennenlernen der Kollegen mithilfe von Kommunikation. Was haben die Teilnehmer Neues übereinander erfahren? Hilft das auch im Arbeitsalltag? Wie gut kennen sich die Teilnehmer schon untereinander? Ist das überhaupt im Team erwünscht und wenn ja, wie können noch weitere Möglichkeiten fürs Kennenlernen geschaffen werden?

Einsatzmöglichkeiten

- Teambuilding, Teamworkshops

3.7.6 Laberkönig

Teilnehmer	5–20	**Schwierigkeit**	mittel
Dauer	10–15 min	**Energielevel**	mittel
Teamstatus	für bestehende Teams	**Setup**	ein Teilnehmer steht vorne, die anderen sitzen

Ziel

Präsenz erhöhen, Stimme und Körpersprache trainieren, sich ausprobieren

Anleitung

Ein freiwilliger Teilnehmer tritt nach vorne und hält eine kurze Rede über ein frei von ihm gewähltes Thema. Der Inhalt spielt keine Rolle, im Zweifelsfall kann er auch immer wieder das ABC aufsagen. Wichtig ist allerdings, dass der Redner die Aufmerksamkeit seiner Zuhörer erlangt und hält, z.B. durch Augenkontakt, Sprachmelodie und -lautstärke, direkte Ansprache der Zuhörer und Körpersprache. Die anderen Teilnehmer hören zu und halten dabei eine Hand in die Luft. Sobald sich ein Zuhörer langweilt oder sich nicht mehr angesprochen fühlt, lässt er seine Hand langsam sinken. Wenn die Hand ganz unten ist, beginnt er laut »Möp, möp, möp …« zu rufen, und zwar so lange, bis die Rede wieder interessant für ihn wird.

Variationen

- Die Rede wird auf Gromolo (der frei vom Teilnehmer erfundenen Kauderwelsch-Sprache, siehe Übung 3.7.2, »Gromolo«) oder ganz ohne Sprache gehalten. In dieser Variante kommt es also allein auf die Körpersprache an.

Debriefing

- Wie hat der Redner die Übung wahrgenommen? Wie hat er seine Zuhörer bei Laune gehalten? Wann hat er die Aufmerksamkeit seiner Zuhörer verloren? Was hat besonders gut funktioniert? War die Übung für den Redner leichter oder schwerer als gedacht? Warum?
- Was haben die Zuhörer beobachtet? Wodurch haben sich die Zuhörer involviert gefühlt? Wann fühlten sich die Zuhörer nicht mehr angesprochen? Was an der Rede oder an der Art, die Rede zu halten, hat die Zuhörer besonders interessiert?

Einsatzmöglichkeiten

- Workshops zu den Themen *Präsenz*, *Stimme* und *Körpersprache*
- Teamworkshops

In der Regel macht es den Zuhörern großen Spaß, »Möp!« zu rufen. Der Redner sollte sich davon also nicht entmutigen lassen. Sagen Sie vorher gerne noch mal an, dass Gewinnen in der Übung gar nicht möglich und auch nicht das Ziel ist.

3.7.7 Synchronisation

Teilnehmer	6–20	**Schwierigkeit**	hoch
Dauer	10–15 min	**Energielevel**	mittel
Teamstatus	für jeden Teamstatus	**Setup**	kleine Bühnenfläche im Raum für zwei Personen, die anderen Teilnehmer sitzen

Ziel

Beobachtung schulen, Körpersprache trainieren, Kreativität und Schlagfertigkeit fördern

Anleitung

Zwei freiwillige Teilnehmer gehen auf die Bühnenfläche und spielen eine pantomimische Szene. Eigentlich beinhaltet die Handlung Sprache. Aber jemand hat den Ton abgestellt, d.h., die Teilnehmer bewegen ihre Lippen, anstatt laut zu sprechen. Die Stimmen werden nämlich von zwei weiteren Teilnehmern vom Rand der Szene gesprochen. Wie in einer Filmsynchronisation einigen sich die beiden Teilnehmer am Rand darauf, wer welchen Teilnehmer auf der Bühne spricht.

Anschließend tauschen die Teilnehmer die Rollen oder ganz neue Teilnehmer übernehmen die Rolle der Spieler und die der Synchronisatoren.

Variationen

- Die zwei Synchronisatoren verlassen zunächst den Raum und die Szene wird von den Teilnehmern auf der Bühnenfläche ganz normal mit Ton gespielt. Erst anschließend kommen die Synchronisatoren wieder in den Raum. Die Szene wird so genau wie möglich ohne Ton wiederholt (gleiche Handlung, gleiche Körpersprache, Mimik und Gestik etc.) und dabei vom Rand synchronisiert. Diese Variante ist für die Zuschauer besonders amüsant, weil sie direkt unterschiedliche Interpretationen ein und derselben sichtbaren Handlung auf der Bühne beobachten können.
- Geben Sie ein Thema für die Szenen vor, z.B. der letzte Sprint, das letzte Stand-up oder die letzte Review.

Debriefing

- Was war die Herausforderung in dieser Übung? Was war von den Teilnehmern besonders gefordert?
- Wer hat wen beeinflusst: die Spieler die Synchronisatoren oder auch die Synchronisatoren die Spieler? Oft kommt es nämlich vor, dass die Synchronisatoren die Handlung definieren und der Vorschlag von den Spielern sogar dankbar angenommen wird. Wie hat das Zusammenspiel funktioniert?
- Was hat den Synchronisatoren geholfen, die Handlung klar zu interpretieren? Was war schwierig? Wie hat die Synchronisation den Teilnehmern auf der Bühne geholfen? Gab es Interpretationen der Synchronisatoren, die die Spieler überhaupt nicht beabsichtigt haben? Wie haben sie daraufhin auf der Bühne reagiert? Was hat besonders oft Missverständnisse hervorgerufen?
- Wie können die Erkenntnisse auf den Arbeitsalltag übertragen werden? So ist Kommunikation immer mehrdeutig und kann vom Kommunikationspartner unterschiedlich interpretiert werden. Welche Beispiele fallen den Teilnehmern ein? Wie kann im Unternehmensalltag klar kommuniziert werden?

Einsatzmöglichkeiten

- Retrospektive
- Team-Workshops
- Workshops rund um die Themen *Gesprächsführung*, *Wahrnehmung* und *Körpersprache*

3.7.8 Essensschlacht

	Teilnehmer	6–15	Schwierigkeit	leicht bis mittel
	Dauer	ca. 10 min	Energielevel	mittel
	Teamstatus	für jeden Teamstatus	Setup	stehend im Kreis
Video	agile-werte-leben.de/uebungen/kommunikation/essensschlacht			

Ziel

Aufmerksamkeit und Konzentration fördern, einander zuhören, klare Kommunikation trainieren

Anleitung

Die Teilnehmer stehen im Kreis. Alle Teilnehmer heben eine Hand in die Luft. Ein Teilnehmer startet und ruft einem anderen beliebigen Teilnehmer unterstützt von einer Handbewegung in seine Richtung sein Lieblingsessen zu. Dieser Teilnehmer ruft wiederum einem anderen Teilnehmer sein persönliches Lieblingsessen zu. Jeder Teilnehmer, der schon einmal an der Reihe war, kann die Hand senken, sodass sich der Kreis am Ende schließt und ein Lieblingsessen wieder bei dem Teilnehmer ankommt, der die Übung gestartet hat. Wichtig: Die Teilnehmer merken sich die Reihenfolge, d.h., jeder Teilnehmer merkt sich, von wem er ein Essen zugerufen bekommen hat und wem er wiederum sein Lieblingsessen mitgeteilt hat. Genau diese Reihenfolge wird noch zwei- bis dreimal wiederholt.

Nun starten die Teilnehmer eine weitere Runde, z.B. mit der jeweiligen Heimatstadt jedes Teilnehmers. Die Städte werden in einer ganz neu festgelegten Reihenfolge auf die gleiche Weise wie zuvor weitergegeben. Wieder sollen sich die Teilnehmer die Reihenfolge merken und sie wird anschließend noch zwei- bis dreimal wiederholt, damit sie sich in allen Köpfen festsetzt.

Jetzt wird es spannend: Beide Begriffe werden in ihrer entsprechenden Reihenfolge nun gleichzeitig im Kreis herumgeschickt. Jeder Teilnehmer ist sowohl verantwortlich dafür, dass er ein Essen und eine Stadt aufmerksam in Empfang nimmt, als auch dafür, darauf zu achten, dass sein eigenes Essen und seine Stadt bei den beiden anderen Teilnehmern wirklich ankommen.

Anschließend wird noch eine dritte Runde eingeführt (z.B. mit einer Farbe) – zunächst einzeln und dann zeitgleich mit den anderen beiden Runden. Das heißt, gleichzeitig werden jetzt in unterschiedlicher, fester Reihenfolge ein Lieblingsessen, eine Stadt und eine Farbe von Teilnehmer zu Teilnehmer weitergegeben.

Variationen

- Statt Lieblingsessen, Heimatstadt und Farbe sind natürlich Begriffe jeder Art möglich, z.B. Hobbys, typische Floskeln aus Meetings, Scrum-Begriffe oder Schlagworte.
- Anstatt mit Begriffen funktioniert die Übung auch sehr gut mit beliebigen Wurfgegenständen (Bälle, Kissen, Schlüsselbund etc.). Einigen Teilnehmern fällt die Übung mit physischen Gegenständen leichter als mit Begriffen, weil die Gegenstände nicht einfach verloren gehen können.

Debriefing

- Was war in dieser Übung von den Teilnehmern gefordert?
- Wann hat die Übung gut funktioniert und wann nicht? So müssen die Teilnehmer einander gut zuhören und aufmerksam sein. Sie sollten sich aktiv darum bemühen, Kontakt zu den Teilnehmern aufzunehmen, von denen sie einen Begriff erwarten, und sich ebenfalls aktiv darum kümmern, dass ihr Wort bei den jeweils anderen Teilnehmern ankommt (durch Augenkontakt, klare und laute Sprache, durch Abwarten, falls der entsprechende Teilnehmer gerade beschäftigt ist etc.).
- Gelten diese Erfolgsfaktoren auch für die Kommunikation im Berufsalltag?

Einsatzmöglichkeiten

- Warm-up vor und in Meetings/Workshops aller Art
- Als Einstieg in Kommunikationstrainings

Unser Held auf Reisen: Perspektiven

So wie von KOMMUNIKATION geschildert, hatte Peter das Thema noch nie betrachtet. Natürlich war ihm bewusst, dass Kommunizieren für das Miteinander essenziell ist und dass immer dann, wenn sie nicht richtig funktioniert, Missverständnisse auftreten. Aber Peter wurde erneut klar, dass die Kommunikationsprobleme mit Cathleen ihren unterschiedlichen Perspektiven geschuldet sind. Peter hatte bisher nicht verstanden, was Cathleen ihm mitteilen wollte. Jetzt ging ihm aber auf, dass sie durch ihre Art zu kommunizieren, eigentlich nur nach einer Lösung für ihr fehlendes Verständnis suchte. Cathleen hatte keine Erfahrung mit Agilität, und das, was sie nicht verstand, versuchte sie durch ihre verbale und nonverbale Kommunikation zu verschleiern. »Ich muss ihr unbedingt Feedback geben«, dachte Peter bei sich.

KOMMUNIKATION rief daraufhin prompt: »FEEDBACK, wo bist du?«

3.8 Gib Feedback und hole dir Feedback

> *»The shortest feedback loop I can think of is doing improvisation in front of an audience.«*
>
> *Demetri Martin, Komiker*

Unser Held auf Reisen: Von innen nach außen

Peter hörte ein Summen neben sich und eine Stimme flüsterte in sein Ohr: »Hier bin ich!« Verwundert drehte er den Kopf zur Seite und sah eine kleine Elfe. Sie flirrte zwischen MUT und KOMMUNIKATION hindurch, nahm auf der Schulter von OFFENHEIT Platz und wandte sich Peter zu.

»Hallo FEEDBACK«, begrüßte Peter die Elfe. »Ich bin gespannt, was ich von dir noch lernen kann.«

»Schön, dass wir uns endlich kennenlernen. Ich würde gerne meine Beobachtungen mit dir teilen. Darf ich?«, entgegnete Feedback prompt.

Peter konnte nun nicht mehr an sich halten und die Frage stellen, die ihn schon seit geraumer Zeit beschäftigte: »Woher weißt du denn etwas über mich? Wie konntet ihr das immer alle vorher wissen?«

Alle Helden lachten kurz auf. »Wir sehen und hören alle das Gleiche wie du. Wir fühlen das Gleiche. Wir wissen, was in dir vorgeht«, sagte die kleine Elfe.

Jetzt musste Peter auch schmunzeln und er erwiderte: »Na, dann leg mal los!«

Beim Wort *Feedback* zucken viele erst einmal zusammen. In unseren Einsätzen bei Kunden passiert es allzu häufig, dass wir Managern und Führungskräften Feedback geben – in unseren Augen ein selbstverständlicher Teil unserer Arbeit. Wir erfahren jedoch das Gegenteil: Feedback nach oben und auf Managementebene untereinander wird sehr selten bis gar nicht gegeben.

Seinem Vorgesetzten offenes Feedback zu geben, erfordert Mut. Viele Mitarbeiter haben schlichtweg Angst oder großen Respekt davor. Eine unserer Aufgaben als Coaches oder Führungskräfte ist es, diese Kommunikationshürden abzubauen und Feedback als Wert zu etablieren. Viele Mitarbeiter und auch Führungskräfte quälen sich mit Vermutungen darüber, wie ein Feedbackgespräch laufen könnte. Die Ängste sind in vielen Fällen unbegründet. Das merken unsere Coachees sehr schnell, wenn sie diese Hürde erst einmal überwunden haben.

»Leben Sie eine Feedback-Kultur vor, indem Sie Feedback geben und es sich selbst als Führungskraft geben lassen«, lautet das Ergebnis der *Excellent Leadership*-Studie von *Experteer* [URL: Experteer 2016].

In einer Umfrage zu Feedback aus dem Jahre 2014 wurden knapp 900 Personen befragt, ob sie lieber positives Feedback zu ihrer Performance oder negatives Feedback zur persönlichen Weiterentwicklung erhalten möchten. 72 % der Teilnehmer gaben an, dass ihnen das offene negative Feedback in ihrer Entwicklung am meisten gebracht hat. Generell kam die Studie zum Schluss, dass es den Teilnehmern schwerfällt, negatives Feedback zu geben, sie aber an korrektivem Feedback mehr interessiert sind als an lobendem Feedback [URL: Feedback 2014].

Feedback ist im Kontext von Zusammenarbeit ein wichtiges Lerninstrument. Wird es nicht genutzt, wird viel Potenzial verschenkt. Feedback geben und nehmen lässt sich lernen. Wichtig ist vor allem die Bereitschaft, über Gutes und Schlechtes mit Einzelpersonen oder innerhalb eines Teams zu sprechen. Agilität setzt diese Bereitschaft voraus und drängt Unternehmen dazu, sich mit dem Thema auseinanderzusetzen.

Christiane Tantau,
Coach und Trainerin für Personal- und Organisationsentwicklung

Christiane Tantau arbeitet seit 1999 als Trainerin und Coach für große deutsche und internationale Unternehmen. Das Thema Feedback beschäftigt sie sowohl selbst als Feedbackgeberin als auch als wichtiges Thema für ihre Trainings und Workshops.

Erhalte ich Feedback von meinem Umfeld, dann zeigt mir dies, dass ich von diesem wahrgenommen und geschätzt werden. Ich weiß: Der Feedbackgeber ist an mir und meiner persönlichen Entwicklung interessiert. Oft wird Feedback zu unkonkret gegeben, nach dem Motto »Du solltest in Zukunft mal ... besser machen.« Effektvoll ist es, wenn sich der Feedbackgeber auf eine konkrete Situation bezieht, diese im Detail beschreibt, dann das künftig gewünschte Verhalten anspricht und – das ist für mich der wichtigste Teil am Feedback – seinem Gegenüber den Vorteil darstellt, wenn sich dieser in Zukunft verändert und sich auf Neues einlässt. Denn Menschen verändern sich und ihr Verhalten meist lediglich dann, wenn sie persönlich einen Vorteil davon haben.

Findet tatsächlich eine Veränderung statt, dann habe ich nicht nur gutes, sondern auch wirkungsvolles Feedback erteilt. Meiner Meinung nach funktioniert das nur, wenn das Verhältnis zwischen Feedbackgeber und Feedbacknehmer auch auf der Beziehungsebene stimmt. Führungskräfte, die wirksames Feedback geben wollen, sollten deshalb schon weit im Voraus an einer guten Beziehung zu ihren Mitarbeitern arbeiten. Feedback stellt dann für mich ein wichtiges Führungsinstrument dar. Zum einen wird die Beziehung durch das regelmäßige Feedback noch weiter gestärkt. Zum anderen findet eine gemeinsame Feinjustierung beim Verhalten des Mitarbeiters statt, das eine positive Auswirkung auf den Unternehmenserfolg haben wird.

Durch frühe und kontinuierliche Auslieferung holen sich agile Teams immer wieder Feedback von ihren Kunden und ihren Auftraggebern. Genauso testen Improgruppen neue Showformate, Spiele und Geschichten immer wieder neu vor ihrem Publikum und erhalten direktes Feedback. Ständiges Feedback ermöglicht es, frühzeitig und schnell auf unvorhergesehene Situationen zu reagieren, da jeder Einzelne oder das Team gemeinsam lernen, mit sich ständig verändernden Bedingungen umzugehen.

Ebenso wichtig wie das Feedback von außen ist dabei das Feedback von innen. Alle Teammitglieder sollten dazu im ständigen Austausch miteinander sein. Scrum ermöglicht neben dem engen und persönlichen Austausch auch das direkte Feedback während des Daily Stand-ups, eines Reviews sowie in der Retrospektive.

Bei Improproben werden zum Beispiel Feedback-Buddys bestimmt, also zwei Spieler, die sich während der Probe gegenseitig beobachten und sich am Ende der Probe Feedback geben. Nach allen Übungen, Szenen oder Shows im Improtheater empfehlen sich anschließend Reflexionsrunden. Es ist wichtig, dass sich die Spieler immer wieder an diese Routinen erinnern, damit sie als Team zusammenwachsen, gut zusammenspielen können und die Shows und die Proben als Antrieb ihrer künstlerischen Entwicklung nutzen.

Unser Held auf Reisen: Friede, Freude, …

Eine gute Teamstimmung wurde in Peters Unternehmen schon immer großgeschrieben. Den meisten Kollegen ist es sehr wichtig, dass es immer allen gut geht, alle total zufrieden mit ihrer Arbeit sind und ein freundschaftliches Verhältnis zueinander pflegen. Peter hatte beobachtet, dass dieser Gedanke seit der Einführung agiler Arbeitsmethoden sogar noch stärker geworden ist. Gleichzeitig bemerkt er aber auch, dass sich die Teammitglieder immer weniger klares Feedback geben und sich niemand mehr traut, auch mal Kritik zu äußern. Es scheint, als hätten alle Angst, das Bild von einem perfekten Team zu zerstören.

Peter hatte diesen Aspekt schon einige Male nach einer Retrospektive mit seinen Scrum-Master-Kollegen und Thekla besprochen. Er spricht erneut Product Ownerin Thekla an.

Thekla seufzt: »Das kenne ich aus meiner Improgruppe. Es sollen sich ja immer alle lieb haben. Dabei ist offenes Feedback doch besonders wichtig!«

Peter und Thekla beschließen, dem Team gemeinsam Feedback zu ihren Beobachtungen zu geben und zusammen nach Lösungen zu suchen.

Improgruppen und auch Unternehmen tun sich schwer mit dem Thema *Feedback*. Denn zu einem offenen Feedback gehört auch Kritik – und ja, Kritik kann im ersten Moment schmerzhaft sein. Zudem gibt es im Improtheater keinen Regisseur und in agilen Teams keinen Boss, von dem Klartext und hin und wieder eine Standpauke erwartet wird. Umso mehr ist das Team aus diesem Grund auf gegenseitiges Feedback angewiesen.

Kürzlich beobachteten wir in einem Improteam die Diskussion, ob Kritik auf der Bühne überhaupt möglich sei. Schließlich gilt das »Ja, und«-Prinzip und vor Publikum muss die Handlung stets vorangetrieben werden. Doch heißt das auch, dass die Spieler jeden Vorschlag ihrer Mitspieler kritiklos annehmen und damit weiterspielen müssen?

Tatsächlich sollten Improspieler ihren Mitspielern zuhören, auf ihre Ideen eingehen und mit ihnen arbeiten. Aber selbst auf der Bühne vor Publikum können sie diese danach verändern, neu interpretieren und sogar korrigieren.

»Da steht ja ein riesiger Elefant in unserem Wohnzimmer!« Findet ein Improspieler diese Idee absurd und nicht inspirierend, macht er aus dem Elefanten im Folgenden vielleicht einen riesigen rosa Stoffelefanten vom Jahrmarkt.

Dr. Nico Becherer, Adobe

Nico Becherer ist Engineering Manager, Impro Coach und seit vielen Jahren sowohl in der Softwareentwicklung als auch als Workshopleiter und Trainer für Improvisationstheater unterwegs.

Wenn Improvisationstheater ein gutes Regelwerk zur Produktentwicklung bieten soll, wie lässt sich dann die »Au ja«-Herangehensweise der Improvisierenden mit der notwendigen kritischen Auseinandersetzung und analytischen Betrachtungsweise von Ingenieuren vereinbaren?

Ich denke nicht, dass die »Au ja«-Mentalität des Improtheaters mit einem generellen Verbot jeglicher Kritik gleichzusetzen ist. Was im Improvisieren gemeinhin vermieden wird, ist das sogenannte *Blocken* – das Verneinen der von meinen Mitspielern geschaffenen Realität. Blocken bedeutet erst einmal Stillstand, und der sollte im Fluss der Improvisation möglichst vermieden werden. In der Analogie zur Teamarbeit könnte man das Blocken am ehesten mit *destruktiver Kritik* übersetzen.

Erfahrene Impro-Ensembles sind durchaus in der Lage, sich gegenseitig auf und hinter der Bühne zu kritisieren. Nur besitzen sie die Fähigkeit, ihr Feedback auf andere Weise auszudrücken. Gute Spieler akzeptieren die Idee ihres Gegenübers und werden sicherlich immer versuchen, sie zu verstehen und weiterzutragen – vielleicht geben sie ihr aber einen kleinen Schubs in eine andere Richtung – stets darauf bedacht, sie nicht gleich vollständig vom Tisch kullern zu lassen.

Niemand kann und sollte von einem guten Team erwarten, dass es im Feuereifer der neu gefundenen Impromethodik plötzlich jede Kritik über Bord wirft und sich »Au ja!« schreiend von Vorschlag zu Vorschlag hangelt. Im Gegenteil. Offene und konstruktive Kritik ist wichtiger Bestandteil jeder Teamarbeit. Was Teams aber sicherlich von Improspielern lernen können, ist die Fähigkeit, zuzuhören und zu verstehen, bevor man hinterfragt.

Die grundsätzliche Idee hinter »Ja, und« ist also nicht, alles und jede Idee hervorragend zu finden, sondern die Einstellung, hinter jeder Idee erst einmal einen guten Gedanken zu vermuten und den dann gemeinsam herauszuarbeiten. Und diese Einstellung kann jedem Team guttun.

Anders als auf der Bühne können wir Kritik im Unternehmensalltag offen ansprechen. Aber genau wie im Improtheater sollte sie konstruktiv sein. Konstruktive Kritik zeigt nicht nur auf, was gut und weniger gut war, sondern bringt auch Verbesserungsvorschläge ein. Wir blockieren den anderen nicht, sondern gehen auf ihn ein, arbeiten mit ihm zusammen und verbessern uns gemeinsam.

Da konstruktive Kritik nichts zerstört, brauchen wir auch keine Angst vor ihr zu haben, weder als Feedbackgeber noch als Feedbacknehmer. Wie alle Werte funktioniert auch Feedback im Zusammenspiel mit den anderen Werten. Improgruppen wie auch agile Unternehmen müssen eine offene und respektvolle Arbeitsatmosphäre schaffen, in der Menschen sich trauen, ehrlich ihre Meinung zu kommunizieren.

Bestimmen auch Sie in Ihrem Team für einen bestimmten Zeitraum Feedback-Buddys, z.B. für einen Sprint. Immer zwei Personen finden zusammen und tauschen sich aus, worauf sie für den festgelegten Zeitraum besonders achten wollen. So möchte vielleicht Person A Feedback dazu erhalten, ob sie sich mehr traut, im Team aus sich herauszukommen und Verantwortung zu übernehmen, und Person B wünscht sich Feedback zu ihrer Kritikfähigkeit.

Sie können das gegenseitige Feedback auch fest für das ganze Team auf einen bestimmten Wert beziehen, z.B.: »Achtet im nächsten Sprint besonders auf einen respektvollen Umgang untereinander.«

Am Ende des Zeitraums kommen die beiden Feedback-Buddys wieder zusammen und geben sich gegenseitig ihr Feedback.

Improgruppen und agile Unternehmen befinden sich in einem ständigen *Work in Progress*. Sie probieren aus, sie experimentieren, sie testen und lernen dazu. Da Publikum und Kunden immer wieder Einblick in den laufenden Arbeitsstand erhalten, ist direktes Feedback von außen vorprogrammiert. Genauso wichtig ist das Feedback untereinander, um das aktuelle Vorgehen zu hinterfragen, neu zu denken und zu optimieren.

Die Übungen in diesem Kapitel regen die Teilnehmer dazu an, sich gegenseitig offenes Feedback zu geben. Auf spielerische und positive Weise nehmen sie vor allem die Angst vor offenem Feedback. Je öfter wir einander ehrliches Feedback geben, desto mehr üben wir uns darin, dies in einer konstruktiven Weise zu tun, Feedback dankbar anzunehmen und uns gegenseitig und gemeinsam zu verbessern.

3.8.1 Du bist der King!

Teilnehmer	2–20	**Schwierigkeit**	leicht
Dauer	5–10 min	**Energielevel**	mittel
Teamstatus	für bestehende Teams	**Setup**	in Paaren, Stoppuhr

Ziel

Positives Feedback geben und erhalten, Selbstbewusstsein stärken, Spaß haben

Anleitung

Die Teilnehmer finden zu zweit in Paaren zusammen. Der Übungsleiter stoppt die Zeit. Einer der beiden Partner beginnt und macht seinem Gegenüber eine Minute lang Komplimente. Er berieselt diesen regelrecht mit allem, was er an ihm als Person und Kollegen schätzt. Anschließend darf der Partner, der die Komplimente erhalten hat, eine Minute lang mit ihnen prahlen. Er wiederholt sie, bekräftigt und bestärkt sie aus vollem Herzen, z.B. so: »Ja, du hast recht, ich bin wirklich eine Frohnatur und baue das Team immer wieder auf, wenn die Stimmung mal schlecht ist. Und ja, ich bin ausgezeichnet im Moderieren. Ich bin der Jimmy Fallon unseres Teams!« Anschließend werden die Rollen getauscht.

Variationen

Beschränken Sie die Komplimente auf das letzte Projekt oder den letzten Sprint, z.B. bei einer Retrospektive. Machen Sie eine große Runde mit allen Teilnehmern gemeinsam und beziehen Sie die Komplimente auf das ganze Team: Über circa fünf Minuten werfen alle Teilnehmer Komplimente für das ganze Team ein: Worin ist das Team besonders gut? Welche Erfolge gab es in der letzten Zeit? Was zeichnet das Team aus?

Jedes einzelne Kompliment wird direkt anschließend vom ganzen Team einmal bekräftigt und gefeiert.

Debriefing

- Wie geht es den Teilnehmern jetzt? Wie ist die Stimmung? Was hat sich verändert?
- Fiel es den Teilnehmern leicht oder schwer, positives Feedback zu geben? Warum?
- Fiel es den Teilnehmern leicht oder schwer, mit den Komplimenten zu prahlen? Warum? Fragen Sie insbesondere zurückhaltende, ansonsten eher bescheidene Teilnehmer, wie es ihnen jetzt geht.

- Wie gehen wir im Berufsalltag miteinander um? Sagen wir einander genügend, was wir an den anderen schätzen? Sollten wir als Team unsere guten Leistungen noch stärker feiern und herausstellen?

Einsatzmöglichkeiten

- Retrospektive
- Vor wichtigen Deadlines oder Präsentationen, um Kraft und Selbstbewusstsein zu stärken
- In Teamworkshop, gerade auch in schwierigen Zeiten, in denen das Team oder auch einzelne Teammitglieder mal wieder eine positive Energiespritze brauchen

Einigen Teilnehmern fällt es extrem schwer, sich selbst zu loben, Komplimente anzunehmen und sogar damit zu prahlen. Motivieren und bestärken Sie diese Teilnehmer. Sagen Sie ihnen, dass es in dieser Übung darauf ankommt, anzugeben und sich zu feiern. Sie haben keine andere Wahl, so sind die Regeln des Spiels!

3.8.2 Feedback-Stuhl

Teilnehmer	4–20	**Schwierigkeit**	leicht
Dauer	ca. 30 min	**Energielevel**	niedrig
Teamstatus	für bestehende Teams	**Setup**	sitzend im Halbkreis, Stoppuhr

Ziel

Feedback erhalten, Neues an sich selbst entdecken, Offenheit fördern

Anleitung

Die Teilnehmer nehmen im Halbkreis Platz. Ein einzelner Stuhl wird nach vorne in Blickrichtung des Halbkreises gestellt. Bei größeren Gruppen empfiehlt sich eine Aufteilung der Teilnehmer in Fünfergruppen. Ein beliebiger Teilnehmer beginnt und nimmt auf dem freien Stuhl vor dem Halbkreis Platz. Alle anderen Teilnehmer assoziieren nun drei Minuten lang frei, welche Stärken sie in der Person vorne sehen und in welchen Rollen und Aufgaben sie sich die Person noch im Team, im Unternehmen oder im Leben vorstellen können.

Beispiele: »Du könntest auch gut ein Team leiten« – »Ich glaube, du bist eine gute Köchin« – »Du könntest auch Spielzeug für Kinder entwickeln.«

Die alternativen Vorschläge können ruhig verrückt sein und müssen nicht auf irgendwelchen Fakten beruhen.

Jeder Teilnehmer nimmt nacheinander einmal auf dem Stuhl vorne Platz. Reihum schreibt jeweils ein anderer Teilnehmer das Feedback mit und stoppt die Zeit. Anschließend an jedes Feedback wird für jeden Teilnehmer direkt eine Reflexionsrunde gemacht (siehe Debriefing).

Variationen

- Sie können das Feedback auch vollkommen frei und verrückt gestalten, z.B. indem die Teilnehmer assoziieren, welche Filmrollen der Teilnehmer auf dem Stuhl vorne spielen könnte oder welche ganz anderen Berufe er noch ergreifen könnte. Stellen Sie erst in der anschließenden Reflexionsrunde einen Bezug zu seiner alltäglichen Arbeit her. Wie könnte er z.B. sein Auftreten als Actionheld auch im Berufsalltag nutzen?

Debriefing

Hat ein Teilnehmer vorne auf dem Stuhl sein Feedback erhalten, reflektiert er direkt im Anschluss mit den anderen Teilnehmern darüber:

- Welche neuen Erkenntnisse hat der Teilnehmer gewonnen? Was war ihm schon bekannt? Was hat ihn überrascht?
- Gibt es vielleicht noch Rückfragen zu den von den anderen Teilnehmern assoziierten Rollen und Aufgaben?
- Was wäre der Teilnehmer tatsächlich gerne oder welche Aufgaben würde er gerne mal übernehmen? Wie ließe sich das realisieren? Wurden Stärken erwähnt, die in der aktuellen Arbeit noch zu wenig zum Vorschein kommen?
- Bei Assoziationen, die weit vom tatsächlichen Aufgabenfeld entfernt sind: Was davon ließe sich trotzdem auf die aktuelle Arbeit übertragen?

Einsatzmöglichkeiten

- Teambuilding, Teamworkshops

3.8.3 Feedback-Kopfstand

Teilnehmer	2–20	Schwierigkeit	mittel
Dauer	ca. 6–8 min	Energielevel	mittel
Teamstatus	für bestehende Teams	Setup	stehend im Kreis

Ziel

Feedback geben und erhalten, Selbstkritik üben und preisgeben, Offenheit fördern, Vertrauen stärken

Anleitung

Die Teilnehmer gehen zu zweit in Paare zusammen. Für den Anfang empfehlen sich Teilnehmerpaare, die bereits ein gutes und vertrautes Verhältnis zueinander pflegen. Einer der beiden Teilnehmer beginnt und macht dem anderen Teilnehmer zwei bis drei Minuten lang Vorwürfe über Eigenschaften, die er eigentlich an sich selbst kritisiert. Gleichzeitig prahlt und lobt er sich selbst mit Stärken, die er tatsächlich in seinem Gegenüber sieht.

Beispiel

Teilnehmer A zu Teilnehmer B: *»Du bist so unzuverlässig, nie hältst du eine Deadline ein.«* (Eigentlich hält aber Teilnehmer A selbst nie Deadlines ein.) *»Wenn ich dagegen eine Aufgabe übernehme, dann kann man sich auch hundertprozentig darauf verlassen. Wäre ich im letzten Sprint nicht gewesen, dann wäre uns am Ende alles um die Ohren geflogen.«* (Tatsächlich schätzt A an B seine Zuverlässigkeit und B hat den letzten Sprint gerettet.)

Variationen

- Entscheiden Sie (gegebenenfalls zusammen mit dem Team), ob sich die Paare parallel und gleichzeitig gegenseitig Feedback geben (Variante 1) oder ob jeweils ein Paar nacheinander nach vorne tritt und die anderen Teilnehmer zuhören (Variante 2).
- Vorteile von Variante 1: Vertrauter Rahmen zu zweit, die Teilnehmer müssen nicht ganz so viel Persönliches vor dem ganzen Team preisgeben; die Hürde ist geringer.
- Vorteile von Variante 2: Die Zuhörer haben einen unglaublichen Spaß an der Übung und können hinterher ihre Eindrücke schildern und zusätzliches Feedback geben.

Debriefing

- Wie haben sich die Teilnehmer bei der Übung gefühlt? War die Übung angenehm oder unangenehm? Was fiel schwer und was fiel leicht?
- Gibt es noch Rück- und Verständnisfragen an den Partner?
- Welche neuen Erkenntnisse haben die Teilnehmer gewonnen? Über sich selbst und über den Partner?
- Welche Punkte waren besonders überraschend und sollten noch einmal mit dem ganzen Team reflektiert werden?

Einsatzmöglichkeiten

- Teambuilding, Teamentwicklung, Teamworkshops

Für die Übung müssen die Teilnehmer ihr Gehirn ein wenig auf den Kopf stellen. Außerdem erfordert sie Mut, offen und spontan Selbstkritik zu äußern. Gerade in vertrauten Teams sorgt sie allerdings auch für viel Spaß, jede Menge Lacher und schweißt das Team noch weiter zusammen.

3.8.4 Der perfekte Kritiker

Teilnehmer	8–30	**Schwierigkeit**	leicht
Dauer	15–30 min	**Energielevel**	mittel
Teamstatus	für jeden Teamstatus	**Setup**	laufend im Raum, genug Platz zur Verfügung stellen, Kennzeichen für zwei unterschiedliche Gruppen (Tücher, Kreppband, Post-its etc.), vorbereitete Situationskarten

Ziel

Konstruktive Kritik üben, Kommunikationsalternativen kennenlernen, Reaktionsfähigkeit steigern

Anleitung

Die Teilnehmer werden in zwei Gruppen aufgeteilt. Die beiden Gruppen werden so gekennzeichnet, dass sie auf den ersten Blick zu unterscheiden sind (mit Tüchern oder Post-its in unterschiedlichen Farben, beschriftetem Kreppband etc.).

Die eine Gruppe übernimmt in der Übung die Rolle von Product Ownern, die andere Gruppe die Rolle von Teammitgliedern. Jedes Teammitglied zieht nun eine vorbereitete Situationskarte, auf der ein für den Product Owner oder die anderen Teammitglieder unerwünschtes Verhalten steht, z.B.: »Du kommst immer zu spät zu Meetings«, »Du hast in den letzten Meetings immer sehr unbeteiligt gewirkt« oder »Du kommunizierst nicht mündlich, sondern nur über Chat«. Es kann auch jedes Teammitglied eine der Situationskarten für die anderen selbst schreiben.

Nun gehen alle Teilnehmer kreuz und quer durch den Raum und die Product Owner treffen auf die Teammitglieder. Das Teammitglied zeigt die Situationskarte jeweils dem Product Owner. Dieser darf kurz nachdenken und muss das Teammitglied dann auf das beschriebene Verhalten ansprechen. Das Teammitglied gibt dem Product Owner anschließend Feedback zu der Ansprache: Welche Wirkung hatte sie? Ist sie richtig angekommen? War die Kritik konstruktiv?

Danach gehen beide Teilnehmer weiter und suchen sich einen neuen Partner aus der jeweils anderen Gruppe.

Variationen

- Bestimmen Sie die beiden Gruppen frei nach dem Arbeitsalltag der Teilnehmer: Ausbilder und Azubis, Projektmanager und Kunden, Servicemitarbeiter und Kunden oder Geschäftsführer und Mitarbeiter.

Debriefing

- Fragen an die Teammitglieder: Welche Ansprache auf ihre Situationskarte war besonders wirkungsvoll? Warum? Welche Ansprachen haben nicht so gut funktioniert?
- Fragen an die Product Owner: Fiel es den Product Ownern schwer, die Teammitglieder auf das Verhalten anzusprechen? Welche Gedanken haben sie sich zuvor zu der Ansprache gemacht? Hatte die Ansprache die gewünschte Wirkung?
- Welche neuen Erkenntnisse haben die Teilnehmer gewonnen?
- Wie werden Probleme und Schwierigkeiten im Unternehmensalltag angesprochen? Gibt es da Optimierungsbedarf?
- Was gehört allgemein zu einer konstruktiven Kritik? Wie bringt man sie am besten an?

Einsatzmöglichkeiten

- Teamworkshops
- Workshops zu den Themen *Kommunikation*, *Gesprächsführung* und *konstruktive Kritik*

3.8.5 Wohlfühlpegel

Teilnehmer	2–50	Schwierigkeit	leicht
Dauer	3 min	Energielevel	mittel
Teamstatus	für jeden Teamstatus	Setup	stehend im Kreis

Ziel

Schnelles Feedback zur Stimmung in der Gruppe erhalten

Anleitung

Die Teilnehmer stehen im Kreis. Jeder soll sich einen großen imaginären Pegel vor sich vorstellen. Auf diesem zeigt er jetzt mit der Hand an, wie wohl er sich gerade fühlt (Hand ganz unten am Boden = sehr unwohl, Hand so, wie hoch der Teilnehmer reichen kann = absolut pudelwohl). In kleineren Gruppen gibt jeder ein ganz kurzes Statement ab, warum sein Wohlfühlpegel gerade dieses entsprechende Level hat.

Variationen

- Anstatt nach dem Wohlfühlpegel können Sie z.B. auch nach dem aktuellen Energielevel, der Zufriedenheit mit dem letzten Sprint oder der Motivation für den anstehenden Workshop fragen.
- Machen Sie eine Raumaufstellung: Der imaginäre Pegel liegt nun auf dem Boden. Auf der einen Seite des Raumes ist der Wohlfühlpegel ganz oben, auf der anderen Seite ganz unten. Jeder Teilnehmer stellt sich entsprechend seiner aktuellen Befindlichkeit im Raum auf.

Debriefing

- Nutzen Sie die Übung einfach als schnelles Stimmungsbild und machen Sie in kleineren Gruppen eine kurze Blitzlichtrunde im Anschluss.

Einsatzmöglichkeiten

- Retrospektive
- In Meetings und Workshops aller Art, um ein kurzes Feedback zur Zufriedenheit, aktuellen Aufnahmefähigkeit oder zur Motivation der Teilnehmer zu erhalten

3.8.6 Stärkenzirkel

Teilnehmer	6–15	**Schwierigkeit**	leicht bis mittel
Dauer	15–30 min, je nach Gruppengröße	**Energielevel**	mittel
Teamstatus	für bestehende Teams	**Setup**	stehend im Kreis

Ziel

Positives Feedback geben und erhalten, neue Seiten an sich selbst entdecken, Körpersprache und Ausdruck trainieren

Anleitung

Die Teilnehmer bilden einen Kreis. Ein beliebiger Teilnehmer tritt in die Mitte. Nacheinander macht nun jeder Teilnehmer aus dem Kreis eine pantomimische Pose zu einer Stärke des Teilnehmers in der Mitte. Er hält die Pose so lange, bis alle in ihrer Pose stehen und so ein Stärkenstandbild zu dem Teilnehmer in der Kreismitte entstanden ist. Versteht die Person im Kreis eine Pose nicht, dann fragt sie direkt nach, sobald das Standbild steht. Nacheinander tritt jeder Teilnehmer einmal in die Mitte des Kreises und erhält seinen persönlichen Stärkenzirkel.

Variationen

Machen Sie die pantomimischen Posen nicht zu einzelnen Teilnehmern, sondern bezogen auf ein Thema, z.B.:

- Stärken und Schwächen eines Produkts
- Was lief gut im letzten Sprint? Was lief schlecht im letzten Sprint?
- Stärken und Schwächen des ganzen Teams

Debriefing

- Wie war es für die Teilnehmer, in der Mitte zu stehen? Haben die Teilnehmer etwas Neues über sich erfahren? Was war überraschend? Was nehmen die Teilnehmer aus der Übung mit?
- Wie war es für die Teilnehmer im Kreis, positives Feedback anhand von Posen darzustellen? Fiel die Übung den Teilnehmern leicht oder schwer? Hatte diese Form des Feedbacks irgendwelche Vorteile gegenüber einem Feedback auf der Sprachebene?
- Was wollen die Teilnehmer aus der Übung für den Arbeitsalltag mitnehmen? Beispielsweise sich einander öfter positives Feedback geben oder stärker visuell arbeiten.

Einsatzmöglichkeiten

- Retrospektive
- Produkt-Workshops
- Teambuildings, Teamworkshops

Machen Sie vor der Übung ein kurzes körperliches Warm-up, z.B. Übung 3.2.2, »Stand(up)bilder«, Übung 3.2.7, »Open Hands« oder Übung 3.7.1, »Stand up & Clap your Hands«, um die Teilnehmer auf die pantomimischen Posen einzustimmen.

3.8.7 Ideen-Pitch

Teilnehmer	5–20	Schwierigkeit	leicht bis mittel
Dauer	15–30 min, je nach Teilnehmern	Energielevel	mittel
Teamstatus	für bestehende Teams	Setup	stehend im Kreis, Stoppuhr

Ziel

Positives Feedback geben und erhalten, neue Seiten an sich selbst entdecken, Körpersprache und Ausdruck trainieren

Anleitung

Ein Teilnehmer hat zunächst 30 Sekunden Zeit, um den anderen Teilnehmern von einer Idee zu erzählen. Nach 30 Sekunden wird die Zeit gestoppt. Alle Zuhörer halten jetzt einmal ihren Daumen nach oben, wenn sie die Idee gut finden und mehr erfahren wollen, oder den Daumen nach unten, wenn sie schon genug gehört haben. Sobald mehr Daumen nach oben als nach unten zeigen, darf der Teilnehmer weitermachen.

Im Folgenden hat er 60 Sekunden Zeit, um mehr von seiner Idee zu erzählen und sie weiter auszuführen. Wieder wird die Zeit gestoppt und die Zuhörer dürfen ihre Daumen nach oben oder unten halten.

Wenn noch einmal mehr Daumen nach oben als nach unten zeigen, dann hat nun die ganze Gruppe fünf Minuten Zeit für ein gemeinsames Brainstorming und die Weiterentwicklung der Idee. Erneut wird die Zeit gestoppt, und nach dem Brainstorming gibt es wieder eine Abstimmung. Zeigen mehr Daumen nach oben, wird die Idee umgesetzt.

Variationen

- Im Improvisationstheater wird diese Übung mit kurzen Szenen gespielt. Zwei Teilnehmer spielen eine Minute eine Szene. Die Zeit wird gestoppt und die Zuschauer zeigen mit Daumen hoch oder runter, ob sie die Szene weitersehen möchten. Sobald mehr Daumen nach oben zeigen, wird die Szene für weitere drei Minuten fortgeführt. Im Anschluss gibt es erneut eine Abstimmung. Zeigen mehr Daumen nach oben, wird die Szene zu Ende gespielt (in maximal fünf weiteren Minuten). Geben Sie gerne einen thematischen Rahmen für die Szenen vor, z. B. rund um ein bestimmtes Produkt oder Szenen aus dem letzten Arbeitsjahr.
- Lassen Sie drei Ideen oder Szenen gegeneinander antreten. Nach 60 Sekunden dürfen die Zuschauer eine Idee oder Szene sterben lassen. Zu jeder Idee/Szene dürfen die Zuschauer dabei »Stirb!« rufen, wenn sie sich nicht weiter für sie interessieren. Die Idee/Szene, bei der am lautesten »Stirb!« gerufen wurde, wird verworfen. Zwei Ideen und Szenen werden jetzt für drei Minuten weiterentwickelt. Danach dürfen die Zuschauer wieder eine durch das Rufen von »Stirb!« sterben lassen. Übrig bleibt also am Ende eine Idee oder Szene, die gemeinsam weitergedacht und zu Ende gespielt wird.

Debriefing

- Wenn Teilnehmer mit *Daumen runter* stimmen: Warum haben sie sich so entschieden?
- Wenn Teilnehmer mit *Daumen hoch* stimmen: Warum haben sie sich so entschieden?
- Wie haben sich die Teilnehmer mit den Ideen oder die Spieler auf der Bühne gefühlt? Wie war es, wenn die eigene Idee oder Szene abgewählt wurde? Gibt es noch Rückfragen an die abstimmenden Teilnehmer?
- Wie haben die Teilnehmer diese etwas rabiate Form des Feedbacks empfunden? Wäre diese vielleicht auch im Arbeitsalltag unter bestimmten Umständen in Ordnung oder eher nicht?
- Warum haben sich bestimmte Ideen/Szenen durchgesetzt und andere nicht? Was hat Interesse oder Spannung hervorgerufen? Was hat nicht funktioniert?

Einsatzmöglichkeiten

- Retrospektive: Ideen für den nächsten Sprint
- Product Refinement: Ideen für neue Features
- Teamworkshops: Ideen für die Zusammenarbeit
- Teambuilding: Szenenspiel, um gemeinsam Spaß zu haben

Sagen Sie vorher an, dass es in dieser Übung um Spaß geht und dass es nicht schlimm ist, abgewählt zu werden. Ermutigen Sie die Teilnehmer im Gegenteil dazu, hier verrückte und vielleicht auf den ersten Blick absurde Ideen anzusprechen und auszutesten. Und ganz wichtig: Heiter scheitern!

Unser Held auf Reisen: Aufgewacht

Peter ist fasziniert. FEEDBACK hatte ihm noch einmal die Augen geöffnet. »Vielen Dank für dein Feedback! Das hat mir total geholfen. Ich verstehe jetzt viel besser, welche Stärken ich ausbauen kann und wo bisher der Schuh drückte. Als Moderator bin ich gut, darf mich aber in der Rolle nicht durch höhere Positionen einschüchtern lassen. Das Meeting gehört mir. Meine Kollegen schätzen mein Know-how und meine Persönlichkeit. Wenn mir jemand ›Feel-Good-Manager‹ unter die Nase reibt, dann ist das doch nicht schlimm. Da steh ich einfach drüber, und ich werde an meiner Eloquenz arbeiten. Ich glaube, Thekla kann mir auch dabei helfen, wenn es um den Zusammenhalt im Team geht und das Leben der agilen Werte.«

»Klar, das mach ich gerne!«, hörte Peter Thekla sagen. Peter war erst einmal ein wenig durcheinander und blickte sich um. Er stand mit Thekla, die ihn anlächelte, noch immer in der Küche. Es gab einiges Gewusel um sie herum, da sich vor der Kaffeemaschine eine kleine Schlange gebildet hatte. Peter hatte sich so in die Erzählung vertieft, dass er den Traum noch einmal in Gänze nachempfunden hatte. Sein Kaffee war mittlerweile kalt geworden.

Wieder im Hier und Jetzt angekommen, sagte er: »Super, danke!« Und er fügte hinzu: »Ich brauche jetzt noch einen Kaffee, und dann habe ich noch etwas zu erledigen.«

4 Die neue Welt

»Werte kann man nicht lehren, sondern nur vorleben.«

Viktor Frankl, Neurologe und Psychiater

Peters neue Welt

Peter hat sich intensiv mit sich, Agilität und Werten auseinandergesetzt. Er ist bereit, der Held seiner eigenen agilen Reise zu werden. Er fühlt sich gestärkt und blickt positiv in eine Zukunft voller Missverständnisse, Veränderungen und Unsicherheit.

AGILITÄT
Vertraue mir...
Vertrauen

Fokus
Wir können unser Ziel erreichen!

Respekt
Statuslauf

Lasst uns mehr miteinander sprechen!
Kommunikation

Feedback
Frederik, ich würde dir gerne Feedback geben...

Peter ist mit neuem Wissen und neuen Erfahrungen von seiner Reise zurückgekehrt.
Für Ihre persönliche Heldenreise wünschen wir Ihnen viele schöne Begegnungen, Erfolg und vor allem Spaß!

4.1 Epilog

Im Laufe dieses Buchprojekts ist unser zweites Kind auf die Welt gekommen. Der Blogartikel »Partner Kanban: Wie man mit Post-its ein Kind zeugt« erregte viel Aufsehen, und die Leser fragten uns: »Wirklich, ihr macht das mit den Post-its auch zu Hause?«

Ja, und noch mehr. Für uns sind Werte und Prinzipien nicht nur im Kontext von professioneller Arbeit wichtig. Wir legen auch als Familie ein besonderes Augenmerk darauf.

Was bei der Arbeit als sinnvoll gilt, wird im Privaten oft belächelt oder als unwichtig erachtet. Dabei kann das, was gute Teams ausmacht, doch nicht schlecht oder ungeeignet für das Team *Familie* sein, das für uns an allererster Stelle steht.

Durch unser gemeinsames Kanban, das wir beim Koordinieren von Aufgaben, Einkaufen, Erinnern oder als Ideenspeicher nutzen, geht uns nichts mehr verloren. Wir nutzen es täglich und reflektieren einmal im Jahr über das Geschaffte. Der Rückblick zeigt auch, welche geplanten Ziele wir nicht geschafft haben und ob sie für uns noch wichtig sind. Wenn ja, fließen diese in die grobe Zielplanung für das kommende Jahr ein. Der schöne Nebeneffekt ist, dass wir uns gleichzeitig an viele tolle Dinge erinnern.

Seit einiger Zeit nutzt auch unser Sohn ein Kanban, das wir mit Bildern ausgestattet haben, die ihm und uns visuell zeigen, was noch zu tun ist und was fertig ist. Er liebt es besonders bei seiner morgendlichen und abendlichen Routine – und wir auch!

Die im Buch vorgestellten acht Werte spielen auch in unserem Familienalltag eine besondere Rolle. Wir haben unsere persönlichen Prinzipien für sie erstellt. Ein vertrauensvoller Umgang als Basis wird durch ein offenes und respektvolles Miteinander gestärkt. Ständiges Feedback ist der Antreiber für das persönliche Lernen jedes Einzelnen. Das Festlegen von Tages- oder Wochenzielen hilft jedem dabei, sich zu fokussieren. Das Kommunizieren von Bedürfnissen, Unwohlsein, Wünschen oder anstehenden Aufgaben fördert nicht nur das Verständnis für Stimmungen oder Launen, sondern auch den Mut, offen über alles zu sprechen. Gerade wenn mal die Fetzen fliegen, ein Commitment nicht eingehalten wurde – was bei Kleinkindern nicht selten vorkommt – oder etwas nicht so läuft wie gewünscht, dienen unsere persönlichen Werte als Anker, um darüber zu sprechen.

Darüber hinaus sind uns im Kontext von Familie auch Freude und Nachhaltigkeit sehr wichtig. Dazu gehört, viel gemeinsam zu lachen, Spaß zu haben und unangenehmen Dinge in Spiele zu verwandeln. Nachhaltigkeit spiegelt sich nicht nur in unserem Miteinander als Familie wider, wo sie sich vor allem auf unseren Umgang mit Konflikten bezieht, sondern zudem auch in der Auseinandersetzung mit ökonomischen und ökologischen Aspekten, wie Konsumverhalten oder Ernährung.

Ein wesentlicher Faktor für den Erfolg ist, dass alle gleichberechtigt gehört und gesehen werden. Dies bedeutet für uns, dass die Meinung und die Belange unseres knapp dreijährigen Sohnes nicht weniger wichtig sind als die unseren. Wenn unser Sohn sich für oder gegen eine Sache entscheidet, dann respektieren wir diese Entscheidung, die er selbstverpflichtend und -verantwortlich umsetzt. Natürlich funktioniert das nicht immer, und Wünsche von Kleinkindern müssen auch hin und wieder reflektiert werden. Aber wir versuchen, ihn gemeinsam zu verstehen und Lösungen zu finden.

Der wahre Wert liegt für uns vor allem in einer regen Kommunikation untereinander. Wir verbessern unser Miteinander dadurch, dass wir laufend unser Verhalten reflektieren. Das individuelle Handeln verändert sich entsprechend, da jeder einzelne mehr über sich selber erfährt und sich mehr zutraut, zum Beispiel die Stimme zu erheben, wenn es Klärungsbedarf gibt. Alles zusammengenommen sind wir auch viel entspannter, da es nicht um ständige Kontrolle geht, sondern um das Verteilen von Aufgaben und den Austausch von Informationen. Zudem bekommen wir viele Dinge geschafft, die uns wichtig sind – gemeinsam!

Wir glauben, dass wir gerade unseren Kindern einen Gefallen damit tun, wenn sie ihren Weg alleine finden und Entscheidungen selber treffen. Wenn sie lernen, sich selbst zu organisieren, zu priorisieren und dieses Wissen überall einzusetzen oder weiterzugeben. Wichtig ist uns, dass der Prozess offen bleibt und dass wir ihn anpassen, wenn etwas nicht mehr hilfreich erscheint. Auch hier ist es wichtig, kleine Schritte zu gehen. Das agile Mindset leistet unser Meinung nach in jedem Fall einen wertvollen Beitrag für unser Team.

Anhang

A Wertelieferanten

Wir freuen uns, dass wir innerhalb des Buches Beiträge von tollen und erfolgreichen Menschen veröffentlichen durften. Die verarbeiteten Inhalte haben wir durch Umfragen, Telefoninterviews oder in persönlichen Gesprächen erhalten.

- **Bernhard Daenzer, Fluglotse TWR&APP ZRH, Schweizerische Flugsicherung skyguide** (*www.skyguide.ch*)
  Mehr als 15 Jahre operationelle Erfahrung im Kontrollturm sowie am Radar. Mehrere Jahre aktiver Vertreter in nationalen und internationalen Berufsverbänden. Seit 2014 als Domain Manager Equipment betraut mit der Weiterentwicklung und Definition technischer Systeme mit starkem Fokus auf Software/HMI. In dieser Funktion großer Verfechter agiler Entwicklungsmethoden unter direkter Einbeziehung der Endkunden. Auch privat ein Nerd und Maker, unter anderem Erbauer eines Eigenbauflugzeugs. Bereist gerne mit der Familie die Welt.
- **Diana Larsen, Agile Coach** (*www.agilefluency.org*)
  Diana Larsen ist Co-Autorin von *Making Good Teams Great*, *Liftoff: Start and Sustain Successful Agile Teams* und *Five Rules for Accelerated Learning*. Durch den Artikel des Agile Fluency™-Projekts und die Schulungs/Mentoring-Programme für agile Trainer und Berater teilt Diana ihre Erfahrung, die sie in über 25 Jahren Zusammenarbeit mit Führungskräften, Teams und Organisationen erworben hat.
- **Uwe Lübbermann** (*www.luebbermann.com*)
  Uwe Lübbermann, Gründer und zentraler Moderator des Premium-Getränkekollektivs, helfende Hand bei ein paar anderen Organisationen.

- **Manfred Meyer, Agile Coach** (*www.agile-blacksmith.de*)
  Manfred Meyer ist Dipl. Ing. der Nachrichtentechnik, IT-Projektleiter und agile Coach. Er begleitet seit mehreren Jahren den Aufbau des Business-Intelligence-Bereiches bei der OTTO GmbH & Co KG. Er ist nicht nur in der Organisationsentwicklung und beim Begleiten von Teams in der Veränderung tätig, sondern ist auch Mitinitiator der Otto-Group-internen konzernübergreifenden agilen Community, der *#agileGroupies*. Darüber hinaus moderiert er seit Mai 2016 die XING User Group *agile@konzern*, in der mittlerweile über 20 Konzerne sich regelmäßig über den notwendigen Wandel im digitalen Zeitalter austauschen. Er selbst sagt von sich, Community Management sei seine Leidenschaft. Zuvor war er über 20 Jahre IT-Projektmanager in diversen Firmen.

- **Ines Papert, Extremsportlerin** (*www.ines-papert.de*)
  Ines Papert ist Profibergsteigerin und Sportkletterin. Sie wurde viermal Weltmeisterin im Eisklettern und mehrfache Weltcup-Siegerin. Beim Ouray-Eiskletterfestival 2005 schlug sie auch die gesamte männliche Konkurrenz. Seit ihrem Rücktritt vom Wettkampfsport 2006 widmet sie sich Erstbegehungen und Expeditionen in Fels und Eis.

- **Sven Röpstorff, Agile Coach** (*www.transment.com*)
  Sven Röpstorff ist freiberuflicher Agile Coach aus Leidenschaft. Er begleitet Teams und Führungskräfte auf ihrem Weg in die Agilität, führt Workshops und Trainings durch und ist einer der Organisatoren des *Agile by Nature CAMPs*. Zusammen mit Robert Wiechmann hat er das Buch *Scrum in der Praxis* geschrieben.

- **Frank H. Sauer, Unternehmer** (*www.wertesysteme.de*)
  Frank H. Sauer (1964) ist Unternehmer, Coach und Mentor sowie Experte für Wertearbeit. Er beschäftigt sich begeistert mit dem Optimieren von Führung, Bildung und wichtigen gesellschaftlichen Themen in und für Unternehmen. 2014 baute er ehrenamtlich die Internetseite *wertesysteme.de* auf, die konkrete Unterstützung für Wertediskussionen, wissenschaftliche Arbeiten sowie Wertearbeit in Organisationen bietet.

- **Alexander Schulz, Extremsportler** (*www.oneinchdreams.de*)
  Alexander Schulz ist Profi-Slackliner und hält mehrere Weltrekorde. Unter anderem balancierte er in 247m Höhe über Mexiko-Stadt oder über ein Seil von 674m Länge über den Wanfo Lake in China. Gemeinsam mit Freunden gründete er die Firma *One Inch Dreams* mit inzwischen acht Profi-Slacklinern im Team.

- **Jörg Schumann, Coach** (*www.human-experts.de*)
  Jörg Schumann ist Diplom-Psychologe. Als Consultant in den Managementberatungen *SHL* und *Rundstedt HR Partners* entwickelte und begleitete er mehrere Jahre internationale Projekte. Sein Wissen aus Psychologie, BWL und Consultingerfahrung setzt er heute als Coach in seinem eigenen Unternehmen *Human Experts* ein.

- **Christiane Tantau, Trainerin und Coach** (*www.team-tantau.de*)
  Christiane Tantau arbeitet seit 1999 als Trainerin und Coach für große deutsche und internationale Unternehmen. Sie trainiert und coacht Fach- und Führungskräfte bei der Präzisierung von internen und kundenbezogenen Prozessen sowie beim Erreichen organisationaler und persönlicher Ziele. Für den *dvct e. V.*, den Deutschen Verband für Coaching und Training e.V., ist Christiane Tantau seit 2006 als Gutachterin für die Zertifizierung von Trainern und Coaches tätig.

- **Dr. Catharina Vogt, Psychologin** (*www.respectresearchgroup.org*)
  Catharina Vogt beschäftigte sich in ihrer Doktorarbeit mit den Wirkungen horizontalen und vertikalen Respekts am Arbeitsplatz. Von 2013 bis 2017 war sie (Co-)Leiterin der *RespectResearchGroup*, in der sie heute noch als externes Mitglied aktiv ist und zu den Rahmenbedingungen von Respekt in Wirtschaft und Gesellschaft forscht. An der *Deutschen Hochschule der Polizei* untersucht sie außerdem das Konfliktlösungsverhalten unterschiedlicher Professionen in Fällen häuslicher Gewalt.

- **Torsten Voller, Geschäftsführer** (*www.steife-brise.de*)
  Torsten Voller ist gelernter Bankkaufmann und Diplom-Pädagoge. Seit 1997 ist er Geschäftsführer der *Steifen Brise*, einer der bekanntesten deutschen Improtheatergruppen. Aufgrund seiner Erfahrungen aus der Wirtschaft ist Torsten Voller bei der Steifen Brise der Ansprechpartner für das Unternehmenstheater. Er ist für die Steife Brise als Moderator, Coach, Trainer, Autor, Schauspieler und Berater regelmäßig bei Firmen und auf Bühnen im Einsatz.

- **Björn Waide, Geschäftsführer** (*www.smartsteuer.de*)
  Björn Waide ist CEO von *smartsteuer.* Seinen Mitarbeitern und ihm geht es darum, den analogsten Prozess Deutschlands zu digitalisieren und Menschen die Angst vor dem Thema Steuern zu nehmen. Waide ist ein Verfechter vom lebenslangen Lernen und von Selbstoptimierung.

B Literaturempfehlungen

Im Folgenden finden Sie unsere Empfehlungen zum Weiterlesen und Vertiefen dieser sehr komplexen Themenbereiche.

Interessante Bücher zum Thema *Improtheater*

Es ist ein schwieriges Unterfangen, den Ursprung der im Buch genannten Improübungen zu nennen. In den meisten Fällen ist uns das leider nicht möglich. Wir kennen unsere Übungen aus jahrelanger Theatererfahrung, Training und von Improgruppen, z.B. aus den Trainings der Hamburger Improgruppe *Schiller Killer.* Viele von ihnen haben wir im Laufe der Jahre selbst immer wieder abgewandelt, verändert und für uns neu erfunden und interpretiert.

Einen großen Einfluss auf die Übungen haben sicherlich die alten Begründer des Improtheaters wie Keith Johnston oder Viola Spolin. Auch in den hier genannten Literaturempfehlungen werden Sie viele der Übungen in ähnlicher Form wiederfinden. Sollten hier wichtige Literaturangaben oder Quellen für Sie fehlen, dann schreiben Sie uns gerne eine E-Mail: Wir nehmen Ihre Angaben sehr gerne als Literaturempfehlungen in unserer Website auf.

- **Augusto Boal**
  Übungen und Spiele für Schauspieler und Nicht-Schauspieler.
  suhrkamp taschenbuch, 2013
- **Amelie Funcke**
  Methoden von Schauspielern und Regisseuren für den ganz normalen Trainer.
  managerSeminare, 2006
- **Paul Goddard, Neil Mullarkey, Liz Keogh**
  Improving Agile Teams: Using Constraints To Unlock Creativity.
  Agilify, 2015
- **Keith Johnstone**
  Theaterspiele. Spontaneität, Improvisation und Theatersport.
  Alexander Verlag, 1998

- **Patricia Ryan Madson**
  Improv Wisdom: Don't Prepare, Just Show Up. Harmony, 2005
- **Mick Napier**
  Improvise. Scene from the inside out. Pioneer Drama Serv Inc, 2015
- **Dan Richter**
  Improvisationstheater: Die Grundlagen. Theater der Zeit, 2018
- **Susanne Schinko-Fischli**
  Angewandte Improvisation für Coaches und Führungskräfte. Grundlagen und kreativitätsfördernde Methoden für lebendige Zusammenarbeit. Springer, 2017
- **Radim Vlcek**
  Workshop Improvisationstheater. Übungs- und Spielesammlung für Theaterarbeit, Ausdrucksfindung und Gruppendynamik. Auer Verlag, 2009
- **Viola Spolin**
  Improvisationstechniken für Pädagogik, Therapie und Theater. Junfermann Verlag, 1997
- **Wolfgang Stark, David Vossebrecher, Christopher Dell, Holger Schmidhuber**
  Kultur und soziale Praxis: Improvisation und Organisation: Muster zur Innovation sozialer Systeme. transcript, 2017

Interessante Websites zum Thema *Improtheater*

- *www.improvencyclopedia.org*
- *www.improwiki.com*
- *www.impro-theater.de*
- *www.appliedimprovisation.network*
- *www.bbbpress.com*
- *www.improgedanken.blogspot.com*

Interessante Bücher zum Thema *Werte, Agilität und Unternehmenskultur*

- **Christopher Avery**
  The Responsibility Process: Wie Sie sich selbst und andere wirkungsvoll führen und coachen. dpunkt.verlag GmbH, 2018
- **Stephanie Borgert**
  Unkompliziert!: Das Arbeitsbuch für komplexes Denken und Handeln in agilen Unternehmen. GABAL, 2018

- **Stephan Brockhoff, Klaus Panreck**
  Menschlichkeit rechnet sich: Warum Wertschätzung über den Erfolg von Unternehmen entscheidet. Campus Verlag, 2016
- **John Erpenbeck**
  Wertungen, Werte – Das Fieldbook für ein erfolgreiches Wertemanagement. Springer, 2017
- **Dieter Frey**
  Psychologie der Werte: Von Achtsamkeit bis Zivilcourage – Basiswissen aus Psychologie und Philosophie. Springer, 2015
- **Hans Joas**
  Die Entstehung der Werte. Suhrkamp Verlag, 1999
- **Siegfried Kaltenecker**
  Selbstorganisierte Teams führen: Arbeitsbuch für Lean & Agile Professionals. dpunkt.verlag GmbH, 2018
- **Veronika Kotrba, Ralph Miarka**
  Agile Teams lösungsfokussiert coachen. dpunkt.verlag GmbH, 2019
- **Erin Meyer**
  The Culture Map: Decoding How People Think, Lead, and Get Things Done Across Cultures. PublicAffairs, 2016
- **Niels Pfläging**
  Organisation für Komplexität: Wie Arbeit wieder lebendig wird – und Höchstleistung entsteht. Redline Verlag, 2014
- **Richard Pircher**
  Agilstabile Organisationen: Der Weg zum dynamischen Unternehmen und verteilten Leadership. Vahlen, 2018
- **Frank Sauer**
  Mein Werte Buch: Arbeitsbuch zur Ermittlung persönlicher Werte. INTUIS-TIK-Verlag, 2019
- **Roman Sauter, Werner Sauter, Roland Wolfig**
  Agile Werte- und Kompetenzentwicklung: Wege in eine neue Arbeitswelt. Springer Gabler, 2018
- **Andreas U. Sommer**
  Werte: Warum man sie braucht, obwohl es sie nicht gibt. J.B. Metzler, 2016
- **Peter Wippermann, Jens Krüger**
  Werte-Index 2018. Deutscher Fachverlag, 2017

Interessante Websites zum Thema *Werte, Agilität und Unternehmenskultur*

- *www.zukunftsinstitut.de*
- *www.wertesysteme.de*
- *www.wertekommission.de*
- *www.forumwerteorientierung.de*
- *www.werteleben.online*
- *www.values-visions-2030.com*

C Literaturverzeichnis

[Adkins 2010] Adkins, Lyssa: Coaching Agile Teams: A Companion for ScrumMasters, Agile Coaches, and Project Managers in Transition. Addison-Wesley Professional, 2010

[URL: Agilität 2017] Prof. Dr. Fischer, Stephan; Dr. Weber, Sabrina; Zimmermann, Annegret: Was ist Agilität und welche Vorteile bringt eine agile Organisation?, 2017 (*https://www.haufe.de/personal/hr-management/agilitaet-definition-und-verstaendnis-in-der-praxis_80_405804.html*)

[URL: Aristoteles 2016] Duhigg, Charles: What Google Learned From Its Quest to Build the Perfect Team, 2016 (*https://www.nytimes.com/2016/02/28/magazine/what-google-learned-from-its-quest-to-build-the-perfect-team.html*)

[URL: Berner 2017] Berner, Winfried: Vertrauen: Der steinige Weg zu einer »Vertrauenskultur«, 2017 (*https://www.umsetzungsberatung.de/psychologie/vertrauen.php*)

[URL: Big Five 2019] Fünf-Faktoren-Modell (*https://de.wikipedia.org/wiki/Big_Five_(Psychologie)*)

[BoalSpinuThorau1982] Boal, Augusto; Spinu, Marina; Thorau, Henry: Theater der Unterdrückten. Suhrkamp Verlag, 1982

[Campbell 2015] Campbell, Joseph: Der Heros in tausend Gestalten. Insel-Verlag, 2015

[Cobb 2015] Cobb, Charles G.: The Project Manager's Guide to Mastering Agile: Principles and Practices for an Adaptive Approach. Wiley, 2015.

[URL: Cordini 2007] Cordini, Melanie: Vertrauen im Prozess komplexer Systeme: Zur Führungsfunktion des Mittelmanagements als Hauptträger personellen Vertrauens (*https://d-nb.info/986451843/34*)

[Dweck 2017] Dweck, Carol: Mindset – Updated Edition: Changing The Way You think To Fulfil Your Potential. Robinson, 2017

[URL: Edmondson 1999] Edmondson, Amy: Psychological Safety and Learning Behavior in Work Teams (*https://www.jstor.org/stable/2666999*)

[URL: Experteer 2016] Excellent Leadership: Der große Wertekompass für Führungskräfte (*http://recruiter.experteer.de/Request-Whitepaper-Excellent-Leadership*)

[URL: Feedback 2014] Zenger, Jack; Folkman, Joseph: Your Employees Want the Negative Feedback You Hate to Give, 2014 (*https://hbr.org/2014/01/your-employees-want-the-negative-feedback-you-hate-to-give*)

[URL: Flow 2019] Begriffsdefinition von Flow (*https://de.wikipedia.org/wiki/Flow_(Psychologie)*)

[FreseKeith 2015] Frese, Michael; Keith, Nina: Action errors, error management, and learning in organizations. In: Annual Review of Psychology, 2015, No. 66, S. 661–687

[HoeglGemuenden 2001] Hoegl, Martin; Gemuenden, Hans G.: Teamwork Quality and the Success of Innovative Projects: A Theoretical Concept and Empirical Evidence. Organization Science, Vol. 12, No. 4., 2001

[URL: Improvencyclopedia 2019] Ten Commandments (*http://improvencyclopedia.org/references//Ten_Commandments.html*)

[URL: Improwiki 2019] Improgruppen in Deutschland (*https://improwiki.com/de/liste_improgruppen_aus/deutschland/de*)

[Johnstone 2010] Johnstone, Keith: Improvisation und Theater. Alexander Verlag, 2010

[KatzenbachSmith 2003] Katzenbach, Jon R.; Smith, Douglas K.: The Wisdom of Teams: Creating the High-Performance Organization. HarperCollins, 2003

[Kerth 2001] Kerth, Norman L.: Project Retrospectives: A Handbook for Team Reviews. Dorset House Publishing, 2001

[Lencioni 2014] Lencioni, Patrick M.: Die 5 Dysfunktionen eines Teams. Wiley-VCH, 2014

[LeonardYorton 2015] Leonard, Kelly; Yorton, Tom: Yes, And: How Improvisation Reverses »No, But« Thinking and Improves Creativity and Collaboration – Lessons from The Second City. HarperBusiness, 2015.

[Leopold 2018] Leopold, Klaus: Agilität neu denken: Warum agile Teams nichts mit Business-Agilität zu tun haben. LEANability, 2018

[URL: Manifesto 2001] Manifesto for Agile Software Development (*https://agilemanifesto.org*)

[McCandless 2014] McCandless, Keith; Lipmanowicz, Henri: The Surprising Power of Liberating Structures: Simple Rules to Unleash A Culture of Innovation. Liberating Structures Press, 2014

[Mezick 2012] Mezick, Daniel: The Culture Game: Tools for the Agile Manager. The Business Agility Series, 2012

[Pink 2011] Pink, Daniel: Drive: The Surprising Truth About What Motivates Us. Riverhead Books, 2011

[URL: Powers 2016] Powers, Simon: What is Agile? (*https://www.adventureswithagile.com/2016/08/10/what-is-agile*)

[Preußig 2011] Preußig, Jörg: Improvisationstechniken. Das Unerwartete souverän meistern. Haufe, 2017

[Raitner 2019] Raitner, Marcus: Manifest für menschliche Führung: Sechs Thesen für neue Führung im Zeitalter der Digitalisierung, 2019

[RöpstorffWiechmann 2015] Röpstorff, Sven; Wiechmann, Robert: Scrum in der Praxis: Erfahrungen, Problemfelder und Erfolgsfaktoren. dpunkt.verlag, 2015.

[SalinskyFrances-White 2008] Salinsky, Tom; Frances-White, Deborah: The Improv Handbook: The Ultimate Guide to Improvising in Theatre, Comedy, and Beyond. Bloomsbury Publishing PLC 2008

[Sauer 2019] Sauer, Frank: Das große Buch der Werte 2019: Enzyklopädie der Wertvorstellungen. INTUISTIK-Verlag, 2019

[Schein 2016] Schein, Edgar H.: Organizational Culture and Leadership. Wiley, 2016

[URL: Scrumguide 2017] The Scrum Guide™: The Definitive Guide to Scrum (*https://www.scrumguides.org/download.html*)

[URL: Scrum Werte 2016] Scrum Values Poster (*https://www.scrum.org/index.php/resources/scrum-values-poster*)

[Sinek 2011] Sinek, Simon: Start with Why: How Great Leaders Inspire Everyone to Take Action. Portfolio Trade, 2011

[URL: Smith 2005] Smith, M. K.: Bruce W. Tuckman – forming, storming, norming and performing in groups, the encyclopaedia of informal education, 2005 (*www.infed.org/thinkers/tuckman.htm*)

[URL: Sommer 2016] Sommer, Andreas Urs: Werte sind verhandelbar (*https://www.nzz.ch/feuilleton/wertedebatte-werte-sind-verhandelbar-ld.7385*)

[URL: Teamarbeit 2019] Merlot, Julia: Erfolgreiche Teamarbeit: Diesen Typ braucht jede Gruppe, 2019 (*https://www.spiegel.de/wissenschaft/mensch/marsmission-der-nasa-das-geheimnis-guter-teamarbeit-a-1253717.html*)

[URL: Upstalsboom 2019] Unsere Werte: Upstalsboom Wertebaum (*https://www.der-upstalsboom-weg.de/der-upstalsboom-weg/unsere-werte*)

[URL: Walter 2012] Walter, Svenja und Uwe: Die Heldenreise. Waltermedia, 2012 (*https://www.storytellingmasterclass.de/wp/wp-content/uploads/2019/07/Die-Heldenreise.pdf*)

[Weibler 2008] Weibler, Jürgen: Werthaltungen junger Führungskräfte. Hans-Böckler-Stiftung, 2008

[URL: Wert 2019] Begriffsdefinition von Wertvorstellung (*https://www.wertesysteme.de/was-sind-werte/*)

[URL: Wertekommission 2018] Wertekommission: Führungskräftebefragung 2018 (*https://www.wertekommission.de/fuehrungskraeftebefragung/*)

[URL: Zukunftsinstitut 2015] Schuldt, Christian: Das Arbeits-Mindset der Zukunft (*https://www.zukunftsinstitut.de/artikel/das-arbeits-mindset-der-zukunft/*)

D Übungsmatrix

Mit der Übungsmatrix erhalten Sie einen schnellen Überblick über alle Übungen und finden die für Sie passende Technik auf einen Blick.

- **Werte**
  In vielen Übungen wird nicht nur ein Wert gelebt, sondern die Übungen lassen sich mehreren Werten zuordnen und regen spannende Diskussionen zu diesen an.
- **Warm-up**
  Diese Übungen funktionieren wunderbar ohne anschließende Reflexion als einfacher Energizer, z.B. in einem Stand-up, vor einer Retrospektive oder in Workshops aller Art.
- **Energielevel**
  Diese Spalte beschreibt, wie hoch der Energielevel der Übung ist. Sind alle Punkte voll ausgefüllt, dann kommen die Teilnehmer in der Übung ordentlich in Bewegung. Bei nur einem ausgefüllten Punkt handelt es sich um eine ruhige Übung.
- **Schwierigkeitsgrad**
  Viele Übungen in diesem Buch sind für absolute Improanfänger geeignet. Sie sind mit einem ausgefüllten Punkt gekennzeichnet. Einige Übungen empfehlen wir eher, wenn ein Team zuvor schon einige Techniken ausprobiert hat oder dem Improtheater gegenüber sehr aufgeschlossen ist.
- **Teamstatus**
  Einige Übungen erfordern, dass sich die Teilnehmer untereinander schon kennen. Entweder weil sie sich gegenseitig Feedback zur Zusammenarbeit geben sollen oder weil die Übung ein gewisses Maß an Überwindung kostet, das in einem bekannten und geschützten Rahmen leichter aufgebracht werden kann.
- **Großgruppen**
  In der Regel richten sich alle Übungen an Teams mit bis zu 15 bis 20 Personen. Einige Übungen sind aber zusätzlich gut für die Arbeit mit sehr großen

Gruppen (≤30) geeignet. Diese Übungen haben wir hier in der Matrix gekennzeichnet.

- **Remote**
  In diesen Übungen können Sie Teilnehmer von externen Standorten per Videochat mit einbeziehen.
- **Video**
  Die Anleitungsbeschreibung dieser Übungen wird mit einem Link zu einem Übungsvideo unterstützt.

Übung	Mut	Fokus	Respekt	Offenheit	Commitment	Kommunkation	Feedback	Vertrauen	Warm-Up	Energie	Schwierigkeit	Großgruppen	Remote	Video	Seite
Applaus, Applaus!	●	●	●				●			●●●	●○○				81
Whiskymixer	●	●							●	●●○	●○○			●	82
Big Booty	●	●							●	●●●	●○○			●	83
El Figeliano	●	●							●	●●○	●○○			●	85
Absurde Führung	●			●	●			●		●●●	●○○	●	●	●	86
Make it Big	●				●				●	●●○	●●○		●	●	87
Fehler-Battle	●					●				●●○	●○○	●			89
Hot Spot	●	●		●	●			●		●●●	●●○	●	●		90
Wünsch dir was			●	●						●○○	●○○		●		99
Stand(up)bilder				●	●				●	●●○	●○○	●		●	100
Fünf Dinge!	●			●					●	●●○	●●○		●	●	102
Problem Solvers				●		●			●	●○○	●○○	●	●		103
User-Storys Absurdum				●		●				●○○	●●○		●		105
Absonderliche Nachbarn			●	●		●				●○○	●●○		●		106
Open Hands				●					●	●○○	●○○		●		107
Ein-Wort-Geschichte		●		●	●	●			●	●○○	●●○		●	●	108
Was machst du da?				●		●				●●○	●●○	●		●	109

→

Übung	Mut	Fokus	Respekt	Offenheit	Commitment	Kommunikation	Feedback	Vertrauen	Warm-Up	Energie	Schwierigkeit	Großgruppen	Remote	Video	Seite
Au ja!				●	●	●			●	●●●	●○○	●			118
Fotosession					●	●				●○○	●○○			●	119
Ab durch die Wand!	●				●			●		●●●	●○○				120
Menschine				●	●	●			●	●●●	●●○	●		●	122
Arbeitsroboter				●	●					●●○	●●○				123
Commitment-Szenen		●		●	●	●				●●○	●●●				124
Spieleerfinder		●		●	●	●				●●●	●●●			●	126
Blindenfangen		●			●			●		●○○	●○○	●			127
Guided Tour	●							●		●○○	●○○	●			137
Alle, die ...	●							●	●	●●○	●○○	●			138
Ich, Du, Wir		●				●		●	●	●●○	●○○			●	139
Reklamation				●		●		●		●○○	●●○		●		141
Team auf hoher See		●			●			●	●	●●○	●○○				143
Der freie Fall	●				●			●		●○○	●○○				144
Roboter					●	●		●	●	●●●	●○○	●			145
Warum bist du zu spät?				●		●		●		●●○	●●○				147
Team-Countdown		●			●	●			●	●○○	●○○				155
Wer hat den Fokus?		●	●				●		●	●●○	●○○			●	156
Drei Veränderungen		●				●				●○○	●○○	●	●		158
1-2-3-Konzentration!		●							●	●●○	●○○	●	●		159
Türöffner		●								●○○	●●○				160
Fokusszenen		●		●		●				●○○	●●●				162
Der Summkreis		●				●			●	●○○	●○○				164

→

Übung	Mut	Fokus	Respekt	Offenheit	Commitment	Kommunikation	Feedback	Vertrauen	Warm-Up	Energie	Schwierigkeit	Großgruppen	Remote	Video	Seite
Schlag & Fertig			●	●		●				●●○	●●○	●	●		176
Persona Perfekt			●	●	●				●	●●○	●○○		●		178
Verfolgungsjagd			●						●	●●○	●●○			●	179
Der Raum gehört mir!			●			●	●			●●○	●○○		●	●	181
Status-Marathon			●			●	●			●●○	●○○	●		●	183
Statusreihen			●			●	●			●●○	●●○				184
Hoch zur Chefetage			●			●				●○○	●●○				186
Status-Switch			●	●		●				●○○	●●●			●	187
Stand up & Clap your Hands		●				●			●	●○○	●●○			●	197
Gromolo				●		●				●●○	●●○			●	198
Flurfunk						●				●○○	●●○				199
Ihr habt die Wahl			●			●	●			●●○	●●○				201
Mystereeting						●				●○○	●○○		●		203
Laberkönig	●					●	●			●●○	●●○				204
Synchronisation				●		●				●●○	●●●				205
Essensschlacht		●				●			●	●●○	●○○			●	207
Du bist der King!			●			●	●			●●○	●○○		●		216
Feedback-Stuhl							●			●○○	●○○		●		217
Feedback-Kopfstand			●				●			●●○	●●○		●		219
Der perfekte Kritiker			●			●	●			●●○	●○○	●			220
Wohlfühlpegel							●		●	●●○	●○○	●	●		222
Stärkenzirkel			●				●			●●○	●●○				223
Ideen-Pitch	●					●	●			●●○	●●○		●		224